运维困境与 DevOps
破解之道

[美] 杰弗瑞·史密斯(Jeffery D. Smith) 著
姚 冬 王立杰 吴 非
陈文峰 余晓蒨 崔龙波 译

清华大学出版社

北京

北京市版权局著作权合同登记号　图字：01-2021-5795

Jeffery D. Smith
Operations Anti-Patterns：DevOps Solutions
EISBN: 978-1-61729-698-7
Original English language edition published by Manning Publications, USA (c) 2020 by Manning Publications. Simplified Chinese-language edition copyright (c) 2021 by Tsinghua University Press Limited. All rights reserved.

本书封面贴有清华大学出版社防伪标签，无标签者不得销售。
版权所有，侵权必究。举报：010-62782989，beiqinquan@tup.tsinghua.edu.cn。

图书在版编目(CIP)数据

运维困境与DevOps破解之道 /（美）杰弗瑞·史密斯(Jeffery D. Smith)著；姚冬等译. —北京：清华大学出版社，2021.11
书名原文：Operations Anti-Patterns: DevOps Solutions
ISBN 978-7-302-59271-6

I. ①运… II. ①杰… ②姚… III. ①软件工程 IV. ①TP311.5

中国版本图书馆 CIP 数据核字(2021)第 199366 号

责任编辑：王　军
封面设计：孔祥峰
版式设计：思创景点
责任校对：成凤进
责任印制：丛怀宇

出版发行：清华大学出版社
　　　　　网　　址：http://www.tup.com.cn, http://www.wqbook.com
　　　　　地　　址：北京清华大学学研大厦A座　　邮　编：100084
　　　　　社 总 机：010-62770175　　邮　购：010-62786544
　　　　　投稿与读者服务：010-62776969，c-service@tup.tsinghua.edu.cn
　　　　　质 量 反 馈：010-62772015，zhiliang@tup.tsinghua.edu.cn
印 装 者：小森印刷霸州有限公司
经　　销：全国新华书店
开　　本：170mm×240mm　　印　张：17.75　　字　数：348 千字
版　　次：2021 年 11 月第 1 版　　印　次：2021 年 11 月第 1 次印刷
定　　价：98.00 元

产品编号：091048-01

推 荐 序

从微不足道开始改变世界

在近十年里，DevOps 也许是被软件工程师谈及最多的几个词汇之一。如果你去问 100 个工程师"你理解的 DevOps 是什么"，那么可能会得到 100 种不同的答案。但对于 IDCF(International DevOps Coach Federation，国际 DevOps 教练联合会)而言，我们心目中的 DevOps 从未变过，培养端到端的 DevOps 人才与教练的初心一直驱动着我们不断前行。

我们坚信以客户价值为中心、面向业务的敏捷和 DevOps 才是正确的工作方式，因此有了源于实践中学习端到端 DevOps 的价值观(philosophy)、原则(principle)、实践(practice)、平台(platform)和人员及组织(people)，即 IDCF 5P 方法论，也有了 IDCF 的推荐阅读图书系列。自《敏捷无敌之 DevOps 时代》之后，IDCF 的荐读图书已经有《京东敏捷实践指南》《事半功倍的项目管理》，而这次由姚冬、王立杰、吴非、陈文峰、余晓蒨和崔龙波齐心协力翻译的 Jeffery D. Smith 所著的《运维困境与 DevOps 破解之道》同样很好地诠释了我们对 DevOps 实践和价值观的理解。

作为工程师出身的 Jeffery D. Smith，可谓最懂心理学的生产运维总监。在本书中，作者通过每章以具有警示意味的 DevOps 反模式开头，来介绍自己对 DevOps 要素、组织建构、运维盲区、测试质量与 DevSecOps 安全等诸多 DevOps 工程实践和文化价值观的认知。全书围绕文化(culture)、自动化(automation)、度量(metrics)和分享(sharing)这 DevOps 四大支柱(简称为 CAMS)来展开，与 IDCF 所提倡的 5P 方法论有异曲同工之妙。

在过去的几年中，IDCF 组织了几十场"DevOps 黑客马拉松"活动，见证了几百只团队在 36 小时中从 0 到 1 的蜕变过程，也同样见证了这些团队真实发生的各种"反模式"，因为黑马的 36 小时就是一个微缩版的真实项目，可让大家在有限的时间内快速试错，总结经验，探索出适合自己的 DevOps 之路。在 IDCF，我们一直认为实际动手操作过的才能沉淀为自己的经验，而其中最有价值的一定是那些"反模式"所触发的思考和探索。

在企业的数字化转型中，敏捷与 DevOps 转型带来的变化将超越纯粹的技术变化与迭代升级，进而延伸到我们看待工作本质的方法上。尽管这些变化一开始是如此微不足道，但我们相信这些曾经的微不足道终将改变我们的世界。我们已做好准备，你呢？

IDCF

专家推荐

运维在过去很长一段时间内背负着背锅侠的"盛名",人们只有在生产发生事故时才会想起这个角色。运维就如同河上桥的护栏,落水的时候才知道护栏的作用,日常是感觉不到的。什么造成了运维价值认可度不高?在我接触的诸多运维公司里,很多低价值的做法比比皆是:用Excel管理资产;用Word指导运维生产部署;用PPT总结和汇报工作成果;除部分巡检自动化有工具支撑外,其他操作几乎是手敲命令完成;告警风暴,故障发现/处理效率低下,可用性低;流程驱动运维服务,按部就班,非常僵化;零容忍的故障文化让运维不敢尝试新方法、新工具等,而这些都被本书高度提炼总结成各类"反模式"。对于读者来说,DevOps本身并不陌生,而本书的视角非常特别,它把常见的9种运维"反模式"(或问题)摆到读者面前,然后用DevOps四大支柱CAMS提供给大家全面且可落地的答案,非常受用!

——王津银

优维科技CEO&运维

运维是一个很复杂的学科,既是系统可靠性的阵地,也是把关人。本书通过反模式的视角,让读者可以身临其境地感受到运维在多个场景下的困境,然后把DevOps的解决之道循序渐进地娓娓道来。本书的几位译者是国内DevOps领域的领军人物,感谢他们的努力和付出,同时也将本书推荐给曾经或者当下正处于运维困境中的朋友,相信你一定会有所收获!

——赵班长

新运维社区发起人

随着中国企业数字化转型升级不断深入,数字化系统已经是企业和组织经营的核心基础设施,系统规模和复杂性指数级上升,对于运维工作的要求也变得更加敏捷和实时。本书从组织文化,制度规范,流程实践和技术工具这几个关键维度探讨了如何构建一个敏捷高效实时的运维管理体系,给运维技术工程师和相关业务管理者提供了很好的参考。

——殷晋(Andy.Yin)

云智慧集团董事长兼CEO

本书用现实中常见的反模式案例引出 DevOps 对应的破解之法，易于让读者产生共鸣及加深读者对方法的理解，非常适合团队及管理人员阅读，对 DevOps 的实践和文化建设具有一定的指导价值。

——王勇

云加速(北京)科技有限公司 CEO

这是一本不同于以往介绍 DevOps 的书。首先它是第一次站在 DevOps 的"右端"(运维端)阐述 DevOps 与运维的关系，而且采用"反模式"这种以实践痛点组织全文的结构，阅读时代入感很强，非常容易引发共鸣；其次，本书摆脱了以往 DevOps 书籍对工具的过度关注，回归 DevOps 的本心，即 DevOps 思想之下所衍生出的组织实践能力；最后，在深度阅读时，读者还可以从本书中看到 SRE 的实践，能够帮助读者更好地理解 SRE 与 DevOps 的区别：DevOps 是一种思想，SRE 是这个思想下衍生出的具有软件工程思想的运维能力。

——左天祖

翰纬科技创始人

ITSS 数据中心运营管理组常务副组长

双态 IT 联盟秘书长

企业级 DevOps 的实施和推广需要在文化、流程、工具、规范这四个层面立体化推进，《运维困境与 DevOps 破解之道》提供了非常实用的实践指南，是一本不可多得的好书。

——阮志敏

飞致云创始人兼 CEO

《运维困境与 DevOps 破解之道》列出了在系统运维中常见的反模式，给出了详细的解决方案，通俗易懂，特别接地气，对 DevOps 在实践中的推广具有很强的实践指导作用，特别适合刚刚开始进入 DevOps 公司的管理者与工程师阅读，强烈推荐！

——任甲林

麦哲思科技(北京)有限公司总经理

《术以载道》《以道御术》作者

CMMI 高成熟度主任评估师

在过去的几年中，很多企业慢慢地开始关注和试点 DevOps，但在实施过程中却因种种问题导致效果差强人意。本书独辟蹊径，着重阐述在 DevOps 落地过程中的各种常见反模式及解决之道，有助于指导企业规避实施陷阱，更好地实施 DevOps，推荐企业的产品、开发、运维人员阅读。

——杨黎明

金蝶中国研发工程与运维部总经理

译者序

翻译本书的初衷

小伙伴们接触 DevOps 概念有先有后，各自学习和摸索的过程就像打开了一扇新世界的大门，发现大量需要学习的理念和知识技能。了解得越多，就越发认识到 DevOps 涵盖内容的广阔，也意识到 DevOps 真正要在企业进行落地任重道远。我们往往看到其他组织或团队一骑绝尘，而自己却举步维艰。

与其他看过的诸多 DevOps 书籍不同，《运维困境与 DevOps 破解之道》完全是从实践的角度讲述企业在现实中存在的各种反模式。现实的场景和贴近生活的比喻很容易让人理解并带入实际工作中曾经遇到过的场景。针对各种反模式，作者给出了可供参考的方法和工具，在理论和实践间架起了一座桥，是寻找自己团队的 DevOps 道路上的一盏明灯。

那些让人感触颇深的坑

本书以通俗易懂的语言和场景化的故事描绘了 DevOps 中一些非常典型的实践和反模式，并且剖析了这些实践或反模式背后的机理和原因，其中的许多洞见和提问发人深省，读起来有一种醍醐灌顶的感觉。

对于书中提到的每一个反模式，作者都以层层递进的方式，细致贴心地给出了一些好的实践方法。例如第 10 章的"信息囤积"反模式，先是描述了信息囤积发生的机制，接着给出了识别信息囤积的方法，然后通过有效组织沟通、让知识可被发现、有效使用聊天工具等方法去避免产生信息囤积。再如"让知识可被发现"，给出了组织知识库和建立学习仪式这两种有效方法。而在建立学习仪式中，提供了午餐学习、闪电演讲、主办外部活动、撰写博客等多种方式供读者选择。

场景化的案例太过真实，以至于阅读的过程中，你可能也会像我们一样感慨这不就是在描述自己所处的现实嘛，抑制不住地想要去实践书中给到的实践与方法。

翻译的过程是学习精进的过程

DevOps 是一门注重实践的学科，适合自己的实践才是好的实践。在学习 DevOps 的过程中，我们常常分不清哪些实践适合自己，哪些对自己当下而言属于反模式。

在翻译的过程中,最难的是在所能想到的诸多意思相近的词汇中挑选更贴合上下文的表达,如此的咬文嚼字也是前所未有。但这一挑战自己的过程更能够从作者的字里行间体会到,"DevOps 没有套路,对症下药才是关键"。

很多反模式其实是我们平时未曾关注到的常态。环境与人是互相影响的,我们常常过于强调环境给自身的影响,难以认清问题的真正所在。当我们站在第三者的视角观察似曾相识的场景时,反而能够自然带入和意识到自己的问题,进而找到改善方法。

翻译的过程是结队工作的过程

DevOps 不仅可用于软件开发和系统运维,书中提到的问题和方法也可用于其他方面,如本书的翻译过程也是 DevOps 精神的完美体现。

这次的翻译让我们各自获益良多,也庆幸有一同翻译的伙伴们。协作翻译的过程既痛苦又欢乐,结识并增进彼此的了解也是我们最大的收获之一。

协作翻译的推进是不断地设立目标、迭代前进、结对审校、反馈调整并持续优化。在这过程中,各位伙伴相互支持与协助、相互鼓励与打气、相互逗趣与玩笑,团队氛围严肃、紧张、团结、活泼。每当有人快要坚持不住时,其他小伙伴总是能够及时给予支持。

而这样的氛围和协同也正是 DevOps 所强调的团队与文化。基于彼此的信任和责任共担,无论是成功或是失败,都会成为力量与动力源泉,驱动我们不断前行。

衷心感谢各位自驱、严谨的小伙伴,也由衷地庆幸可以加入这样优秀的译者团队,相信在未来的工作、学习和生活中,大家都能带着这份战友情谊一路走下去!

与此同时,正如软件开发过程一样,本书的翻译过程中也不可避免地存在 bug 和不当之处,请不吝指正,帮助我们持续改进。

作者简介

Jeffery D. Smith 已经在技术领域工作了超过 20 年,他一直在管理层岗位和个人贡献者身份之间切换,目前在总部位于伊利诺伊州芝加哥的广告软件公司 Centro 担任生产运维总监。

Jeffery 对各类组织中的 DevOps 转型充满热情,对公司中心理学层面的问题尤为感兴趣。他和妻子 Stephanie 以及他们的两个孩子居住在芝加哥。

译者简介

姚冬，资深精益敏捷与 DevOps 专家，华为云应用平台部首席技术架构师，IDCF 联合发起人，中国 DevOps 社区发起人，2021 年度理事长，《敏捷无敌之 DevOps 时代》《DevOps 精要：业务视角》《敏捷开发知识体系》《DevOps 最佳实践》等书作(译)者。

王立杰，资深敏捷创新专家，IDCF 联合发起人，华为云 MVP，曾任京东首席敏捷创新教练、IBM 客户技术专家，江湖人称"无敌哥"。最新著作有《敏捷无敌之 DevOps 时代》《京东敏捷实践指南》。他指导过京东、小米、OPPO、海康威视、百度、招商银行等组织的敏捷转型；热衷社区活动并亲自发起了中国 DevOps 社区。

吴非，DevOps 与研发效能资深技术专家，TOGAF 认证架构师，专注敏捷和 DevOps 转型、企业架构研究与实践等相关领域，具有丰富的 IT 治理、项目集管理、产品研发管理、敏捷和 DevOps 转型的成功实践经验，曾担任 DevOpsDays 大会中国区组织者，The Open Group 年度大会组委会核心成员，阿里云、腾讯云、华为云最有价值专家(MVP)，国内多个技术大会的特邀演讲嘉宾，曾参与《SAFe 4.0 参考指南》《SAFe 4.0 精粹》和《DevOps 最佳实践》翻译工作。

陈文峰，资深项目管理者，研发效能实践者，中国 DevOps 核心组织者。他在交通运输、建筑市政、手机等行业领域有 15 年软件研发、项目管理和过程改进经验，专注于传统项目管理与互联网项目管理实践融合及研发效能提升。

余晓蒨，研发团队 leader，中国 DevOps 社区核心组织者，上海 DevOps 社区组织负责人，10 年以上软件研发及运维和管理经验，热衷于敏捷、DevOps 的研究和实践，获得 EXIN DevOps Master 及 IDCF FDCC 认证。

崔龙波，山东易构软件技术股份有限公司资深程序员，华为云 MVP，中国 DevOps 社区核心组织者，济南项目管理协会会员，一级建造师，IDCF ADCC，PMI PMP，在智能交通行业有多年项目管理、软件研发和效能提升经验。

致　　谢

我生命中的许多人都不同程度地为本书做出了贡献。首先我要感谢我最忠实的粉丝、最好的朋友和生命的伴侣——我的妻子Stephanie。你用支持、爱和理解包容了我的缺位、沮丧和疑虑。你是我的依靠，没有你就没有本书。我深爱着你。

我要感谢我的母亲Evelyn。感谢你看出我对计算机的热爱并鼓励我；感谢你为了给我买第一台计算机不惜花光活期存款；感谢你教我明辨是非；感谢你在我写本书遇到困难时给我鼓劲；感谢你让我勇敢站起来在教堂演讲；感谢你让我做所有我当时讨厌的其他事情，但最终却成就了现在的我。我永远满怀感激。

我也要感谢Manning超级棒的团队使这本书的出版成为可能。特别感谢开发编辑Toni Arritola的耐心和支持。我也感谢技术开发编辑Karl Geoghagen的评论和反馈，感谢评审编辑Aleksandar Dragosavljevi、项目编辑Deirdre Hiam、文案编辑Sharon Wilkey、校对员Keri Hales和排版员Gordan Salinovic。

感谢所有的审稿人，你们的建议让本书的质量更上一层楼，感谢Adam Wendell、Alain Couniot、Andrew Courter、Asif Iqbal、Chris Viner、Christian Thoudahl、Clifford Thurber、Colin Joyce、Conor Redmond、Daniel Lamblin、Douglas Sparling、Eric Platon、Foster Haines、Gregory Reshetniak、Imanol Valiente、James Woodruff、Justin Coulston、Kent R. Spillner、Max Almonte、Michele Adduci、Milorad Imbra、Richard Tobias、Roman Levchenko、Roman Pavlov、Simon Seyag、Slavomir Furman、Stephen Goodman、Steve Atchue、Thorsten Weber和Hong Wei Zhuo。

关于封面插图

本书封面插图《旅行中的墨西哥印第安人》选自 Jacques Grasset de Saint-Sauveur (1757—1810) 于 1797 年在法国出版的 *Costumes de Différents Pays*——一组来自不同国家的服装作品集，其中的每幅插图都用手工精心绘制和着色。Grasset de Saint-Sauveur 的作品集丰富多彩，这些作品集生动地提醒我们，就在 200 年前，世界上的城镇和地区在文化方面是多么不同。人们彼此隔绝，说不同的方言和语言。在街上或乡下，很容易通过他们的穿着来辨别他们住在哪里、他们的职业或在生活中的地位。

从那以后，人们的穿着方式发生了变化，那时候如此丰富的地区多样性已经消失。现在很难区分不同地区的居民，更不用说不同的城镇、地区或国家。也许我们用文化多样性换取了更多样化的个人生活——当然是更多样化和快节奏的科技生活。

在一个很难区分计算机书籍彼此差异的时代，Grasset de Saint-Sauveur 的图片复活了两个世纪前丰富多样的地区生活，Manning 以此作为本书的封面来赞美计算机行业的创造性和主动性。

序

我热衷于阅读与 DevOps 相关的书籍。我是从纽约北部的一家地区保险公司开始踏入技术领域的。该公司在当地相当大,但完全不会被视为技术界中的强者。我有许多朋友在类似的公司工作。在这类公司中,技术很重要,但公司并不是把这些技术作为产品提供给客户,而只是将技术作为向用户交付产品和服务的一种手段。

很快 10 年过去了,我搬到了芝加哥,开始涉足当地的技术领域。在芝加哥有更多的公司将技术作为产品。因此,许多公司在技术上比我以前经历过的更成熟,处于新思想和实践的前沿。

但在这些技术圈子里,你周围的人都来自相似的领域。这种同质性会形成类似气泡或回音室的效应。很快地,你会认为每个人在各自旅程中都处于相同的进化阶段,而这与事实相去甚远。这种脱节的情况正是本书的灵感来源。

人们阅读来自 Facebook、Apple、Netflix、Uber 和 Spotify 的博客帖子,并且因为这些非常成功和受欢迎的公司在以某种方式做事,而想当然地认为想要匹配这种成功就需要遵循相同的模式。在 DevOps 实践方面也有同样的情况。在与实践 DevOps 的人进行过几次交谈后,你得出结论——为正确地采纳 DevOps,需要在公有云中运行 Docker,并且每天部署 30 次。

不过 DevOps 是一个迭代的旅程。大多数公司的旅程都以类似的方式开始,但最终走向何方在很大程度上取决于你自己的情况和环境。也许每天部署 30 次并非贵公司的最终目标,或者贵公司因为运行遗留应用程序的问题而无法采用 Kubernetes,但这并不意味着你无法获取 DevOps 转型的部分收益。

DevOps 不仅关注技术和工具,也关注人。我想把这本书作为一个工具包来写,展示针对困扰团队的一些常见问题如何用 DevOps 解决,而不必重写整个技术堆栈。通过改变团队互动、交流以及共享目标和资源的方式,你可在 DevOps 中找到积极的变化。我希望你能在自己的组织中识别出这些模式,并且希望本书为你提供突破这些模式的必要工具。

前　言

《运维困境与 DevOps 破解之道》旨在帮助个人贡献者和团队领导开始一系列行动，以实现 DevOps 转型。本书从建立 DevOps 转型的主要支柱开始讲解，并且试图在这些内容中定位组织问题。

本书读者对象

本书是为技术团队的运维或开发工程师准备的，目标读者是团队领导和个人贡献者。更高层的管理者和高级领导会在本书中找到许多有用的启示，但本书所概述的解决方案和方法侧重于有限的读者角色。组织中更高层级的领导者可选择的工具更为广泛，而本书并未涵盖这些工具。

如果你是一位希望实现 DevOps 的高管，本书会很有帮助，但还不够全面。高管人员所能触及的文化变革超出了本书的讨论范围。虽然我仍然建议你阅读本书，但考虑到你作为变革推动者的权力范围，我想向你推荐另外两本不错的书。一本是 Gene Kim、Kevin Behr 和 George Spafford 合著的 *The Phoenix Projects*(IT Revolution Press，2018)；另一本是 Gene Kim、John Willis、Patrick Debois 和 Jez Humble 合著的 *The DevOps Handbook*(IT Revolution Press，2016)。

本书的组织方式

本书围绕组织中常见的一系列反模式进行组织。每一章都从反模式的定义开始，然后解释反转所述模式的方法和解决方案。

- 第 1 章讨论一个 DevOps 组织的组成要素并引出 DevOps 社区中通用的术语。
- 第 2 章提出第一个反模式"家长制综合征"并深入探讨低信任组织的影响；考察把关者在工作过程中的作用及其对变更速度的影响。本章讨论了如何通过自动化处理这些把关者关注的问题以赋能员工，并且安全地提高变更率。
- 第 3 章描述"运维盲区"反模式，并且讨论系统运维可视化的需求。通过对系统的理解以及数据和度量来验证系统是否按预期工作。
- 第 4 章介绍"数据代替信息"反模式，讨论如何以一种使数据对其受众更有用的方式来构建和呈现它。有时数据是有用的，但其他时候它需要以一种传递特定故事的方式呈现。
- 第 5 章介绍"把质量当成调味品"反模式并讨论确保系统质量是所有独立要素之一的必要性。企图在整个过程的最后确保质量会导致质量上的某种戏剧性效果。
- 第 6 章定义"警报疲劳"反模式。当团队支持生产系统时，他们通常会建立各种各样的警报。但是，当这些警报发出噪声却不需要治理时，则会是有害的。本章讨论通过更仔细地创建警报并了解警报的真正目标来解决这种情况的方法。
- 第 7 章诠释"一无所有的工具箱"反模式。随着角色或职责的扩展，团队将时间和精力投入到他们用于履行职责的工具中是很重要的。在没有相应工具化的情况下增加责任范围会导致团队在执行重复性任务时速度普遍变慢。
- 第 8 章介绍"非工作时间部署"反模式，并且讨论对部署流程的恐惧。本章讨论的不是管理恐惧，而是如何打造安全的部署过程。通过自动化并借助明确的回滚检查点，可以创建可重复的部署过程。
- 第 9 章讲述"浪费一次完美的事故"反模式。许多事件得到了解决，但从未被讨论过。当我们对系统的理解与实际有冲突时，事故就会发生。本章给出一个结构化的方法来处理这种状况，从而在你的组织中创造持续学习。
- 第 10 章讨论"信息囤积"反模式。有时信息囤积是偶然的，源于工具中的权限许可、缺乏分享的机会以及其他非恶意的原因。本章介绍减少信息囤积和增加团队间共享的实践。
- 第 11 章讲述组织文化及其形成方式。文化不是通过口号和价值陈述创造的，而是通过行动、仪式以及受到奖励和/或惩罚的行为创造的。
- 第 12 章讲述组织如何衡量并设定团队目标。有时这些度量会造成团队间的冲突，例如你用稳定性衡量一个团队，用变化率衡量另一个团队，就会造成团队间的冲突。本章介绍共享目标和优先级排序，以更好地协调团队。

总体而言，这些章节可以按照任何顺序分别阅读，尽管有些概念偶尔会建立在其他概念的基础上。你也许会觉得本书将更多责任归在运维团队或开发团队身上，但我鼓励你找时间阅读所有的章节，以便理解这些概念是如何在团队之间相互联系的。

关于代码

　　本书只包含了少量的代码示例，所有的代码都只是为了说明的目的，代码的显示遵循了标准的格式。

目　　录

第1章　DevOps要素 ·················1
1.1　DevOps的概念 ················2
　　1.1.1　有关DevOps的
　　　　　历史 ·······················2
　　1.1.2　DevOps不是什么 ·······3
1.2　DevOps的支柱CAMS ······5
1.3　关于本书 ·······················6
1.4　小结 ·······························6

第2章　家长制综合征 ···············9
2.1　创建壁垒而非安全防护
　　措施 ································10
2.2　引入把关者 ·····················13
2.3　审视把关者 ·····················14
2.4　通过自动化治疗家长式
　　作风 ································17
2.5　捕捉审批的动因 ···············19
2.6　为自动化构建代码 ···········19
　　2.6.1　审批流程 ···············20
　　2.6.2　自动化审批 ···········22
　　2.6.3　日志流程 ···············25
　　2.6.4　通知流程 ···············26
　　2.6.5　错误处理 ···············27
2.7　确保持续改进 ··················28
2.8　小结 ······························28

第3章　运维盲区 ·····················29
3.1　作战故事 ·······················29
3.2　改变开发和运维职责
　　范围 ································30
3.3　了解产品 ·······················31
3.4　打造运维可视化 ·············32
　　3.4.1　创建自定义指标 ······33
　　3.4.2　决定度量内容 ·········34
　　3.4.3　定义健康指标 ·········37
　　3.4.4　失效模式和影响
　　　　　分析 ·······················38
3.5　让日志发挥作用 ·············41
　　3.5.1　日志聚合 ···············41
　　3.5.2　应该记录的内容 ······43
　　3.5.3　日志聚合的缺点 ······45
3.6　小结 ······························48

第4章　数据代替信息 ···············49
4.1　从用户而不是数据
　　开始 ································49
4.2　小部件(仪表盘构建块) ····51
　　4.2.1　折线图 ···················51
　　4.2.2　柱状图 ···················53
　　4.2.3　仪表 ······················54
4.3　为小部件提供上下文 ······54
　　4.3.1　通过颜色提供
　　　　　上下文 ····················55
　　4.3.2　通过阈值线提供
　　　　　上下文 ····················55

	4.3.3	通过时间比较提供上下文	56
4.4	组织仪表盘		57
	4.4.1	处理仪表盘行	57
	4.4.2	引导用户	58
4.5	命名仪表盘		59
4.6	小结		60

第5章 把质量当成调味品 61
- 5.1 测试金字塔 62
- 5.2 测试结构 64
  - 5.2.1 单元测试 64
  - 5.2.2 集成测试 67
  - 5.2.3 端到端测试 68
- 5.3 对测试套件的信心 71
  - 5.3.1 恢复对测试套件的信心 71
  - 5.3.2 避免虚荣指标 74
- 5.4 持续部署与持续交付 75
- 5.5 特性标志 77
- 5.6 执行流水线 78
- 5.7 管理测试基础设施 81
- 5.8 DevSecOps 82
- 5.9 小结 84

第6章 警报疲劳 85
- 6.1 作战故事 86
- 6.2 值班人员轮换的目的 87
- 6.3 值班人员轮换的定义 88
  - 6.3.1 确认时间 89
  - 6.3.2 开始时间 89
  - 6.3.3 解决时间 90
- 6.4 定义警报的标准 90
  - 6.4.1 阈值 91
  - 6.4.2 嘈杂的警报 92
- 6.5 配置值班轮换 95
- 6.6 值班报酬 97
  - 6.6.1 货币报酬 97
  - 6.6.2 休假 98
  - 6.6.3 增加在家工作的灵活性 99
- 6.7 值班的体验 100
  - 6.7.1 向谁发出警报 100
  - 6.7.2 警报的紧急程度是怎样的 100
  - 6.7.3 如何发送警报 101
  - 6.7.4 何时通知团队成员 101
- 6.8 提供其他值班的任务 102
  - 6.8.1 值班支持项目 102
  - 6.8.2 性能报告 103
- 6.9 小结 104

第7章 一无所有的工具箱 105
- 7.1 内部工具和自动化的重要性 107
  - 7.1.1 自动化带来的改进 107
  - 7.1.2 自动化对业务的影响 108
- 7.2 组织没有实现更多自动化的原因 111
  - 7.2.1 将自动化设为文化上的优先事项 111
  - 7.2.2 自动化和工具化的人员配置 113
- 7.3 修复文化层面的自动化问题 115
  - 7.3.1 不允许手动任务 115
  - 7.3.2 支持"不"作为答案 115
  - 7.3.3 手动作业的成本 117

7.4 优先考虑自动化……… 120
7.5 定义自动化目标……… 121
   7.5.1 将自动化作为所有工具的要求……… 121
   7.5.2 在工作中优先考虑自动化……… 122
   7.5.3 把自动化作为员工的优先事项……… 123
   7.5.4 为培训和学习提供时间……… 124
7.6 填补技能体系缺口…… 125
   7.6.1 加强团队之间的技术协作……… 127
   7.6.2 构建新的技能体系……… 128
7.7 达到自动化……… 129
   7.7.1 任务中的安全性…… 130
   7.7.2 安全性设计……… 131
   7.7.3 任务的复杂性……… 133
   7.7.4 任务评级的方法……… 134
   7.7.5 自动化简单任务…… 135
   7.7.6 自动化繁杂任务…… 137
   7.7.7 自动化复杂任务…… 139
7.8 小结……… 139

第8章 非工作时间部署……… 141
8.1 作战故事……… 141
8.2 分层部署……… 143
8.3 使部署成为日常事务… 145
   8.3.1 精确的准生产环境……… 145
   8.3.2 准生产环境永远不会和生产环境完全一样… 148
8.4 频率可减少恐惧……… 149
8.5 通过降低风险减少恐惧……… 152

8.6 处理部署流程中的各层失败……… 153
   8.6.1 特性标志……… 153
   8.6.2 何时关闭特性标志… 154
   8.6.3 队列回滚……… 156
   8.6.4 部署制品回滚……… 158
   8.6.5 数据库级回滚……… 159
8.7 创建部署制品……… 162
   8.7.1 利用包管理……… 163
   8.7.2 包中的配置文件…… 167
8.8 自动化部署流水线…… 170
8.9 小结……… 172

第9章 浪费一次完美的事故……173
9.1 好的事后剖析的组成部分……… 174
   9.1.1 创建心智模型…… 175
   9.1.2 遵循24小时规则… 176
   9.1.3 制定事后剖析规则… 177
9.2 事故……… 178
9.3 开展事后剖析……… 178
   9.3.1 选择参与事后剖析的人员……… 178
   9.3.2 整理时间线……… 179
   9.3.3 定义和跟进行动事项……… 185
   9.3.4 记录事后剖析……… 187
   9.3.5 分享事后剖析……… 190
9.4 小结……… 190

第10章 信息囤积……… 191
10.1 理解信息囤积的发生机制……… 192
10.2 识别无意囤积者…… 193
   10.2.1 文档不受重视…… 193
   10.2.2 抽象与混乱……… 195

- 10.2.3 访问限制 ………… 197
- 10.2.4 评估把关者行为 ………… 198
- 10.3 有效进行沟通 ………… 198
  - 10.3.1 明确主题 ………… 199
  - 10.3.2 明确受众 ………… 199
  - 10.3.3 勾勒要点 ………… 199
  - 10.3.4 提出行动号召 … 200
- 10.4 让你的知识可以被发现 ………… 200
  - 10.4.1 组织你的知识库 … 200
  - 10.4.2 建立学习仪式 …… 205
- 10.5 有效使用聊天工具 … 210
  - 10.5.1 建立公司制度 …… 210
  - 10.5.2 超越聊天 ………… 212
- 10.6 小结 ………… 213

第 11 章 法令文化 ………… 215
- 11.1 文化的本质 ………… 216
  - 11.1.1 文化价值观 ………… 216
  - 11.1.2 文化仪式 ………… 217
  - 11.1.3 潜在假设 ………… 218
- 11.2 文化如何影响行为 …… 219
- 11.3 如何改变文化 ………… 220
  - 11.3.1 分享文化 ………… 220
  - 11.3.2 一个人可以改变一种文化 ………… 223
  - 11.3.3 检查公司的价值观 ………… 224
  - 11.3.4 创造仪式 ………… 226
  - 11.3.5 用仪式和语言改变文化规范 ………… 228
- 11.4 符合文化的人才 ……… 229
  - 11.4.1 旧角色，新思维 … 230
  - 11.4.2 对高级工程师的痴迷 ………… 231
  - 11.4.3 面试候选人 ……… 234
  - 11.4.4 评估候选人 ……… 238
  - 11.4.5 面试的候选人数量 ………… 239
- 11.5 小结 ………… 240

第 12 章 过多标尺 ………… 241
- 12.1 目标层级 ………… 242
  - 12.1.1 组织目标 ………… 243
  - 12.1.2 部门目标 ………… 243
  - 12.1.3 团队目标 ………… 244
  - 12.1.4 获取目标 ………… 245
- 12.2 对自己工作的觉察 …… 245
  - 12.2.1 优先级、紧迫性和重要性 ………… 246
  - 12.2.2 艾森豪威尔决策矩阵 ………… 247
  - 12.2.3 如何拒绝允诺 …… 248
- 12.3 组织团队工作 ………… 251
  - 12.3.1 对工作进行时间分割 ………… 251
  - 12.3.2 填充迭代 ………… 252
- 12.4 计划外工作 ………… 253
  - 12.4.1 控制计划外工作 ………… 254
  - 12.4.2 处理计划外工作 ………… 257
- 12.5 小结 ………… 259

结语 ………… 261

第 1 章

DevOps要素

> **本章内容**
> - DevOps 定义
> - CAMS 模型介绍

现在是周五晚上 11 点半，IT 运维部主管 John 听到了自己的手机铃声。这是 John 特意设置的铃声，用于快速识别来自办公室的电话。他接起电话，电话那头是 Valentina(John 办公室的高级软件开发人员之一)，告知他生产环境出现了问题。

上一次的软件发布版本包含了附加功能，改变了应用程序与数据库的交互方式，但由于测试环境中缺乏足够的硬件，无法在发布前对完整的应用程序进行测试。今天晚上 10 点半左右，一个只会每季度运行的计划任务开始执行。这个任务在测试阶段被遗漏了，即便是没有遗漏，测试环境中也没有足够的数据来创建准确的测试。Valentina 需要停止这个进程，但她无法访问生产服务器。她花了 45 分钟的时间在公司内部网站上搜索有关 John 的联系信息。John 是 Valentina 认识的唯一一位具有她所需的生产环境访问权限的人。

中止计划任务并不简单。任务通常会整夜运行，并且没有设计在处理过程中可以中途停止。由于 Valentina 没有生产权限，因此她唯一的选择是通过电话向 John 口述一系列含义模糊的命令。几经周折，John 和 Valentina 终于设法停止了任务。两人计划在周一重整旗鼓，弄清楚出了什么问题，以及如何在下一季度修复它。现在，John 和 Valentina 都要在周末保持警觉，以防止这种行为在其他作业中重演。

你很可能觉得这个故事很熟悉。存在没有经过适当测试的生产代码感觉像是一个可以避免的场景，特别是当它打断了团队成员的休息时间时。为什么测试环境不足以满足开发团队的需求？为什么不把计划任务写成可以直接停止或重启这样的方式？如果 John 只是不假思索地录入 Valentina 口述的内容，John 和 Valentina 之间的沟通有什么价值？更不用说两人很可能跳过了组织的变更审批程序。5 个人批准他们不理解的东西对提高变更的安全性毫无价值。

上述问题已经是司空见惯，以至于很多组织甚至都没有想过要细究这些问题。由于开发团队和 IT 运维团队之间的角色差异，细节的机能障碍往往被公认为不可避免。组织没有设法解决核心问题，而是继续在问题上堆积更多的审批和流程以及施加更严格的限制。领导层认为他们在牺牲灵活性以换取安全性，但实际上，他们两者都没有得到。这些团队和流程之间消极的并且有时是浪费时间的沟通正是 DevOps 试图解决的问题。

1.1　DevOps 的概念

近来，"什么是 DevOps"感觉像是一个你应该问哲学家而不是工程师的问题。在提出我的定义之前，我先介绍 DevOps 的故事和历史。如果你曾想在会议上挑起一场争论，那可以向一个 5 人小组提出"什么是 DevOps"的问题，然后走开并旁观这场腥风血雨。幸运的是，你正在阅读本书，而不是在走廊上和我说话，因此我并不介意把我的定义放出来并观察会发生什么。但是，先讲个故事。

1.1.1　有关 DevOps 的历史

2007 年，一位名叫 Patrick Debois 的系统管理员为比利时政府的一个大型数据中心迁移项目提供咨询。他负责这次迁移的测试，因此他花了相当多的时间与开发团队和运维团队一起工作和协同。看到开发团队和运维团队的运作方式之间的显著差异时，Debois 感到很沮丧，于是开始思考解决这个问题的办法。

很快到了 2008 年。开发人员 Andrew Clay Shafer 在参加多伦多的敏捷大会时，提出召开一个名为"敏捷基础架构"的研讨专题。他的提议收到的反馈寥寥无几，以至于他自己都没有参加这个专题。事实上，只有一个与会者加入了这个专题，那就是 Patrick Debois。不过由于 Debois 对这个话题的讨论充满浓厚的兴趣，他追随着 Shafer 到走廊里，在那里他们就自己的想法和目标进行了广泛的讨论。通过这场对话，他们直接成立了敏捷系统管理员小组(Agile Systems Administrator Group)。

2009 年 6 月，Debois 回到比利时，观看了 O'Reilly Velocity'09 大会的直播。在这次会议上，Flickr 的两名员工 John Allspaw 和 Paul Hammond 分享了题为《每日 10 次部署：在 Flickr 的开发与运维协作》的演讲。Debois 心有所触，受此启发在比利时的根特开创了他自己的研讨会。他邀请开发和运维专业人员一起讨论各种协作方法，以及如何管理基础设施并重新思考团队协作的方式。Debois 称这两天的会议为 DevOps Days。很多关于会议的对话都是在 Twitter 上发生的，当时 Twitter 将每条消息的字符数限制为 140 个。为保存尽可能多的珍贵字符，Debois 将会议的 Twitter 话题从#devopsdays 缩短为纯粹的#devops，并且由此诞生了 DevOps。

定义 DevOps 是一组软件开发实践，它将软件开发思想与组织中的其他职能相结合。DevOps 非常强调在整个软件开发生命周期中所有团队之间的职责共担。随着运维团队成员承担了传统上更侧重于开发人员所关注的任务，并且开发团队成员也会做相同的事，工作职能的边界逐渐弱化。DevOps 一词最常见的是与开发(development，简写为Dev)和 IT 运维(operations，简写为Ops)相关联，但这种方法也可以推广到其他群体，包括但不限于安全(DevSecOps)、QA、数据库运维和网络。

那次历史性的会议已经过去了十多年。从那以后，DevOps 超越了小型的互联网创业公司，开始向大型企业渗透。然而，DevOps 的成功带来了所有运动中脾气最暴躁的敌人：市场力量。

根据 LinkedIn 人才解决方案的数据，在 2018 年，总体上(不只是在技术领域)招聘最多的岗位是 DevOps 工程师。考虑到我们已经将 DevOps 定义为一组实践，因此很奇怪一种工作模式如何会迅速成为一个岗位名称。你从来没有听说过敏捷工程师，因为它听起来很愚蠢。如同 DevOps 的转型一样，它无法逃脱市场的力量。由于需求量如此之大，因此 DevOps 这个职位导致许多求职者将自己重新包装为 DevOps 工程师。

产品营销人员正在从 DevOps 热潮中寻找获利的机会。类似度量和监控这样的简单产品被重新命名为"DevOps仪表盘"进一步稀释了这个词的含义。随着市场将 DevOps 一词推向不同的方向，对不同的人而言，它被分离出不同的含义。我本可以花整整一章来讨论 DevOps 应该和不应该是什么，但作为替代，我将使用我之前提出的定义。如果你在某个大会上看到我，想看到我的长篇大论，那就询问我当"DevOps 主管"是什么感觉。

1.1.2 DevOps 不是什么

具有讽刺意味的是，定义 DevOps 不是什么比定义它是什么更容易。多亏了市场的力量，这些细节可能会被置若罔闻，但既然这是我的书，我想我还是要关注一下。对于初学者而言，这与工具无关。如果你买这本书是想了解 Jenkins、Docker、Kubernetes 或 AWS，那会非常失望。

DevOps不是关于工具，而是关于团队如何协同工作。技术绝对会被涉及，但说实话，工具没有人那么重要。你可以安装最新版本的 Jenkins 或者注册 CircleCI，但如果没有一个可靠的测试套件，那将毫无用处。如果你没有一个认可自动化测试价值的文化，那么工具就不能提供价值。DevOps 首先是关于人，接着是过程，然后才是工具。

你需要人们加入并为变革做好准备。一旦人们加入进来，他们就需要介入并参与流程创建。一旦创建了流程，你就有了必要的输入来选择合适的工具。

许多人首先关注工具，然后试图从那里展开后续的工作。这可能是 DevOps 最愚蠢的举动之一。你不能选择一个工具，然后告诉人们他们不得不改变他们的流程。我们的大脑会立刻对这种方式产生敌意。当工具以这种方式推行时，人们会感觉是工具在作用于人，而不是人们在借助于工具。这种方法与人们接受新想法的方式有很大差异，你必须要得到他人的认同。

此外，当你对一个新的工具兴致勃勃时，你会开始把它应用到你从未遇到过的一些问题上。就像当你买了一台新的锯床后，你家里的一切就突然变成了一个施工项目。软件工具也是一样。

综上所述，本书和 DevOps 的主要关注点是关于人以及人与人之间的沟通。虽然我可能会在各处引用特定的工具，但本书避免基于架构给出具体的例子。相反，举例的重点是关注能力，而不关注是哪个工具提供了这种能力。为凸显这种方法，DevOps 的理念是架构在 CAMS 模型之上的，该模型旨在解决问题时以人为本。

DevOps 如同新的系统管理员

当我参加技术活动时，经常有一些人和我打招呼，他们认为 DevOps 的流行对"传统"系统管理员来说意味着注定的厄运。随着虚拟机、软件定义网络和用于创建基础设施的 API 访问的兴起，软件开发技能对系统管理员来说变得越发重要，在许多公司，这已经是一项严格的要求。这种更侧重开发的系统管理员的趋势使得许多人猜测 DevOps 是系统管理终结的开始。

但运维职能的消亡被过于夸大。运维团队的工作方式肯定是处于变化之中的，但从 1960 年左右开始就一直如此。我同意开发人员将在运维工作中扮演更多的角色，但运维和开发人员的日常工作依然会泾渭分明。

无论是由谁来做那些事，类似基础设施架构规划、容量规划、系统运行时维护、监控、安装补丁、安全监查、内部工具的开发以及平台管理这些任务都将继续存在。运维工程仍将是一个专门的工程形态。毫无疑问，系统管理员有一些新的技能需要他们去学习，不过这不是什么新鲜事。从令牌环网到 IPX/SPX，到 TCP/IP，再到 IPv6；如果是在这样的变迁中挺过来的系统管理员，我相信学习 Python 并不是一个不可逾越的任务。

1.2 DevOps 的支柱 CAMS

DevOps 是由围绕有关关注和重点的 4 大支柱构成的。这些支柱是文化(culture)、自动化(automation)、度量(metrics)和分享(sharing)，简称为 CAMS。如图 1.1 所示，DevOps 的这些支柱对于支撑整个结构至关重要。

图 1.1 文化、自动化、度量和分享对于 DevOps 成功转型都是必要的

4 大支柱的具体内容如下：

- 文化在于改变团队运作的规范。这些规范可能是团队之间新的沟通模式，也可能是全新的团队结构。文化变革是由已有的文化问题类型决定的。我在本书中列举了一些具体的示例，但你也要学会如何自己识别这些问题领域，以便可以应用到这里强调的示例之外的问题上。不要低估公司文化对其技术成果的价值和影响。正如你在本书中会发现的那样，大多数问题都是人的问题，而不是技术问题。

- 自动化不只是在于写 shell 脚本(当然这绝对是其中的一部分)。自动化就是把人力投入从琐事中解放出来。这是为了让人们能够安全自主地完成工作。自动化应该成为组织内部工作方式的文化强化剂。简单地说"自动化测试是一种文化价值观"是一回事，但通过自动检查和结合需求将这种文化价值观嵌入你的流程中会强化这种文化规范。如果实施得当，它将为如何完成工作制定一个新的标准。

- 度量是判断某件事是否有效的方法，只是没有错误还不够。度量也应该被用作系统评估方式的文化强化剂。订单处理不产生差错是不够的；我们应该同样能够显示成功的订单如何流经系统。

- 分享基于知识想要自由的理念。人类在教别人的时候往往学得最好。分享就在于创造那个"准备好的"文化强化剂。在我们不断建立越来越复杂的系统的世界里，知识管理的重要性令人难以置信。

尽管我在书中对 CAMS 的关注点各不相同，但请理解这 4 大支柱是 DevOps 转型中一切的基础。如果你回顾一下这 4 大支柱，就可以解决组织内部的很多问题。

为何省去 CALMS 中的 L

最近有些人(包括 Andrew Clay Shafer 本人)已经开始使用 CALMS 这个词，用 L 表示精益(lean)。我更喜欢原来的版本，并且坚持己见。

CALMS 背后的理念是，交付更小的、更频繁的软件更新是一种首选的方法，有时把一个最小产品交给客户可能比让客户等待 6 个月得到更完整的版本要好。

> 我完全同意这种做法，但同时也意识到收益可能会因行业而异。有些公司的客户不希望频繁更新。也许他们有一个硬件认证过程，使得在更小的组织中允许最新的更新有点麻烦。也许在你所处的行业中，一个最小的产品根本就不足以让客户进行试验。如果你处于一个稳固的市场，要是无法满足各方面能力要求，即便是让人们考虑一下你的工具都会很难。
>
> 我认为精益方法非常不错。但我也认为，DevOps 的文化优势其实可以应用于精益方法不可行的领域。我省略了 L 来分离这两种方式并确保人们仍然可以从 DevOps 中获益，即使他们不以频繁的方式向客户发布软件。

1.3 关于本书

你阅读本书时也许会问自己，"我需要另一本书来告诉我，我的企业文化是有毒的吗"，答案是"可能不需要"。在我从业的这些年里，我从来没有通过说他们的企业文化很差来"开导"别人。事实上，大多数员工都不明白为什么他们的公司文化不好。

诚然，文化往往来自组织结构图的顶端，但同样的事实是，在同一个组织中存在着不同的文化——一些是好的，一些是坏的。如果仅对 DevOps 管中窥豹，我无法承诺可以帮你转变整个组织，但我保证能帮你改变你所在组织的一隅。

驱动我写作的动力来自遇到的很多人，他们觉得因为他们的管理者没有参与，所以他们无法做 DevOps。在某种程度上，这是对的。因为在某些领域，你需要高层领导的认同。但仍有很多变革是个人贡献者或团队领导可以推动的，以让你们的生活和流程变得更好。很少的一点投入也能释放出一些你目前挥霍在低价值任务上的时间，要把这些空闲时间用于更有成效的工作上。这本书汇集了我学到的很多经验教训并提炼为一组行为过程。你可以采用它，以使 DevOps 变革从企业高层贯穿到基层组织。

最后，本书将稍微规范地讲解你所在组织的一隅需要做出哪些改变。我们将一起深入探讨 X 公司的事务处理方式，而不只是案例研究。我们将得到一组特定行为，以便你在自己的组织内实施、微调和迭代。注意我说的是"你"。本书不会把你描绘成管理不善的不幸牺牲者；你有能力改善你的处境，你会成为你的组织开始 DevOps 之旅所需的变革代理人。你要的只是一个计划，让我们开始吧。

1.4 小结

- DevOps 不只是一套新的工具，它其实在于重新定义你看待工作的方式以及不同团队之间任务的关系。DevOps 转型带来的变化将超越纯粹的技术，延伸到我们看待工作本质的方法上。
- 要引入变革,你需要一种方法来审查组织内部的问题并设法解决这些生产力杀手。这就是本书的精华所在。
- 尽管需要文化,但我意识到你们中的大多数人都是工程师,趋向于行动。在本书的第一部分,我列举了贵公司最有可能遇到的问题以及解决这些问题的一些具体方法。即便在这些场景下,我依然强调企业文化是如何对现状产生影响的。让我们从 Valentina 半夜给 John 打电话的原因讲起。

第 2 章

家长制综合征

> **本章内容**
> - 采用安全防护措施替换流程中的壁垒
> - 理解把关的概念
> - 通过自动化消除把关者
> - 在建设审批自动化时定位关键事项

在一些组织中,一个或多个团体相对于他们的同僚似乎拥有了过大的权力。这种权力有时是通过访问控制或审批权限被授予或贯彻的:如果没有通过大规模的审核流程,运维组可能会拒绝你对系统进行更改;安全团队可能会阻止其他团队采用 1984 年后产生的技术(译者注:这里是夸张的说法,并非特指);开发小组可能会拒绝开发那些容许人们在没有他们监督的情况下进行变更的工具。

这些规则或授权通常都能追溯到一些极具煽动性的事件,它们可作为这些严苛行为合理性的佐证。但恰恰是这些本该让团队更富效率而不是让他们举步维艰。如果你在自己的公司或团队中看到似曾相识的情况,那绝非个例。

我将其称为家长制综合征,源于一个群体自以为对其他群体拥有家长般的权威。家长制综合征依赖把关者来决定工作如何以及何时算完成。最初这类的集权还算谨慎,但很快会愈演愈烈,最终导致生产力的崩塌。

本章首先通过一个常见的示例来演绎把关者是如何被引入流程的;然后,详述在流程中引入把关者可能带来的经常被忽视的负面影响。通过这个例子,以挑战那些指望通过流程和把关者来增加安全的预期。

接下来,讨论使用自动化更有效地实现相同目标。自动化因其可重复性而极具价值。通过脚本和程序以完全相同的方式执行相同的任务将减少可变性，并且使你的流程更易审核，因为它们保持了高度一致的方法。我将解析审批流程的真正目的，针对每一个核心关注点加以自动化方法的实现步骤。

2.1 创建壁垒而非安全防护措施

有时，来自其他团队或小组的审批流程会真的增加价值，但通常另一个团队的参与并非如此。这是彼此之间缺乏信任以及系统内部缺乏安全的体现。想象一下，我让你喝汤，却没有给你餐具。而我对此给出的解释是，当你用牛排刀喝汤时，可能会割破嘴。这听起来很疯狂，然而这一隐喻正是许多公司的行事风格——懒人的方式。如果我关心系统安全，更好的选择是给你一把勺子，并且只有一把：特定任务所需的最佳工具。

对某些人而言，这种系统安全的想法可能是一个新概念。但我相信在你职业生涯中一定经历过让你做出灾难性事情的、不可饶恕的系统。设想一下，一个系统允许你在没有确认提示的情况下永久地删除工作。你会对这样的事情怎么会发生感到困惑。你采取了额外的预防措施，例如保存文件的多个副本，以防意外行为再次发生。相较而言，另一类系统会与用户一起验证并确认危险行为。这就是我所说的系统内置安全类型。

设计防止你在不知不觉中执行危险操作的方法应该是系统可用性的目标之一。许多系统缺乏这些防护措施，为弥补这一问题，组织会将能够执行这些任务的人限制在指定的少数几个。但是被选择作为"授权"的任务执行者无法保证万无一失。即便是被授权的执行者也可能犯错误，例如键入错误的命令或误解某种行为的作用。

通过对这些类型任务的访问限制，你真正实现的是什么？它并没有真正降低风险，只是将风险的压力集中在少数几个人身上，但你还将问题描述为人员问题，而不是系统问题。有些工程师有足够的能力来理解影响，而有些则没有。当你的系统缺乏安全性时，它会以交接、审批和过度限制访问控制的形式表现出来。

以下是过度限制访问控制带来的一些问题。

- 很多组织拥有职能重叠的团队。技术团队之间的界限模糊不清，导致团队成员之间的责任范围起止时间难以界定。作为开发人员，如果我负责支持一个测试套件，我是否被允许安装软件来支持测试套件？我需要就软件安装通知运维团队吗？
- 如果软件的安装导致服务器被破坏或不兼容，谁应该负责解决这个问题？
- 谁有访问权限来真正定位问题？

这些都是责任重叠时会出现的问题。这些步骤在内部被认为是安全保护，其初衷是好的，但往往会无谓地发生蔓延。

以审批流程为例，随着每一个当前流程无法专门处理的事件发生，流程会逐渐增加。每一个事件的结果都导致审批流程的一个附加步骤(或者更糟，一个额外的审批人)。很快，你就拥有了一个繁复的流程，却并没有提供本该有的价值。

如果你参加过评审会议，那对这样的场景会很熟悉：一屋子的人，通常是经理，试图评估方案的风险；随着时间的推移，会议变成一个橡皮图章委员会。绝大部分的变更并不会造成负面影响，比较容易通过。但不久之后，在许多组织中，变更审批会被视为一个负担，而不是一个增值的过程。经历过这些，你在内心深处就知道这有多糟糕。

许多传统组织都在讨论如何消除人为障碍和增加合作，也给出了大量的口头承诺。但是当事件发生时，这种讨论就立即被搁置。传统组织经常使用审批工具来避免事故的再次发生。在 DevOps 组织中，团队会不惜一切代价抵制这种冲动。其目的通常是消除人为障碍，同时保留那些增加价值的部分。

人为障碍在团队之间造成了一种权力更替，这会导致请求者和批准者之间的家长式关系。请求者会觉得自己像是在约会之夜向父母借法拉利的孩子。这就导致团队之间因权力失衡而产生摩擦。

你可能一直都有觉察并且也意识到前面讨论过的问题以及它们在自己环境中的表现方式。但你脑海中的问题却是"为什么是 DevOps"。有很多方法可以解决这些组织问题，但 DevOps 运动因为一些原因而变得流行。

首先，它直面并以解决文化问题为中心。有些工程师很难跳出技术解决方案的层面来思考问题。但如果审视你的组织，批判性地思考到底是什么在困扰着它，你会意识到问题更多的是在于人(以及他们如何一起工作)而不是技术。没有任何技术可以解决你的优先级排序；没有任何技术会神奇地让团队目标一致，从而互相合作而不是互相对抗。电子邮件此前曾经用来解决我们的沟通问题，然后是手机，现在是即时通讯和聊天应用。所有这些工具所做的都只是让我们交流得更频繁、更快速。并非说技术不是 DevOps 转型的一部分，它只是碰巧是最容易的部分。

DevOps 运动的另一个重要部分是它关注人类潜能被浪费所产生的代价。想一想你自己的角色，我肯定你定期做的一些事情可以用程序或脚本来替代，腾出的时间可以去做更有影响力的事情。DevOps 专注于最大化那些为组织带来持久价值的工作。这意味着，假设一个任务通常只需要 5 分钟就能完成，我们用一周时间将其变为自动化任务。将时间花在自动化上的价值在于，虽然这意味着有人会对他们的请求等待很长时间，但这将是他们不得不等待的最后一次，未来你再也不用浪费那 5 分钟了。消除日常工作中浪费的时间有益于提高生产率。从技术的角度看，这也有助于留住人才，工程师可以自由地从事更复杂和更有趣的任务，而不是常见的那些照本宣科的日常任务。

DevOps 的目标包括：
- 增进团队之间的合作。
- 减少多余的关卡和交接。
- 用工具及授权赋能开发团队拥有他们的系统。
- 创建可重复、可预测的流程。
- 共享对应用程序生产环境的责任。

DevOps 通过遵循 CAMS 模型帮助组织实现上述这些目标。正如第 1 章所述，CAMS 是文化(culture)、自动化(automation)、度量(metrics)和分享(sharing)的首字母缩写(见 1.2 节)。这 4 方面有助于为良性采纳 DevOps 创造必要的条件。

改变工作中的文化或心态可以让人们专注于他们的工作，并且消除造成浪费的关卡。这种文化的改变将牵引团队产生对自动化的需求。自动化是一个强大的工具，可借以创建可重复过程；并且当正确实现时，可以允许团队中的任何人保持一致地执行动作。文化变革以及提升责任共担产生了对度量的需求，用来帮助每个人了解系统的状态。能够确认一样东西正在工作比仅确认没有错误更有价值。最后，分享有助于确保 DevOps 理念在整个团队中不断传播，而不是仅局限在少数人。分享知识是共担责任的要求，你不能要求你的团队成员承担额外的所有权，却不为他们的学习诉求提供帮助。人们需要了解系统的各个部分，至少在高层级上来适应责任的增加。你需要创建一个机制促成这类分享。随着自动化水平和责任共担的提升，囤积信息的动机便随之瓦解。

如果团队之间的每一次互动都停留在审批、请求和权限申请层面，你是无法实现这些目标的。流程中这些类型的活动是把关任务。一不小心，它们就会增加不必要的延迟，在团队之间制造摩擦并鼓励人们不惜一切代价避开关卡，有时会产生并非最优的解决方案。

定义 把关发生在某一个人或流程充当人为的关卡以对某种资源的访问加以管控时。

把关者处于家长制综合征的核心。因缺乏信任而引入把关者机制时，家长制综合征就会出现。这种信任可能是被此前的某个事件侵蚀掉了，也可能从未存在过。家长制综合征源于这样一种想法，即只有特定的人或群体有资格且值得被信任来执行或批准一个动作。这会造成团队之间的摩擦，因为把关过程给团队完成工作制造了障碍。当关卡并不增加真正的价值时，它被视为家长职能，同时请求者需要解释或证实他们的请求。

2.2 引入把关者

Stephanie 在当地一家医疗健康机构的 IT 运维部门工作。她从计费团队的开发人员 Terrance 那里收到一个请求，要求在当天下午 4 点部署计费应用程序。Terrance 希望在周末计费执行之前应用补丁并希望确保留有足够的时间，以在必要时回滚应用程序。

Stephanie 得到了所有的细节，并且也同意下午 4 点是合理的部署时间。她经常与计费团队合作，知道该团队通常会在每天中午之前完成应用程序的使用。Stephanie 一直等到了下午 4 点，然后开始部署。这个过程很顺利，没有任何问题。她注意到，当她开始部署时，有两个人登录到了应用程序中，但这并不罕见，因为许多人在使用完系统后很久仍会保持登录状态。Terrance 验证了应用程序的功能符合预期，他们认为部署是成功的。

第二天早上，Stephanie 被拉进她的经理办公室。Terrance 已经在那里，低垂着头。Stephanie 的经理告诉她，为满足应收账款团队最后时刻的要求，几个计费团队成员在系统中工作的时间比平时晚。由于这一要求，他们手动更新了大量账单，这需要 3 个步骤。部署发生在这个过程中间，造成大量宝贵的数据输入时间丢失，需要重新输入。计费部门的经理很生气，要求采取措施防止这种情况再次发生。这催生了公司的第一个变更管理政策。

定义 变更管理是一个组织引入变更到应用程序或系统时的标准化流程。该流程通常包括一份待完成工作的说明，并且提交给管控实体，以便就某个给定的时间窗口获得批准。

经过计费和信息技术部门的讨论，最终决定所有部署都应经过正式的审批流程。Stephanie 以及其他的运维人员被要求在任何部署之前，先获得计费部门的批准。计费部门将内部自行协调以批准所请求的部署窗口，但是他们要求至少提前一天通知，以便可以从计费部门的每个人那里得到核签。此外，Stephanie 负责支持的不只是计费系统，因此她也需要能够规划自己的工作。

Stephanie 要求来自开发团队的任何部署请求至少在所请求日期前 3 天提交。这确保了 Stephanie 和她的团队成员有足够的时间将请求纳入他们的日程，并且给计费团队足够的通知时间，以便他们也可以在自己那边收集所需的签名。此外，团队同意，如果有用户登录到系统中，为防止用户被断开连接，部署不应该继续。经过几轮讨论，团队就以下流程步骤达成一致。

(1) 开发人员向运维部门提交变更单。

(2) 如果给运维部门变更单的通知时间没有预留至少 3 天的提前量，它会被立即拒绝，并且要求开发人员重新提交新的日期。

(3) 计费团队审查他们的工作时间表，如果与其他工作存在日程冲突，则变更被拒绝，开发人员被要求重新提交新的日期。

(4) 正式批准变更。

(5) 实施变更。

这一流程似乎减轻了团队的顾虑，但这是面对一个传统问题的传统反应模式。在 DevOps 组织中，重点是消除这类的关卡请求并将关注点放在快速高效的交付上，提供自动化解决方案而不是增加额外的交付瓶颈。此外，这一流程对团队有几个微妙的副作用。下一节将更深入地探讨所提出的流程并指出它的不足之处。

2.3 审视把关者

大家都认为新的流程应该确保他们不再发生这种问题，并且作为新政策的附属品，围绕这些变更的沟通将大大加强。但新政策带来了一些新的问题。因为团队过于专注在防患于未然上，他们没有考虑这给组织带来的额外压力。

此外，把关者没有从整体上审视系统；相反，他们选择局部优化，这可能会解决某个问题，但从完整的系统视角看，会导致新问题。例如，部署过程现在需要提前 3 天通知。实际上，这限制了计费应用程序每周只能部署一次，使得解决诸如错误修复等紧迫问题变得难以快速部署。事实上，紧急部署可能会迫使你绕过新流程。针对一个特定问题进行优化(审批以确保工作不会丢失)限制了快速部署计费应用程序的能力，导致的是减缓并阻碍了整个系统。

与此同时，新的流程还要求团队之间进行大量额外的沟通。通常，与团队成员交谈并不是一件坏事，但是如果计费团队响应不及时，审批流程的开销会使部署流程陷入停滞。这些人为的延迟会导致对这一流程的不满，诱使人们不择手段地避开该流程：刻意地去夸大一个问题，以证明这是一个紧急的变更，借此绕过审批流程——所有这些都是为了避免在周末被传呼，以便可以参加一个宁静祥和的烧烤活动。我本人虽然从来没有做过这样的事，但你会看到有人是这么做的。

最后，一个预想不到的副作用是用户的不作为会导致部署被取消。如果用户并不习惯于在一天结束时注销，那一个非恶意的错误可能导致部署被取消。这种取消让客户无法享有新的特性或功能，会导致业务无法获得任何收益；而且也很难向人们解释为什么发布被取消。"我们已经准备好部署，但因为 Frank 未曾回复我们的电子邮件，所以我们取消了整个发布"，这理由听起来有点蹩脚。

如果用户连续忘记注销,随着时间的推移,会给运维团队带来混乱,因为他们试图评估用户是否真正活跃或者只是晚上忘记注销。表 2.1 列出了变更管理政策引入的一些新问题,在判断政策的有效性时需要考虑。

表 2.1 变更管理政策带来的新问题

变更	引入的问题	讨论
要求提前 3 天通知	将计费应用部署限制为每周一次	这对快速发布缺陷修复的能力有什么影响
团队之间的额外沟通	如果计费团队没空,审批流程会进一步减慢	计费团队如何达成共识?这要花公司多少时间
如果还有用户在系统中,部署将被中止	用户可能会忘记在下班时注销	运维团队如何评估用户会话是否有效或用户是否忘记注销

这种过度反应助长了家长制综合征。团队没有去检查系统及其如何导致问题,而是将精力放在团队成员的个人决策上。这毫无成效,它把责任推给了人员,而不是流程。更要命的是,这并没有解决问题;相反,它只是增加了整个工作流的时间。

起初,我们将沟通时间增加到至少 3 天。这意味着,如果没有仔细的规划,计费应用程序每周只能部署一次。根据团队开发特性的速度,这可能是可以接受的。但我们是因为一次事件而引入的这种延迟。其他所有部署都已顺利完成。现在,团队正在迫使每一个部署都要经历这个过程。此外,我们还面临着每个部署都可能被在一天结束时没有正确注销的用户所阻止的风险。图 2.1 说明了这个过程以及由此带来的一些问题。

新流程的初衷是防止由于应用程序的部署而导致的工作中断,但并没有达成目的。它不仅没有达成目的,还主动减缓了未来所有的变更,却只是为了消除这种特定类型的失败。

实际上,流程中每一个简单步骤的遗漏都可能致使部署中断用户的工作,并且导致生产效率下降。图 2.2 突出了流程中可能容易出现人为错误而导致数据丢失或工作中断的几个点。

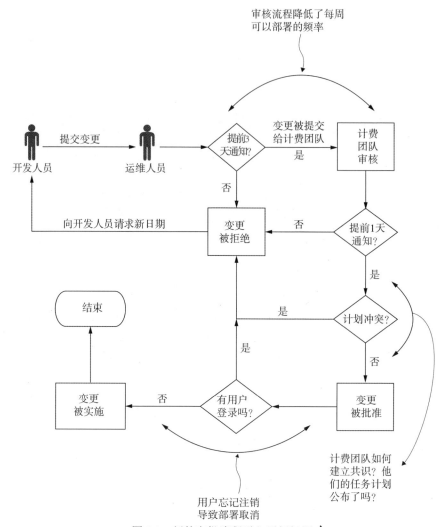

图 2.1 新的审批流程引入了新问题

你会想"这意味着有人没有遵守规则"。确实,这个流程为指手画脚和告诉人们规则有多重要的人创造了充分的机会。可以设想到好几个场景,即便运维人员遵循了流程,但仍有丢失工作的风险——也许是某个计费用户忘记了今天是部署的日子,或者某个特定的用户没有被告知这一变更。事实上,计费部门内部的整个审批流程都可能不靠谱。

这就是为什么 DevOps 提倡自动化而不是手动审批。审批流程很容易被绕过并导致不同部署之间的差异。当你需要审计一个流程或者需要确保每次执行过程时都遵循准确的流程时,这种差异就是痛苦的来源。

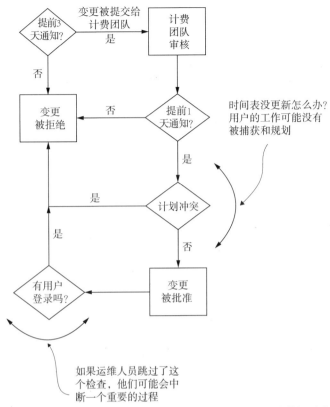

图 2.2　流程中的几个关键领域很容易出错,可能导致数据丢失

2.4　通过自动化治疗家长式作风

　　可以使用技术替代流程中的许多手动审批过程。以前面的部署过程为例,思考如何通过自动化解决该过程中出现的一些问题。3 天的通知窗口旨在给人们足够时间审查正在进行的工作,确保部署工作正常。而机器可以即时地做到这一点,并且不存在人工审核所带来的调度和优先级冲突。针对这类以及其他众多审批类的流程,自动化都是完美的解决方案。

　　根据流程的性质不同,某些组件可以很容易地被自动化,而另外一些组件则需要根据所涉及的风险加以更多考虑。因为自动化审批的实现方式迥然不同,所以你需要确认审批流程背后的目的。

　　你应该从组建团队开始,并且团队需要延展,而不只是包含那些希望流程自动化的工程师。既然你希望这个解决方案是完整的,那么团队也应该扩充,既包括把关者,也包括参与该过程的其他人。这将有助于兼顾系统中的各种观点。

　　你还会希望确保这些把关者参与到流程的设计过程中。把关者的存在是为了帮助减轻感知到的风险(无论它是客观事实还是主观臆想)。如果把关者没有参与到新流程或解决方案的设计中，他们会觉得他们的担忧被忽视或低估。这种参与的缺失会使得争取他们的支持成为一场艰苦卓绝的战斗。

一旦团队集结完毕，你要开始让他们致力于自动化这个流程。这听起来是很基础，但很多自动化工作的失败正是源于团队无法构建起自动化流程看起来像什么的心智模型。由人类来进行评估的想法根深蒂固，人们无法想象让自动化算法来取代会怎样以及这些步骤是什么样的。结果就是，自动化的想法会马上被拒绝。"这太复杂了，无法自动化"是最常见的借口。如果这个世界能让喷气式飞机自动着陆，我向你保证，你也能胜任自动化审批流程的任务。

与团队的初步讨论在于强调自动化流程的好处，可以关注以下几个话题。
- 减少在审批流程中所花费的时间。
- 减少在管理事务上所花费的时间。
- 减少迭代时间。
- 保持流程中的一致性。

在最初的讨论中，对可以改进审批流程达成共识比制订出解决方案更重要。团队成员对当前流程(尤其是实际的把关人)的价值持不同看法并不少见。作为一个群体，如果无法对问题是什么形成一致，就无法解决问题。在最初的讨论中，让小组成员理解为什么审批流程需要改进。这将是你的组织和特定流程所独有的，但务必检查流程所带来的意外副作用。现阶段不要把注意力放在解决方案上，那是以后的事，充分利用这段时间就问题和最终目标在团队内部达成一致。

通过随后的会议，可以开始与团队一起协作，构建出方案的大纲。你无法一下子解决所有问题，如果有什么事情是可以快速达成的，那就去做。通过迭代你的自动化过程并随着时间的推移逐渐进行扩展，你将获得越来越多的价值。出于种种风险考虑，你可能决定流程的某些部分需要保留为人工审批。那也很好，只要团队集体认同风险，并且认为人工审批是最好的补救措施。请记住，你并非要试图自动化所有的人工审批，针对的只是那些没有增加任何真正价值的工作。

通过上述这些讨论事项，可以在团队内部建立起共识，每个人都认同手动过程存在的不足，而不是设置障碍从而导致自动化失败。现在团队已经达成共识，可以将请求提交给任何需要审批或优先考虑这项工作的领导。

当向领导提出确定优先顺序的要求时，确保不仅要强调团队预期的效率提升，还要强调当前流程中存在的不足。其实几乎任何手动的过程都会涉及可变性，自动化将有助于消除或大大减少可变性，降低任何人为错误或流程错误的可能性。如有必要，你还可以为每次变更所需的会议和协调工作估算成本。有了领导的支持，工作也有了优先顺序，你就可以转向变更实施的细节。

在我们的例子中，审批需要由人执行。起初，这似乎很难实现自动化，但门禁式的审批流程只是某种顾虑的外部表征。如果你能具象地定义这种顾虑,自动化这个问题就会变得更容易。

2.5 捕捉审批的动因

只有真正有病的人才会为了审批而创建一个审批流程。之所以设定审批流程,通常是为确保围绕该流程的所有必要问题都已得到解决。这些问题因流程而异,但当你自动化一个审批步骤时,都应该思考该审批流程背后所关心的那个问题。

举一个非技术性的例子,当你去银行借钱时,必须回答一系列看起来有点冒犯性的问题。但是一旦你明白这些问题是为了减轻更大的顾虑,它们就变得有意义了。如果你申请个人贷款,那贷款人肯定想知道你的其他债务。这并不是因为他们对你还欠谁钱感兴趣,而是他们想通过你的债务来了解你其他的未偿还承诺,以及对偿还能力可能存在的影响。

再举一个技术的例子,审批者可能希望确保某个变更经过同行评审。这并不是说原先的工作不可信,更重要的是要保证从多个角度和视角去审视它。通过这个例子可以了解审批的目的。

手动流程中的审批步骤通常试图去获取和传递一些事实,如下所示。

- 流程的所有部分都处于可继续工作的适当状态。
- 告知必要的人工作正在进行。
- 没有可能阻止变更发生的冲突动作。
- 组织可以接受变更的风险。

这些问题中的每一个都可以在一定程度上通过自动化进行简化,从而避免烦琐的审批流程。

2.6 为自动化构建代码

继续本章前面的例子,计费部署过程一直运行良好,直到一个部署导致计费团队丢失了正在进行的工作。这一部署事件引发了对审批流程的渴望。团队在匆忙确保一切正常运行的过程中会制定几个手动审批步骤和交付时间表。然而,这是对问题的过度反应。

看上去迅速实现手动的把关似乎更快,但团队本应专注在使部署过程更加智能和更加安全上。这项任务最初看起来令人望而生畏,但可以小规模、适度地开始进行自动化。就像你通常期望的那样,为事情的进展做好计划。如果有任何偏差,只需要简单地用一个消息输出错误,然后用你的手动过程作为备选。本节将介绍一种可以将各种审批问题条文化的方法。

当你试图去自动化流程时，恰当地构建步骤非常重要。每个自动化工作流都必须处理一系列的问题。

- 审批流程——需要哪些必要的检查来确保允许执行该流程？
- 日志流程——自动化在哪里记录请求、审批、执行和结果？
- 通知流程——自动化在哪里通知人们采取了行动(此通知过程可能与日志记录过程相同，但有些人会选择通过电子邮件等方式向用户主动推送通知，而不是像日志记录这样被动的过程，用户必须自己去寻找通知)？
- 错误处理——你的自动恢复执行到什么程度？

随着时间的推移，要求和指导方针不断变化，对自动化的需要可能会增加或减少，使你最初的想法开始变得模糊不清，这在应用程序设计中很常见。然而问题是流程自动化通常被视为一系列简单的脚本，它们很快地拼凑在一起。请牢记阿克巴上将的不朽名言："这是一个陷阱"。

由于没有以敬畏之心对待这些自动化任务，因此你最终得到的自动化往往是不灵活的、容易出错的、难以理解和维护的。即使是最普通的脚本，也要精心构建，这样你才能负担得起一个完整的应用程序。试着思考脚本有哪些不同的关注点并试着将这些关注点分解成可管理、可维护的代码。让我们从审批流程说起。

2.6.1 审批流程

在实现审批流程时，你需要考虑手动审批产生的原因。重申一下，审批流程通常至少试图减轻 4 方面的顾虑。

- 流程的所有部分都处于可继续工作的适当状态。
- 告知必要的人工作正在进行。
- 没有可能阻止变更发生的冲突动作。
- 组织可以接受变更的风险。

1. 工作处于适当的状态

在审批流程中，审批者希望确认工作步骤是否到位，以便团队能够继续前进。这对于审批者来说是一个重要的问题，也是你需要自动化的几个检查之一；可能是类似确保请求经过同行评审这样简单的事情，也可能是类似确保数据库在执行前处于正确状态这样更复杂的事情。

在我们前面的示例中，计费团队希望审批部署，以确保其他计费团队成员之间不存在调度冲突，因为在人们更新系统时进行部署可能会导致工作丢失。一个好的审批流程不应该仅是一次简单的检查。通过描述审批者通常会探寻的内容，可以很容易地用自动化来决定是否应该审批部署。应该有特定的状态和条件，由审批者来评估决定是否批准。这些条件具体是什么将取决于你的解决方案和组织。我见到过的审批流程中的一些常见因素包括：

- 团队工作跟踪系统中的工作已经完成。
- 前置任务(如数据或文件传输)已经完成。
- 依赖数据状况良好。
- 经过了同行评审。
- 行为或变更已经通过了适当的测试周期。

该列表将因你的组织和你尝试自动化的实际流程而有所不同，但务必确定这些因素。能够获取此信息的最佳人选是审批者。通过向审批者询问在审批过程中他们寻找什么，你可以获得详细的信息。

可以询问如下问题。
- 在审批过程中找到什么会使你不假思索地拒绝审批请求？
- 在审批过程中看到什么会让你质疑一个请求？
- 什么是你审批的每个请求都必须要有的东西？

当你询问审批者时，相对于实际需要找寻的内容数量，你会惊讶于他们上报要看的内容数量。可以随意追问一下为什么某个组件很重要或者如何在其他地方满足这种需求。这些都是实现流程自动化的很有价值的信息。

有了审批者检查的事项列表，你就可以开始考虑如何通过自动化来实现这些检查。这些项目都是简单的二元检测——是或否、对或错、审批或不审批。大多数情况下，你编写的任何自动化都将模拟这些布尔测试。如果布尔测试全部成功，则请求被审批，而且等待审批的工作可以继续。

2. 告知必要的人

确保必要的人被告知可能是最容易跨越的障碍，并且增加了最大的价值，因为无论谁在执行这个过程，它都将持续发生。你的自动化脚本可以维持一个可以在流程的任何阶段触发的通知列表，或者可以在事情完成或状态发生变化时发送摘要邮件。关键是这个任务可以保证执行的一致性，如果设计正确，可以很容易地在通知流程中添加或删除用户。

3. 没有冲突的动作

协调和编排可能是很难解决的问题，但是许多众所周知的模式可以应对这个问题。当你处理人与自动化系统的组合时，往往不会应用这些技术方案，但锁定机制是一个很好的解决方案。

在代码中，你通常会有受保护的部分或功能，需要对资源的排他性。你通常通过代码中的锁机制或信号量来解决这个问题。如果某段代码当前正在访问命名的信号量，则其他代码段需要停止并等待，直到它们可以独占地获取锁来继续它们的代码。相同的原则同样可应用于有人工参与的过程中。

4. 组织可以接受变更的风险

确保变更的风险是可接受的,这可能是整个自动化中最困难的部分。为此,将变更分为标准变更和非标准变更两类很重要。

借用 IT 服务管理(ITSM)中的话就是,"标准变更是对服务或基础设施的变更,其方法由变更管理预先授权,具有公认的既定流程"。简单来说,这意味着每个参与的人都认可要做的工作,知道如何去做,并且理解它的影响。重新启动一个网络服务可被视为一个标准的改变,因为这种方法是有据可查的、预先审批的且有一套已知的结果。但是,运行临时脚本不能算是标准的,因为脚本的内容会随着执行而改变。

这是一个需要人工参与审批的环节。在进行审批时,需要确保将操作(例如部署或脚本执行)与变更分开。在部署场景中,你会认为新代码的部署总是一个非标准的变更。毕竟,每个版本包含的变更都是新的并且不同的,类似于前面的临时脚本示例。但最主要的区别是,对代码的实际更改已经通过了某种审批流程,达到了可以部署的状态。特性请求、用户验收测试和拉取请求评审都是你在新代码上设置的门禁示例,目的是确保它处于可部署的状态。部署的实际过程是标准的,假设其他的审批检查已经通过(最好是通过自动化),就应该能够在没有进一步审批的情况下执行。

类似的过程也适用于脚本执行。审批流程可以规定每个脚本无论其动作如何,都由高级工程师审查。但是这个动作具体如何通过这个审核流程可视为一个标准的变更。审核流程的详尽程度最终将取决于你的组织和你的舒适度。

2.6.2 自动化审批

有了对审批主要关注点的理解,可以开始思考如何将这些关注点封装成某种形式的自动化。前述的 4 个关注点仍然需要,但是通过以编程的方式进行这些检查,我们可以大大减少审批过程中人工的工作量。请记住,审批流程会随着时间的推移而改变,你正在检查的状态数量也会改变。继续我们的计费示例,今天你可能只检查登录到系统的用户。这是一个冲突的行为,它将迫使变更被拒绝。但是明天,可能会增加一个新的条件。然后,你需要检查登录到系统的用户和这个新的条件。你的自动化设计需要能够适应这些审批标准的变化。

这一过程的设计需要预先考虑和计划。首先,你需要将自动化分成两个区域:一个是处理实际的审批;另一个是处理审批后需要执行的命令。在本节中,我们将重点关注实际的审批代码。

首先,考虑提交请求时审批者会检查的所有东西。在本节的前面,我列举了几个审批者可能会寻找的东西。

- 前置任务(如数据或文件传输)已经完成。

- 依赖数据状况良好。
- 经过了同行评审。
- 行为或变更已经通过了适当的测试周期。

以上每一条都需要以某种程序化的方式表示。但要注意的是,这里面每一个检查可能完全不同。即便是有这些差异,你还是希望能够或多或少地以同样的方式对待它们,这样可以轻易地添加新的检查点。

为审批定义基类会是一个好想法,如代码清单 2.1 所示。基类可以要求所有继承的审批类遵循相似的结构。你所需的最有用的模式是所有审批都以同样的方式批准或拒绝,这样可以进行诸多的审批类型,而无须了解审批的具体细节。

代码清单 2.1 为审批定义基类

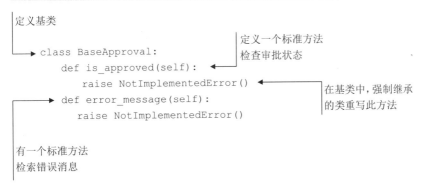

如果定义了基类,就可以从该类继承并用于具体的审批中。把审批作为一个抽象类:你永远不会直接实例化它,而只能通过子类继承。具体审批的目标是创建一个能够实例化和调用的对象列表,以确保审批得到满足。

定义基类后,所有审批都要求从基类继承。这确保所有的审批都定义了 is_approved 方法,以便于进行成功检查。例如,同行评审要求被构建到名为 PeerApproval 的审批中。这允许你将检查请求是否与同行评审需要的所有逻辑放在一个地方。PeerApproval 类的 is_approved 方法执行该审批类型特定的审批检查逻辑,并且提供一个指示批准或拒绝的值。而逻辑都封装在 PeerApproval 类中,并且由于 is_approved 方法定义良好,任何使用它的人都不需要知道审批的具体内部细节。

作为例子,代码清单 2.2 显示了一个审批类,它检查小组中的同行是否已经批准了请求。这意味着系统状态中没有潜在的冲突。

代码清单 2.2　继承自基类的 PeerApproval 类

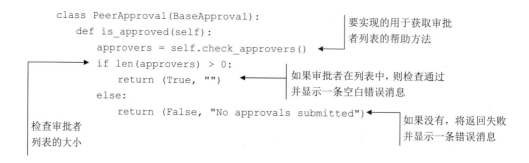

你会看到代码返回了一个元组对象，元组中的第一个值是一个布尔值，指示检查是否被审批。第二个字段包含错误消息，用于向调用程序反馈检查失败的原因，最终将向终端用户报告。这种方法简单直接，但根据情况会变得更加复杂或是相反。这样做的好处是所有的复杂性都被封装在一个单独的对象中，与自动化原本要运行的实际执行命令分离。

如果你想创建另一个审批来检查没有登录的用户，可以创建另一个名为 SessionsApproval 的类。这是一个单独的类，同样继承自 BaseApproval 类。通过针对每个审批关注点重复这种模式，你将获得一组需要检查的审批，确保每一个关注点都得到核实。图 2.3 显示了 BaseApproval 类和继承类的实现之间的关系。然后，可以将所有这些审批分组到某种集合(如数组)中。

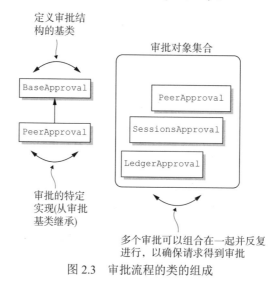

图 2.3　审批流程的类的组成

现在创建了单独的审批，可以为属于审批流程的所有对象创建一个列表并在一个循环中分别调用这些方法来实现审批集合(见代码清单 2.3)。这使得添加新的审批步骤变得很容易，而不必对主执行代码进行大规模修改。

代码清单 2.3　审批循环

```
import sys
def main():
    approval_classes = [PeerApproval,SessionApproval,LedgerApproval]   ← 列表包含所有审批对象
    for approval_class in approval_classes:
        result = approval_class().is_approved()   ← 实例化类并检查审批是否通过
        if result[0] == False:
            sys.exit(result[1])   ← 如果不是已审批，则带着错误信息退出
```

可以在审批关注的所有领域重复这种方法，将每个检查封装到不同的审批类中。这样当系统变得更加健壮并且审批标准随着时间的推移而变化时，你可以扩展和收缩审批列表。

2.6.3　日志流程

确保审批记录日志有助于解决通知相关人员的问题。与其说这是推送过程，不如说是拉取过程；这意味着信息是为那些想要获取它的人而存在的，但并没有主动地发给用户。当脚本运行返回自动化执行的结果时，可以更多地使用日志过程进行审计或故障定位。当集中存放自动化的日志记录时，对于没有参与变更的人来说，知晓变更及其细节会变得容易得多。墨菲定律指出，如果你参与到变更过程，就肯定不会再参与到由此而产生的事件中。

定义你的应用程序如何记录它所采取的各种步骤将在很大程度上取决于你的组织及其审核要求。我强烈建议，任何自动化任务背后都应该记录一张支持工单，而无论你的公司使用什么问题或工作跟踪工具。工单的创建也可以关联到自动化流程中，因为大多数问题跟踪软件解决方案都有文档良好的应用编程接口。通过将自动化要做的工作与一个工单绑定，对于你所在组织中的其他流程当前正在运行的同样的系统、控制和标准来说，工单立刻变得可跟踪、可视和可报告。这对于向所有人传递环境中正在发生什么事情非常有效。

在我现在的雇主 Centro 公司里，我们使用 Jira 软件作为我们的自动化跟踪工具(见图 2.4)。通过对现有工单的注释，可以看到自动化代码工作负载上的进展。自动化负责自动更新 Jira 软件工单中的注释。这消除了过程中的任何差异，而人会忘记对所做的变更做出适当的评论或是记录错误的时间。自动化会使其保持一致。

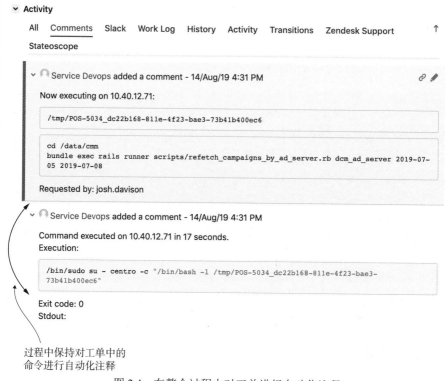

图 2.4　在整个过程中对工单进行自动化注释

这种类型的系统会让审计人员很开心。如果你想从他那里得到一顿免费的午餐，就要确保在统一的地方请求、审批、跟踪和记录尽可能多的过程。你的工单系统是最合理的地方，即便你将这些活动分开，也应该确保每个步骤或交易的记录都返回到同一个系统。不要成为那种不得不从七个不同系统中截图来证明你的最新变更没有挪用资金的人。

2.6.4　通知流程

通知流程是你需要的冗余步骤之一。当出现问题时，每一个人都会吵着要确保在流程运行时得到通知。在几次成功运行后，通知将会成为电子邮件过滤器的受害者，这些过滤器将通知扔到一个名为"15 天后删除"的文件夹中。这仅当有人需要确认他们被通知过时才会被查阅。这是一个你将要玩的游戏，因为尽管有着预料中的发展轨迹，但这仍然算是一个合理的要求。

在可能的情况下，通过现有系统进行通知最有意义，该系统将为你处理发送动作。当然，最常见的通知是电子邮件。如果你有 PagerDuty(www.pagerduty.com) 或 Opsgenie(www.opsgenie.com)这类值班系统,那值得花一些时间与该服务的 API 接口进行对接。这简化了消息传递的处理，让用户自行决定如何发送通知(电子邮件、短信、电话)，并且由服务来管理如何发送。这种方法的缺点是，它将你的通知限制在少数拥有服务账户的个体。对于按用户许可证收费的工具，这会导致成本过高。如果这种方法不起作用，可以求助于历久弥坚的电子邮件。

当通过电子邮件设计通知时，请注意不要让自己陷入不必要的工作中。对于初学者，尽量不要直接在你的应用程序中维护个人电子邮件。相反，尽可能依赖通讯组列表，这有助于防止出现下列问题。

- 你不需要因为人们想要被添加或移除而对电子邮件列表进行修修补补。
- 如果有员工离开公司，终止流程应该从系统中删除该用户。这样，你就避免了每次有人离开时都需要维护一堆列表，并且会生成一堆回复邮件。
- 通知列表的管理可以通过组织的服务台流程处理。当然，除非你就是服务台，这种情况下你无法真正摆脱用户管理的痛苦。

在设计通知流程时，你需要对任何会给你和团队带来更多管理工作的任务保持警惕，这会占用你宝贵的从事增值活动的时间。要像躲避瘟疫一样躲避用户管理、列表管理、雇用和终止、交付通知确认等问题。可以使其成为别人的问题，方法是将流程完全外包(使用 PagerDuty 等企业工具)，或者使用并对接组织内部的现有流程(如服务台)。

2.6.5 错误处理

关于你的工作，唯一能确定的是它早晚会出现失败，包括围绕自动化任务编写的任何代码。错误处理是一件复杂的事情。你的自然本能是自动化处理每一个错误，使用最符合逻辑的响应模式作为默认行为。我的建议是竭尽所能地抵制这种冲动。

处理众所周知的失败情况是个好主意，但如果你打算自动修复，众所周知的错误也意味着广为人知的解决方案。也许网络服务器会经常性地处于不良状态，你知道当它进入这种状态时需要重新启动。听起来很简单，但如果服务因为不同原因导致的不良状态呢？如果是有关键的、计算密集型的代码在网络服务器上运行导致过度负载，与其他故障模式呈现的行为相仿呢？出错的事务清单很长，但具体的解决方案会比你想象的更难以捉摸。

当出现疑问时，我认为最好的选择是错误告警，向用户提供尽可能详尽的信息并确保任务处于可以重启的状态。将错误消息记录在保存自动化任务日志消息的相同位置(最好是在工单系统中)。详细程度可按需制定，但工单的信息越多，就越容易理解哪里出了问题。从错误中自动恢复也是如此。如果你的代码足够聪明，能够检测到故障并选择适当的修复路径，那么错误检测以及修复路径也应该发布到你的流程日志方案中。

随着你越来越多地识别故障场景，可以为它们编写处理代码，从而逐渐构筑起智能修复步骤存储库。不要试图在第一天解决所有问题。变化会持续发生，有时错误告警是最好的解决办法。

2.7 确保持续改进

有了解决的方法,你就可以开始实现审批流程的自动化。记住,你不需要一出手就完美无缺。花些时间重复这个过程,一点一点地改进每一个部分。通过移除这些人为关卡,你将可以赋能团队成员,并且会注意到关系的即刻改善(无论是在开发和运维之间,还是开发和面向客户的支持人员之间)。通过删除手动的、低价值的把关任务,可以提升周期时间并加速工作完成。想一想你现在可以做的这一切,你不用再花费一两天等待另一个团队的审批和实施了!

然而,千万不要认为这是一次性工作。随着新的用例出现,需要维护和更新创建的代码。你需要不断地为你的团队建立适当的能力和优先级流程,以确保这项工作得到处理,这部分内容将在本书后续章节进一步讨论。

2.8 小结

- 检查流程中非必要的把关。
- 了解审批的动因。
- 通过自动化解决审批问题。
- 系统安排自动化解决日志记录、通知和错误处理等问题。
- 致力于持续改进自动化水平。

第 3 章

运 维 盲 区

> **本章内容**
> - 转变运维职能
> - 打造实用的应用级系统指标
> - 形成有效的日志记录习惯

当启动一个系统时，我们希望它以一定的顺序执行一组任务并产生一些预期结果。有时，可能会在过程中遇到错误，那需要围绕该错误执行某种清理流程。但是，让系统能在最好情况下工作的复杂性给工具在最坏情况下的运转方式留下了很大的改进空间。

人们通常会忽略创建工具来确认工作是在以期望的方式发生，因此无法看清系统中正在发生什么。他们喜欢依赖容易获得的度量指标，但这些指标并不会提供系统如何在真实业务环境中有效运行的信息。虽然有通用的性能数字，但从运维视角看，实际上是盲目的。这种运维盲区使你无法对系统做出正确决策。

3.1 作战故事

这是一天的中午，运维组内爆发出通知。几乎与该页面步调一致，电子邮件和即时消息开始大量涌现。人们从桌子旁跳起来，试图弄清楚通知是否仅出现在他们的电脑上，还是发生了什么更大的事情。网站瘫痪了。该网站外部监控的最近 3 次健康检查未通过，从而触发了警报。

遗憾的是，警报本身并没有足够的描述信息指出要关注的领域，因此团队从头开始检查。他们首先检查的是通常的可疑点。Web 服务器的系统指标看起来不错，内存还可以，CPU 小尖峰似乎在范围内，磁盘性能也在范围内。然后，团队将类似的检查下移到数据库层，指标同样也没问题。

运维团队把问题扩大到开发团队，因为服务器似乎运行正常。开发团队也不是百分百确定要看什么。他们没有任何进入生产系统的途径，因此不得不和运维团队一起工作并发号施令。最终，双方一起意识到数据库上运行着大量的查询，其中大多数处于等待状态。在 Web 服务器上，他们看到同样多的进程，很可能是网络请求在等待完成相应的 SQL 查询。在某个时间节点，Web 服务器达到了最大容量并停止响应新的请求(如健康检查页面)。经过更深入的调查后，团队取消了处于阻塞中的查询，让所有其他查询完成并清空 Web 服务器队列，从而开始处理新的请求。

试图查明问题的根源导致浪费了很多时间。当问题升级时，被波及的人员却无权查看对他们排除故障有用的系统视图。相反，他们仍然严重依赖运维团队。这种场景下，每一分钟的停机时间都是要花钱的。

尽管团队成员有关于系统度量的所有图形、图表和警报，但他们并不能更好地知晓系统何时出问题。CPU 利用率曾经一度出现峰值，但这有关系吗？如果 CPU 利用率达到 90%，会对客户产生影响吗？团队之所以监控这些指标，是因为在很多情况下，这是他们所能接触到的全部。在上面的例子中，被监控的这些系统指标并未超出正常的范围，运维团队对于排除故障无能为力，不得不把问题扩大到开发团队。但是，即使在问题扩大之后，也没有收集到应该有帮助的指标，因此也没有发出警报。系统没有就其性能提出(并回答)正确的问题。对许多组织来说，日志记录包含了对系统中正在发生的事情的大量洞察。例如，可以将长时间运行的查询配置为在数据库日志中记录它们自己。但是由于许多原因，这种洞察力仍然被锁起来，未用于理解系统性能的目的。因此，希望我能够帮助你更有效地利用度量和日志。

在本章中，你将了解 DevOps 组织看待指标的不同方式，以及如何展示系统在商业环境中的表现。为理解这些业务环境，开发人员和运维人员需要对他们所支持的应用系统有更深入、更全面的理解。你将了解生成系统应该跟踪的指标的不同方法。本章最后将讨论日志记录和日志聚合。随着系统变得越来越广和越来越分散，集中式日志记录在任何规模的组织中都是必要的。

3.2 改变开发和运维职责范围

在本书中，我提到 DevOps 不只是关于技术变化，它也改变了团队协作的方式。事实上，没有比改变开发和运维团队在 DevOps 组织中的角色和职责更好的例子。

传统上，有一条明显的红线将开发和运维的职责划分开。运维部门负责底层硬件和基础设施，使应用交付成为可能。具有讽刺意味的是，"交付"的定义是混乱的。如果服务器启动了，网络运行正常，并且 CPU 和内存统计数据看起来正常，那么应用程序中存在的任何问题都一定是代码编写不当造成的。相反，在代码进入生产的大门后，开发人员不对它们负责。在本地开发环境中无法重现的问题显然是与基础设施相关的问题。一个应用程序在开发模式和生产模式下的表现不可能有什么不同，运维团队只需要弄清楚为什么他们的应用服务器表现不同。

这些故事听起来很熟悉。多年来，许多组织都是这样运作的；但是 DevOps 正在改变两个团队的工作方式。

由于每家公司本质上都是一家软件公司，运维团队支持的应用程序不再仅是次要的、内部使用的。在许多组织中，这些应用程序是收入的驱动因素，是公司盈利能力的核心。随着从内部工具到创收的转变，运维团队需要对所支持的应用程序有更深入的了解，且这种压力越来越大。

服务中断会让公司损失大量现金。著名的 Knight Capital 崩溃曾导致一分钟损失 1000 万美金，因为软件配置问题强迫交易平台在股票市场做出大量错误交易(http://mng.bz/aw7X)。我肯定他们的 CPU 和内存图表看起来非常好，但忽略了应用程序故障。CPU 和内存级别的指标并不总是能说明业务的来龙去脉。

同时，应用程序开发人员需要更详细地了解他们的系统在生产中是如何运行的。随着系统的增长且变得越来越复杂，在准生产环境中进行全面彻底测试的想法越来越不可行。准生产环境的流量模式与生产环境不同，前者没有相同的后台处理、第三方交互和最终用户行为等。这实际上意味着一组动作很可能在生产中第一次被测试。面对这一现实，开发人员必须能够了解他们的代码在生产中会发生什么。如果没有这种可见性，他们的代码可能会在很长一段痛苦的时间内遭受未知的反应。

这种新的现实迫使开发和运维承担起新的责任。为应对这些挑战，两个团队都必须理解这个系统是做什么的。然后，他们必须能够确认它确实在做它应该做的事情。没有错误并不意味着事情按预期进行。

3.3 了解产品

你的应用程序是做什么的？对一些人来说，这可能是一个简单的问题。从表面看，一个基本的电商公司的运作似乎非常简单：用户来到网站、填充购物车并结账，公司将产品发送给客户。但即使是像电商网站这样基本的东西，当把它放大时也会变得异常复杂。例如，你可能会问以下问题：

- 应用程序是自己负责信用卡处理还是用第三方接口？

- 核实库存是在购买完成之前还是之后?
- 订单数据如何传递到物流机构?
- 信用卡交易是同步处理还是异步处理?
- 追加购买的推荐是如何产生的?

这些是系统可能具有的交互类型的几个例子。理解这些工作方式对于理解应用程序如何运行非常重要。

了解你支持的产品有助于更好地了解需要生成和监控的指标类型,以验证系统是否按预期运行。如果你知道应用程序通过第三方交互来处理信用卡,那么可以创建一个指标查看应用程序处理信用卡的速度。该指标的下降也许表明第三方有问题,因此导致他们的处理时间增加。传送给物流机构的订单是否得到确认?如果发送的订单和确认的订单之间出现很大的不匹配,那这两个站点之间可能发生了某种通信问题。

开发人员自然会得到很多这样的信息,因为他们的工作就是构建这些系统(理解系统为什么以特定的方式行事是另一个话题)。但是这种理解水平在历史上已经超出了许多运维团队的职责范围。他们更关注基础设施和网络底层,将应用程序部分留给了开发人员。

在 DevOps 组织中情况不会如此。其目标是持续向最终用户推送版本,从而实现更快的功能和产品交付。这最终会导致更少的团队间的协调工作(协作和协调不一样)。运维团队应对异常情况的能力取决于对正常情况的了解。这些知识只能来自对产品的了解和长期观察。就像亚马逊的许多产品一样,不了解产品的运维工程师很快会被"基础设施即服务"解决方案所取代。如果你不了解我的产品,还有什么能让你比一个服务 API 更有用呢?对工具的专业知识以及对公司产品和业务的了解才能使运维工程师变得有价值和必要。了解产品是 DevOps 组织的必备条件。如果你不能从业务视角理解并增加价值,那可能就沦为一个离失业不远的简单应用 API。

3.4 打造运维可视化

运维可视化实际上根植于两个主要来源:度量和日志。这两者似乎可以互换,但我向你保证它们不是。度量是系统资源在某一时间点的指标。相对而言,日志是系统生成的消息,描述系统中发生的事件。日志倾向于对事件进行更多描述,提供比指标更具体的细节。本节侧重于讲述度量指标,本章稍后将讨论日志。

度量是传达系统中发生的各种活动状态的好方法。遗憾的是,一旦你超越了标准系统指标(如 CPU、内存利用率和磁盘利用率等),那么作为一名工程师,就要设计、开发对应用程序和支持团队来说最重要的指标并使之可视化。考虑到这一点，打造运维可视化的第一步是超越系统指标，为你的应用程序开发定制指标。

当你使用一个系统时，这个系统正常工作的 3 个特征几乎是所有情况下都有用的。这 3 个指标是吞吐量、错误率和延迟。或者换个角度，问自己 3 个关于度量的问题：这种情况多久发生一次？多久失败一次？完成需要多长时间？

吞吐量被定义为在任何给定时间流经系统的工作量。例如一个正在运行的 Web 服务器，吞吐量是在任何给定时间处理的请求数。吞吐量的时间范围很大程度上受系统活动量的影响。一个访问量中等的网站可以用每秒点击量来衡量吞吐量。吞吐量帮助了解系统有多忙。你还可以将这些指标放在一个更以业务为中心的环境中，例如每秒订单数。这可以基于在给定时间段内完成订单(结账)的用户数量。

错误计数和错误率是非常不同的。错误计数是大多数工程师都熟悉的指标。它记录了自进程或系统启动以来发生的错误数量。每个系统都有一个工作单元，如一个网络请求。根据应用既定指标，这个工作单元可以被认定为成功或失败。错误计数是系统遇到的失败工作单元的简单计数。

错误率是对错误计数的计算，表示为请求总数的百分比。要计算错误率，你需要将失败的工作单元数除以工作单元总数。例如，如果工作单元是网页点击，并且收到 100 次点击，那么这就是工作单元总数。如果这些网页点击中有 10 次导致请求失败，那么错误率就是 10% (10 除以 100)。

错误率比错误计数更有用，因为它们为不太熟悉系统的人提供了背景信息。例如，每分钟 500 个错误听起来很大，直到你意识到在该样本期内的总点击次数是 100 000。对于不熟悉正常操作量的人来说，数字 500 会令人担忧，但 0.005% 传达了与总流量相关的误差范围。当网络流量波动时，这也使告警更容易。

最后，延迟是对特定操作发生所需时间的度量。以网络请求为例，延迟是衡量网络请求完成所需时间的指标。当与吞吐量结合时，延迟可以为未来的容量规划提供信号。如果可以同时处理 5 个请求，并且处理每个请求的延迟是一秒钟，那么你就知道，如果每秒接收到 10 个请求，将会有一个无限增长的积压，因为没有足够的容量来处理请求量。每当想度量什么时，你几乎总能回到这 3 种类型的度量指标。

3.4.1 创建自定义指标

为了给应用程序带来更大的运维可视化，必须创建自定义指标。实施细节会有很大差异，具体取决于你现有的监控解决方案。本节不准备列举公司应该拥有的所有可能配置，而是将重点放在定义这些定制指标的机制上，实现它们的任务将留给读者。

度量指标通常记录为两种类型之一：仪表或计数器。仪表代表特定时刻的离散读数。例如车里的速度表，当你向下看并读出你的速度时，这是对特定时刻当前速度的测量。系统中仪表的一个例子是"可用磁盘空间"这样简单的东西。度量就是在某个时间点读取和记录。

计数器是一个始终递增的值，表示某个事件发生的次数。我们可以把计数器想象成车里的里程表。车每开 1 英里，它就增加 1 并且总是会增加。系统计数器的一个例子是网页点击。每次用户访问网站时，都会增加一个计数器来标记访问。借助于一点点数学运算，可以通过以特定的时间间隔测量计数器来计算事件发生的速率。如果计数器的第一次检查值为 100，一小时后的第二次检查值为 200，则可以确定计数器以 100 个事件/小时的速度运行。如果想要更精细的测量，只需要更频繁地采样。其他类型的计数器也可以使用，不过这两种会给你很大潜能。

3.4.2 决定度量内容

决定度量什么是一项困难的任务。本节集中讨论排队系统。大多数应用系统都有这样或那样的队列，一些陈旧的模式几乎适用于任何队列系统架构。

排队系统用于将大块工作分成小块，同时也允许以异步方式执行工作并分离关注点。在排队系统中，创建工作的过程和执行工作的过程可以分开。这使得工作完成的速度和给系统带来的资源压力具有灵活性。

排队系统的中心是消息队列。生产者进程负责完成自己的工作并在队列中创建消息。消费者进程负责读取这些消息并处理需要他们完成的任何特定任务。图 3.1 展示的是强调这一过程的图表。

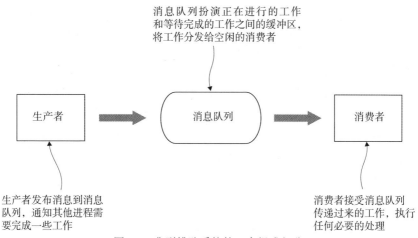

图 3.1　典型排队系统的 3 个组成部分

排队系统的一个真实例子是邮箱。当你需要寄信时，你就是系统的生产者。把信息准备好，放到邮箱里。邮箱充当队列。它接受你的信息并等待消费者来获取该信息。这种情况下，消费者将是邮局。邮政工作人员在邮箱前停下来，清空队列，然后开始把信送到预定收件人手中。这样做的好处是：作为一个生产者，你不需要知道邮局如何把邮件发给你的收件人。你只需要按照商定的协议将消息放入队列中(寄信人地址、收件人地址和邮票都是寄信协议的一部分)。如果邮箱定期填满，邮局可以增加检查邮箱的频率。如果邮箱经常是空的，邮政工作人员会减少检查的频率。

这种排队系统是应用程序的常见模式。对于排队系统，有几个重要的指标。通过查看应用程序架构的每个部分，可以开始思考需要度量的东西。这个系统有 3 个阶段：一个是消息需要发布，一个是消息需要排队，还有一个是消息需要消费和处理。这 3 个动作结合起来代表了队列系统的吞吐量。但是如果没有监控，一旦处理速度变慢或停止，将无法看到导致问题的原因。度量可以帮助解决这个问题。通过向这 3 个单独的组件添加指标，就可以开始监控系统。先说生产者。

生产者负责将消息发布到队列中，由消费者进行处理。不过，要跟踪这一点，需要知道生产者是否在做自己的工作。跟踪已发布消息的度量计数器在这里最有意义。我把这项度量称为 messages.published.count。这将允许你确认生产者应用程序正在发布消息。每发布一条消息，messages.published.count 就会增加 1。如果每分钟对该度量进行一次采样，则可以比较 messages.published.count 的值来确定消息发布的速率。该指标让你一目了然地观察到以下 3 个关键因素：

- 如果发布的消息数量停止增加，你就知道消息处理系统的整体吞吐量正受到流程生产者端的影响。
- 如果发布的消息数量激增，可以确定消息的涌入会超出消费者端可以处理的工作量，从而产生积压。
- 如果发布的消息数量开始以较慢的速度增长，可以确定工作进入的速度已经减慢，因此消息处理系统的吞吐量也将减慢。

只需要一个简单的度量指标，就能够收集更多关于消息处理系统的信息。如果队列已经满了，这将非常有帮助，譬如是较快发布了过多的消息，还是消耗和处理的消息偏少？

换到系统的排队部分，可以构建并观察两个主要指标。首先是队列的大小，这将是一个度量指标。了解队列的大小可以快速了解系统的行为。我把这项度量称为 messages.queue.size。用队列名称分隔很有用。为此，可以在度量中包含队列名称，如 messages.queue.new_orders.size。为简单起见，我将使用 messages.queue.size，但要知道同样的逻辑也适用。

队列大小是一个显而易见的指标，需要用图表表示。看到排队的人不断增加是消费者行为比生产者慢的一个迹象。不断增长的队列对应用程序来说是灾难性的。没有一个队列是完全没有限制的。最终，队列将达到容量最大值，然后排队系统将开始拒绝新消息。那些信息该怎么处理？生产者重试吗？重试的频率是多少？这些都是在具体应用中需要回答的问题。但是，知道何时接近这个容量限制对于设计响应是至关重要的。队列大小是消息队列系统以某种方式公开的常用指标。RabbitMQ、ActiveMQ、Amazon Simple Queue Service (SQS)和 Kafka 都公开了关于队列大小的指标，可以查询这些指标并发送到监控平台。

除了队列大小，队列延迟是另一个有用的度量指标。队列延迟表示消息在被消费者接收和处理之前在队列中等待的平均时间。这在很大程度上取决于应用程序代码，并且需要对应用程序进行修改才能发出该度量。不过这种变更非常简单。

首先，需要确保发布到队列中的消息具有某种形式的相关日期/时间戳。大多数消息总线会自动为你实现这一点，但可以显式地为每个单独的消息实现它，以实现跨消息总线平台的一致性。通过对生产者代码进行简单修改，就可以用这些数据标记每条消息。然后，当消费者检索该消息时，它进行一些日期计算，以确定从现在到消息发布字段上的日期/时间戳之间的经过时间。在消费者开始处理工作之前发出该度量。图 3.2 说明了这一流程。

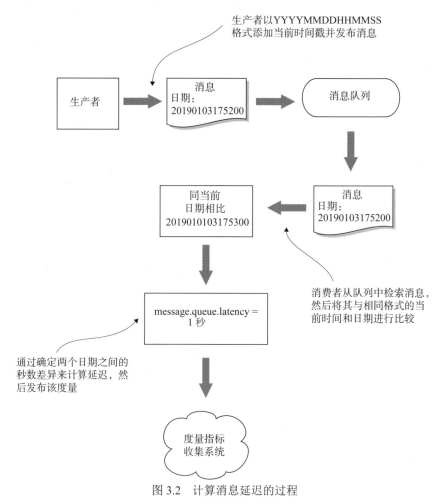

图 3.2　计算消息延迟的过程

你可能想知道为什么要在实际处理之前发出度量。从运维的角度看，能够将获取消息所花费的时间(队列时间)与处理消息所花费的时间(处理时间)分开是很好的。想象一下，完成应用程序处理后,你发出度量。如果时间量是 1500 毫秒(ms)，你将不知道从哪里开始优化。如果它在队列中等待了 1400 毫秒，但只花 100 毫秒就处理完了呢？那么解决方案将完全不同于消息在队列中停留了 100 毫秒但需要 1400 毫秒来处理的情况。将队列时间和处理时间指标分开有助于将来的故障排除。

现在轮到消费者，即这个过程的最后一部分。消费者指标与生产者指标相似，但方向相反。消费者指标更接近于 messages.processed.count，它允许你收集发布时曾做过的相同指标，只是换作在消费者端收集。通过更频繁地对度量进行采样，也可以类似地计算出消费率。

这是应该从排队系统中收集的最少指标，但还有一些其他有用的度量指标，如下所示。

- 系统中未确认的消息数。
- 当前连接到消息总线的消费者的数量。
- 当前连接到消息总线的生产者的数量。

这种消息排队模式很常见(即使消息总线不是它的中心)。想象一个 Web 服务器，它后面运行着一个应用程序实例。例如，Apache HTTP 服务器接收来自用户的请求并将这些请求转发给运行的 Tomcat 应用服务器，该服务器处理请求的动态特性。

Apache HTTP 服务器接受请求并将它们传递给 Tomcat 实例。但是 HTTP 服务器一次只能处理这么多并发请求。Tomcat 实例同样一次只能处理一定数量的并发连接。当 HTTP 服务器试图向 Tomcat 实例发送请求而该实例正忙时，HTTP 服务器会在内部将该请求排队，直到 Tomcat 实例可用。监控 HTTP 服务器队列大小将是一种方式，表明 HTTP 服务器正在接收比 Tomcat 实例所能处理的更多的工作。

以这种组件类型的方式思考将有助于发现新的监控模式并应用到系统监控中。尽管我们的具体示例详细描述了一个消息总线系统，但是 Tomcat 和 HTTP 示例强调了如何在显式消息总线应用程序场景之外使用该模式。

3.4.3 定义健康指标

一旦定义了度量指标，还需要定义度量指标健康和不健康的含义。或者至少，需要定义指标在什么时候应该审查或升级，以便进行更深入的检查。这不只是简单的警报，我将在后续章节中讨论它。我们还需要知道服务何时在性能上发生了阶跃变化，并且有一些机制来触发对"健康"的重新评估。

这里使用本章开头的例子，假设团队正在监控系统上执行的并发查询的平均数量。超过阈值的警报会向我们发出这一紧急问题的信号，并且指出数据库是问题的潜在来源，从而减少停机时间。

同样，如果你从长远看，这也有助于容量规划。随着网站变得更活跃，并发查询的数量将增加。可以把定义好的并发查询的数量作为一个触发器，然后开始讨论数据库的大小。并发查询的增加是预期的吗？还是一段糟糕的代码错误地运行了过多的查询？或者，已经达到了一个增长点，需要评估运行环境规模是否正确。不管怎样，有一个健康的定义是很重要的。如果没有，这个数字将继续攀升，只有在真正经历了一次问题之后，它才会作为一个警报，而不是作为未来问题的一个领先指标。

健康的度量指标似乎是开发和运维的领域，但我敦促你也让产品团队参与进来。对于响应时间等一些指标，产品团队可以代表客户的声音，知道应用程序的哪些部分绝对必须响应(如仪表板加载)和哪些部分可以稍微慢一点(如报告和分析)。应用性能在很大程度上是用户体验的一个特征。这也与开发人员时间资源的稀缺有关。让产品团队理解并成为健康指标定义的一部分可以让每个人对可接受的性能保持一致。定义健康的度量指标是将在第 6 章深入探讨的一个主题，但它仍然值得在这里思考。

3.4.4 失效模式和影响分析

失效模式和影响分析(FMEA)过程是从制造业和安全行业借鉴来的，是我使用过的一种技术。FMEA 的目标是详细检查一个过程并确定该过程可能失败或出错的所有领域。当引入软件方案中时，这个过程会涉及 API 调用或 HTTP 请求，以及必须与之交互才能成功返回的各种系统。

当团队定位了一个故障时，会在 3 个坐标轴上以 1～10 的等级进行评分。严重性表示如果发生错误会有多严重。每个公司都可以根据业务严重程度进行排名。在某些情况下，如航空业，严重程度为 10 可能会导致客户死亡。在其他行业，如食品配送，10 可能意味着顾客永远不会收到他们的订单。发生系数表示错误发生的可能性，10 表示它肯定会发生或已经发生。最后，检测得分是指在内部监控或指标发现错误之前，客户发现错误的可能性有多大。

这 3 个分数相乘得到一个风险优先因子(RPN)，RPN 需要我们优先考虑风险最大的差距点。列出错误并分配 RPN 后，团队的目标是通过改善流程来减少 RPN 得分。这些改进可以降低错误发生的严重性和可能性，或者降低客户在公司发现问题之前发现问题的可能性。最后的检测是本章的重点，因为它为我们提供了开发监控选项的必要指标。

FMEA 过程涉及一定的细节，通常需要几个小时才能完成。但是，当经常遇到失败并且不知道如何避免失败时，FMEA 过程会让团队非常受益。它通常会暴露应用程序行为的不确定性。在我主持的每一个 FMEA 过程中，对于被检查的系统，我都了解到一些非常有价值的东西。

1. 入门指南

首先,你需要决定要检查的流程范围。预先定义流程的范围很重要。在 Web 应用程序中,它是一个有问题的特定端点吗?或者是后台处理作业?不管它是什么,都要定义它的范围(你要调查的过程的起点和终点)。

根据所选择的流程,你需要组建团队。团队应该是跨职能的,由运维人员、开发人员、业务用户和其他对问题有一定专业知识的涉众组成。设立这个包罗万象团队的目的是能从不同的视角和心智模型看待这个过程。开发人员会想到失败的 HTTP 调用及其对下游技术的影响;客户支持代表会想到部分失败给用户带来的潜在混乱;数据分析师会关心特定数据库更新的状态以及这将如何影响告警。不同的视角会给你一个更全面的列表,列出在某个过程中容易出错的事情。

挑选和组建团队后,在更大的团队会议之前,应该尽可能详细地绘制出流程。这可以由更小规模的一组行业专家(SME)来完成。这个会前会议的一个理想工件是一个基于泳道的文档,它显示出系统、流程和团队之间的交互。

2. 一个示例流程

Webshopper.com 的团队最近在顾客结账过程中遇到了许多失败的订单。由于这是业务关键部分,因此领导层选择采用 FMEA 流程来解决问题,或者至少能通过监控和告警更好地发现问题。几个行业专家聚在一起,产生了一个泳道文档,如图 3.3 所示。

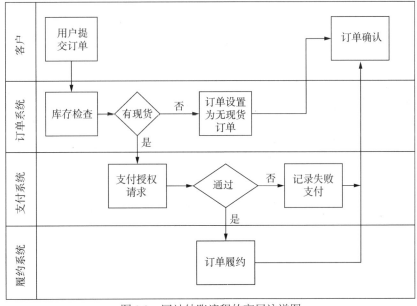

图 3.3 网站结账流程的高层泳道图

针对梳理好的网上结账流程，行业专家们开始尝试头脑风暴潜在的故障点。故障点可能是两个系统之间的通信故障，也可能是最终用户放入了未经适当清理的垃圾信息。在当前示例中，你会看到订单处理系统和第三方支付处理器之间的通信。如果支付处理器离线会发生什么？支付过程将失败，订单将被系统拒绝。团队识别了该风险并对其进行了相应的评分。

- 严重性为 10——这是基于收入的直接损失。
- 发生系数为 6——支付处理器有很好的可用性历史，但一切都可能失败。
- 检测得分为 10——如果在订单结账时发生，用户会收到错误，并且团队当前没有监控支付端点的运行状况。
- RPN 为 600——计算如下：严重性 10×发生系数 6×检测得分 10 = 600。

RPN 为 600 说明在团队可能遇到的错误中，这个问题会排名很高。现在你必须决定能否降低 3 个坐标轴中的任何一个。严重性可以通过修改系统来降低，使它有条件地接受订单，现在将支付处理部分排队，直到支付处理器重新联机。降低发生的可能性可以通过拥有多个支付处理器来处理。这都是可靠的解决方案，但需要大量的开发工作。

然而，检测是一个更简单的解决方案。团队可以开始监控一些有助于检测支付提供商方面问题的指标。

- 为支付提供商呼叫的延迟创建一个指标。如果延迟攀升，这就意味着平台的性能会进一步下降。
- 为支付提供商的失败呼叫百分比创建错误率指标。
- 创建一个支付提供商的健康检查。

有了这些指标，就可以了解支付处理方的潜在问题。这可以让你更积极主动地处理未来的订单问题，甚至可以根据这些信号改变应用程序的行为，以确保订单接收不会中断(即使不能立即处理该订单的付款)。这只是一个关于失败的高层次例子，我用它展示如何生成度量。

现在已经有能力检测这种类型的失败，团队将再次对 RPN 的检测部分打分。也许团队现在感觉更自信一点，检测得分降到 6，新的 RPN 值为 360(严重性 10×发生系数 6×检测得分 6 = 360)，这使其不再那么受关注。基于 RPN，可能会将其他新问题作为最高风险。

故障应该挖多深

故障可能有很多，但也应该在团队能够控制的过程范围内。例如，订单系统的 Web HTTP 调用可能会失败，因为订单系统会过载。它也可能会因为整个数据中心都处于离线状态而失败。这取决于你的 FMEA 团队的工作范围，对当前团队而言，数据中心停机问题会被视为太大而不在考虑之内。

你可以尽可能或多或少地继续这种 FMEA 错误识别和检测缓解过程。它很可能比你正在做的事情还要多，但请记住，和其他事情一样，这需要一个平衡。你必须权衡指标的有用性和收集指标所需的精力。

3. 来自事故和故障的指标

一个经常被忽视的重要指标来源是系统遇到的某种故障。每一次故障都会伴随着对停机的回顾，这有时被称为事后分析。当然，这个会议的名称可能各有不同。你只需要知道，在一次故障后，人们应该聚在一起讨论它。

当参与事后剖析过程时，应该不断地问小组，"我们还有什么关于系统及其当前状态的问题没有得到回答"。这通常会使监控解决方案中的许多潜在差距突显出来。如果你真的需要知道有多少请求因为 Web 服务器不接受任何新连接而被拒绝，这就是一个度量指标，然后你该弄清如何收集并发送给监控解决方案。永远不要只满足于现有的指标。应该不断地问自己关于系统的问题并确保能通过度量回答这些问题。

有时需要比简单的计数器能提供的更深入一点的信息。你可能需要关于某个事件的更多详细信息，需要关于特定客户请求的信息，这些信息可能会在一堆平淡无奇的指标中丢失。为此，你需要依赖日志基础架构。

> **关于可观测性的一点注释**
>
> 可观测性正在成为监控界的最新趋势，它提供了度量的可视化能力并能从日志中获得细粒度详细信息。能够查看你的 HTTP 请求，然后根据客户 ID 分割这些信息，以隔离潜在的问题或热点，这将是一项惊人而强大的壮举。
>
> 遗憾的是，在我写本书时，没有足够的机会接触可观测性工具以及它们的优缺点，因此未在本书中介绍它们。但是，我强烈建议考虑其中的一些选项，因为我相信可观测性将成为监控工具包的一个主要组成部分。一些值得考察的厂商包括 VMWare 的 Wavefront (www.wavefront.com)、Honeycomb (www.honeycomb.io) 和被 Splunk (splunk.com) 收购的 SignalFX。

3.5 让日志发挥作用

日志是监控工具包中最古老但仍然非常有用的工具之一，但人们通常做得很糟糕。

3.5.1 日志聚合

首先要注意，结构化日志是必需的。结构化日志以机器可读的格式放置，其字段和值定义清晰且可解析。最流行的日志格式是 JavaScript 对象符号(JSON)，大多数语言和框架都有一个库，可以轻松地以 JSON 格式生成日志。

机器可读格式的好处是能够将日志发送到日志聚合系统中。日志聚合系统组合来自各种不同系统的日志并创建单一位置进行搜索。这里列举一些日志聚合系统，有像 Splunk (www.splunk.com)或 Sumo Logic (https://sumologic.com)这样的付费 SaaS 服务，也有免费或开源的 Elasticsearch、Logstash 和 Kibana(通常称为 ELK，https://elastic.co/what-is/elk-stack)以及 Graylog (www.graylog.org)。通过使用结构化日志格式，将日志引入任何系统都变得更容易，因为不再需要复杂且脆弱的正则表达式来解释字段和值。日志发送者或聚合服务器都可以轻松解释这种众所周知的格式。

日志聚合的需求既是技术性的，也是文化性的。首先，请记住 DevOps 的一个中心点是授权团队并尽可能多地共享和民主化信息。在一个没有日志聚合的世界中，对日志的访问要么仅限于运维支持人员，要么成为运维团队难以置信的痛苦负担，因为开发人员要求他们将日志复制到其他一些容易访问的位置。这个把关者功能很有用，因为你不希望任何需要访问日志的人也能访问生产系统。但是可以完全重新考虑对把关者功能的需求并通过日志聚合工具移除，也就是将数据从生成它们的服务器上移除，转而发送到日志聚合系统。这就具备了各种可能性，现在多个部门可以访问日志并可以几乎实时地了解应用程序的运行情况。

日志聚合还为日志打开了新的业务用例。日志中包含的信息量通常可以讲述整个流程，而大多数人甚至没有意识到这一点。由于流程中的每一个功能或步骤都记录了关于它如何执行的信息，因此这也让你看到了业务流。试想：如果一个生产者进程记录它发布了订单 115 的一条消息，一个消费者进程记录它已经消费了订单 115 的一条消息，并且支付处理器记录它已经确认了订单 115 的支付，那么通过一些巧妙的搜索，可以实时地观察整个订单如何流过系统。这不仅为技术团队提供了价值，也为工程以外的业务部门提供了价值。

在我以前的工作中，我们的工程部门能够使用日志聚合工具中的搜索过滤器构建一个完整的客户服务订单门户。除了创建必要的搜索过滤器之外，不需要额外的编程，这只需要花费大约一天的精力。这在没有日志聚合的系统中是不可能的，因为日志和事件大概率发生在许多系统上，没有办法结合日志来描绘一幅完整的画面。关于谁有权访问数据以及他们可以用这些数据设计和构建什么，日志聚合可以对组织产生重大的文化影响。

然而，收益不仅是文化上的。集中式日志记录提供了许多收益，特别是在监控应用程序堆栈方面。把日志作为警报的来源在传统上是无用的，因为在一个有许多服务器的大型系统中，对这些日志的检查、解析和告警是一项繁重的工作。你还需要承受画面不完整的问题，即单个系统上的活动不足以达到告警状态，但多个系统的组合行为会发出告警。

例如，如果想对整个系统中的大量错误发出警报，必须创造性地计算出单个系统中有多少错误是有问题的。如果一个节点生成了大量错误，那会在没有日志聚合的环境中捕获。但是，如果许多节点都只产生一小部分错误，每个节点都只在超过各自错误负载时才发出警报，那就不会产生整体告警。在一个由 20 个 Web 节点组成的队列中，如果一个节点在其 1%的请求上产生错误，那就不必半夜叫醒他人。但是如果所有 20 个节点都在 1%的请求上产生错误，那就值得调查。如果没有日志聚合，这种警报和分析是不可能的。

此外，日志聚合使你能够围绕多个兴趣点创建警报和监控。现在，可以将大量失败的 Web 请求与大量失败的数据库登录相关联，因为日志将发往同一个地方。许多日志聚合工具都具有高级计算功能，允许跨字段解析日志并对其执行数学公式和转换，以实现图形和图表目的。因为日志是以结构化格式进入系统的，所以对它们的解析变得像指定键/值对一样简单。这与 grep 这样的工具带来的复杂性相去甚远，也进一步把停机问题调查的所有权民主化。

3.5.2　应该记录的内容

在确定要记录的内容之前，应该先确定可以记录的各种日志级别，应该遵循一种众所周知的日志记录级别模式。最常见的级别是 DEBUG、INFO、WARN、ERROR 和 FATAL。每个错误级别都有特定类型的信息，这些信息在每个类别中都是可预期的。

- DEBUG——程序中正在进行的任何事件的相关信息。这些通常是程序员出于调试目的而编写的消息。
- INFO——任何用户发起的操作或任何系统操作，如计划的任务执行或者系统启动和关闭。
- WARN——任何将来可能成为错误状态的情况。库弃用警告、低可用资源或低性能都属于这一级别。
- ERROR——任何错误条件都应该在此级别。
- FATAL——导致系统关闭的任何错误情况。例如，如果系统在启动时需要 32 GB 的内存，而只有 16 GB 可用，程序应该记录一条 FATAL 错误消息并立即退出。

遗憾的是，这些级别定义不能以编程方式强制执行。这取决于工程师在适当的级别进行记录。这样做很重要，因为人们在搜索信息时会解析日志。如果你正在寻找一个错误，那可能会根据状态为 ERROR 的日志条目进行筛选。但是，如果你正在寻找的错误消息实际上是在 INFO 上记录的，就会陷入一个不相关的消息海洋中。

获得正确类别的日志消息几乎与首先记录消息一样重要。太多的下游操作(如搜索、过滤甚至监控)都依赖于日志消息的正确分类。现在已经知道日志消息应该归入哪个类别，那想在日志中看到什么？

良好日志信息的关键

良好日志消息的关键是上下文。每个日志消息都应该从这样一个角度来写，即它是需要看到的关于正在记录内容的唯一日志消息。例如，"事务完成"消息是无用的，像这样的消息可能依赖于之前的消息，事务的细节需要用之前的日志消息推断。但是，由于许多日志消息来自不同的服务器并被聚合到一个实例中，将这两个单独的日志消息捆绑在一起会有问题。更不用说，如果你的一条日志消息被记录在 INFO 中，而随后的错误消息被记录在 ERROR 中，那么前面的消息甚至不会到达读取日志的人那里。

目标是用足够的上下文填充日志消息，以便日志阅读器能够理解。不仅如此，还要继续以结构化字段格式进行。如果你正在处理订单，那会有一个如下结构的文件。

```
{ "timestamp": "2019-08-01:23:52:44",
"level": "INFO", "order_id": 25521,
"state": "IN PROCESS", "message":
"Paymentverified",
"subsystem": "payments.processors.credit_card"}
```

这样的日志消息包含上下文信息。我们可以将消息与特定的订单 ID 绑定。根据使用的编程语言，可以添加其他有用的属性，从而为显示出的消息提供进一步的上下文信息。现在，看到该日志消息并想了解更多信息的工程师可以根据 order_id 过滤日志消息，并且获得该特定订单的上下文。

这个例子引出了另外一点：不应该仅出于故障排除目的而记录日志，可以考虑将日志记录用于审计目的以及分析目的。例如，每当特定呼叫超过某个阈值时，你会记录一条消息。或者，可以记录整个订单流程中的状态变化，表明哪个子系统发生了变化以及原因。用户密码重置、登录尝试失败等就是可以记录的操作类型。通过日志记录，可以围绕系统中发生的许多操作建立一个详细的故事。为了以后的过滤和识别变得容易，只需要特别注意以正确的日志级别记录它们。

当记录 ERROR 消息时，开发人员应该格外小心地进行解释。以下是一些关键信息：

- 正在采取什么动作？
- 该动作的预期结果是什么？
- 该动作的实际结果是什么？
- 可以采取哪些补救措施？
- 该错误的潜在后果是什么(如果有)？

最后一点需要多一些解释。没有什么比看到类似"无法完成信用卡授权"这样的错误信息更糟糕的。这是什么意思？订单被拒了吗？是卡壳了吗？用户得到通知了吗？运维人员是否需要执行清理活动？这样的错误缺乏对事件有用的信息。请记住，日志优于度量的好处是能够给出关于错误的更多细节。如果只是记录事件的发生，那么它是一个度量，而不是一个日志条目。

想一想那些会阅读这些日志的人，试着预测他们在阅读错误信息时将要问的问题。该信息的一个更好例子可以是"无法完成信用卡授权，订单将被拒绝并已通知到客户"。现在，你对所发生的事情以及系统采取的操作有了更完整的了解。如果采取了不同的操作，那错误信息会适应特定的情况而改变(例如，系统将自动尝试另一种支付方式)。

我已经举了几个聚合日志好处的例子，希望你能明白这是一个值得努力和花精力的事情。不过，尽管有效率和荣耀的承诺，但是没有什么是完美无缺的。

3.5.3 日志聚合的缺点

对于许多读者来说，日志聚合的好处显而易见。核心问题是时间和/或金钱。购买日志聚合系统会是一个昂贵的提议。大多数日志聚合工具都是按数据量(发送的总千兆字节数)、数据吞吐量(每小时发送的日志数)或事件总数(发送的单个日志条目数)收费的。

即使使用开源软件进行自我托管，软件可能是免费的，但解决方案不是。你依然需要利用员工资源去建立和管理系统。系统需要硬件来运行，尤其是磁盘存储。日志量的增加导致对产能规划的需求。

日志聚合会设立一个有违常理的诱因列表，这个列表诱使你不再像通常那样记录很多信息。当你的日志量可以直接归因于服务成本时，就很容易开始评估日志消息的必要性。这并不总是一件坏事，但通常的要求是减少日志平台的开支。这样的情况下，消息不是因为它们的有用性而是因为频率而被削减。有许多障碍需要克服，但我恳求你不要放弃 DevOps 转型中这一非常需要的部分。

1. 花钱的理由

关于自建还是购买，我喜欢以一种非常基本的方式来评估。如果一个系统或服务不是技术解决方案的核心，并且没有使用任何秘密配方，我总是选择购买该服务。每个人都做同样的日志记录；每个人都一样发邮件；每个人都做同样的目录服务。你几乎不需要定制化这些类型的服务，因此自己托管和管理它们几乎没有价值。

当涉及日志记录时尤其如此。你的公司可能对将日志数据发送给第三方有严格的规则或要求，我稍后会谈到这一点。但对许多人来说，将日志发送给第三方更多的是财务障碍，而非政策障碍。在我推销"购买还是自建"的方法之前，让我先给你提供一些工具，以便你首先能在预算中获得资金。

任何时候你想花公司的钱，都必须依据业务收益来决策。这可能是从提高生产率到保证营收,再到易于履行合规义务的任何事情。关键是要理解你的老板(或者你需要说服的任何人)关心什么,以及这种专门的购买如何符合这一叙述。

例如,在以前的工作中,我所在的团队经常被其他团队的服务请求拖累。我们的项目总是延迟交付,因为开发人员需要访问日志来解决客户问题。这是一个没有胜算的局面。我没有完成我的工作,开发人员不断被阻塞,等待我的团队交付日志,客户因为他们的问题被一拖再拖而痛苦。当我的老板开始被要求更好的项目交付时,我利用这个机会指出有多少时间是浪费在为开发人员抓取日志来排查问题上的。通过对我的团队每周花费的时间以及开发人员浪费在等待我们团队上的时间做一些粗略的计算,再加上对我们项目工作的影响,看上去日志聚合解决方案的金额似乎相当合理。然后用我老板能理解的术语来讲述,再结合这个工具如何帮助公司获得想要的东西,我们最终获得了资金批准。

另一个很重要的建议是提前计划购买。了解你所在部门的预算周期并在该周期内为你的项目索要资金。组织通常不喜欢计划外开支。许多组织在预算生成过程中没有很好的沟通机制或流程,导致很多技术项目被搁置一旁,直到在年中采购时由于必须符合当前预算限制,才成为一个问题,而当前预算没有一大笔可自由支配的支出。在预算过程中,为一个解决方案做宣传和展示会有更大的机会让你的支出得到批准(尽管牺牲了快速实施)。

最后,从小做起,努力控制你的支出。你不必一开始就发送所有的日志,可以仅发送你最常请求的日志。这样做将有助于围绕产品建立动力,并且有助于降低成本。但是用不了多久,团队中的人会感激能访问日志,并且希望有更多的日志可用。现在,你已经获得了大量的支持,这一努力从一个运维的计划变成了一个技术部门的计划。从小处着手,建立支持并证明价值,随着时间的推移壮大解决方案。

控制开销的另一种方法是为日志创建不同的保留期。大多数公司要求日志保留一定的时间,这增加了你的存储或 SaaS 提供商的成本。但是,可以通过创建不同的保留级别并减少某些类型日志文件的保留时间来减少总体开销。例如,你可能需要保留一年的 Web 访问日志,但也许可以保留两周的用户登录日志。这降低了你的总体存储成本和 SaaS 成本,因为大多数提供商会根据你需要的可用日志时间量而有不同的定价。

2. 自建与购买

自建还是购买的话题在日志相关的对话中非常普遍。大量的公司在内部运行自己的日志聚合服务。有些公司会对日志数据有要求,禁止将其发送给第三方服务。这些禁令使得这种决策变成一个容易解决的问题。

在所有条件相同的情况下,我仍然主张尽可能使用第三方服务进行日志记录。首先,团队少了一件需要管理的事情。如果你对团队的运维能力进行诚实的评估,就会发现那些应该定期完成的事情并没有完成。你的服务器在打补丁时是否保持最新？你的漏洞管理流程是否到位？你是否定期审查数据以纳入产能规划？向上述组合中添加另一项工作(譬如日志记录)只会增加运维负担。

这也是另一个会迅速影响许多团队成员的工作流程的内部系统。日志系统的中断会成为团队的一个高优先级工单。这并不是说第三方托管提供商不会中断，但恢复的工作量要少得多。更不用说，日志记录 SaaS 提供商具有一定程度的冗余，可以将日志索引与日志的接收和提取分开，因此很少会丢失任何日志记录数据。如果你决定自己构建日志聚合系统，那需要记住以下几点：

- 日志记录数据量会意外变化。进入调试模式的应用服务器会记录更多的数据。要通过速率限制、丢弃特定的消息类型或某种弹性扩展，确保你的基础架构有方法处理这种问题。
- 索引会是一项昂贵的操作，这取决于日志字段。请确保你了解日志聚合系统的关键性能指标并密切关注它们，以使索引不会延迟。
- 如果可能的话，用冷热存储的概念设计你的存储解决方案。搜索的大多数日志都在一至两周的时间内。设计一个将这些日志存储在最快的磁盘上的系统并将旧的日志转移到更慢、更注重价格的磁盘上是节省日志聚合成本的另一种方法。

当然，天下没有免费的午餐。决定通过 SaaS 提供商购买日志聚合也有它自己的陷阱。

- 请务必咨询 SaaS 提供商如何对超过日志发送限额的部分收费。有些提供商会在超过分配限额后限制你访问数据的能力。新日志的提取将继续运行，但如果你不能搜索数据，那就没用了。要了解超额会如何影响你。
- 有时日志会包含敏感信息。在将这些数据发送给 SaaS 提供商之前，需要有适当的控制来清除这些数据(这在内部也是一个问题，但会免除将敏感数据提供给另一家公司的额外责任)。
- 注意不要让日志聚合的成本来决定如何以及记录什么。某些情况下，减少日志记录是必要的(DEBUG 日志记录就是一个例子)，但我不希望你为了节省日志记录工具的成本而不记录有价值的信息。增加的成本总能让你受益(当你第一次遇到停机并且日志中没有所需的信息能帮你更快地解决问题时，就会意识到这一点)。

尽管日志聚合系统会出现潜在的问题，但毫无疑问，它们对你的团队来说是一大福音(不仅体现在它们提供的技术能力方面，而且体现在跨团队的信息民主化方面)。这种转变会引起组织内关于责任和系统所有权的文化变迁。现在你已经了解了获得这些数据的重要性，那么可以开始钻研下一章，下一章的重点是如何通过仪表板访问这些数据。

3.6　小结

- 了解所支持的产品是能在事故发生时提供帮助的关键。
- 错误率、延迟和吞吐量几乎是任何系统都会产生的潜在有用的关键指标。
- 自定义指标是显示系统运行状况的业务特定细节的好方法。
- 失效模式和影响分析(FMEA)可以作为一种系统的方法来确定你应该监控什么。
- 消息必须以适当的日志级别记录才能真正有用。
- 日志消息应该始终给出记录信息的上下文。

第 4 章

数据代替信息

> **本章内容**
> - 针对特定目的确定仪表盘范围
> - 有效地组织仪表盘
> - 用上下文提示用户

有时系统中会有非常多的数据,以至于你不确定哪些数据在支持类型下是有用的。人们往往从"我有什么答案"角度出发,而非"我想知道什么"。

这导致了一些问题。首先,你没有挑战自己去想办法找到你所面临问题的答案。其次,你倾向于把拥有的数据作为最终的答案或回答。但是数据和信息是两码事。

数据只是未经组织的原始事实,当赋予它上下文和结构时,数据就变成了信息。当你查看仪表盘时,需要能够快速判断出哪些仪表盘提供数据,而哪些仪表盘提供信息。

4.1 从用户而不是数据开始

每个人都认为只要有关于系统状态的指标就足够了。但是将系统状态呈现给用户的方式与指标本身一样重要。糟糕的可视化指标是毫无价值的,只会变成一片数字的海洋,而信号会在噪声中消失。

只有怪物或数据科学家才会在 Microsoft Excel 文档中向用户展示指标点的电子表格。即使收到这样的文档,用户要做的第一件事就是将这些数字转换成某种可视化图表。图形化的力量怎么强调都不过分，这是人类吸收知识的最佳方式。指标数据也是如此。

不过，你仅知道需要图形化并不等于知道什么是最好的组织方式。数据可视化和用户体验(UX)设计领域是一个值得大书特书的主题。但由于你不是用户体验设计师，大幅论述这一主题可能会让你非常厌烦。事实上，你不需要成为专家就可以开始为你的团队和其他干系人设计有用的仪表盘。

本章将给你一些实用的技巧，让你的仪表盘有目标导向，并且容易理解。我将为你提供一些如何设计仪表盘、组织仪表盘以及展示关键信息的指导原则。但这一切都始于理解仪表盘是为谁准备的。

为构建最终的仪表盘，下意识的反应是选择一个系统或服务器并查看可用的指标来启动仪表盘构建。自20世纪70年代以来，企业巨头们一直在向我们出售这种神秘的单窗格视图。这种方法是一个陷阱，用它很可能做出对你或其他人都没有多大用处的仪表盘。

你的第一步应该是确定仪表盘的目标用户。这将有助于确定仪表盘的范围，包括要显示的指标、需要强调的指标以及要显示的数据的颗粒度。不同的用户需要不同的东西，基于不同目的可以做出两种完全不同的仪表盘。我将给出一个简短的例子。

例如数据库系统。数据库有时被视为应用程序的神经中枢，应用程序的所有长期数据都存储在这里；它还推动着决策标准的制订；报告团队查询数据库以获得各种业务指标。

假设在一个虚构的公司中，数据库团队决定创建主数据库的一个只读副本。只读副本是数据库的一个副本，用户只能从中读取(而不能写入)。只读数据库通过复制机制从与之绑定的主数据库更新数据。在主服务器进行数据更新时，数据库系统将这些相同的更改复制到只读副本以保持同步。报告团队查询只读副本，以防止应用程序的普通终端用户在主数据库上出现不必要的阻塞。

如果你正在为只读副本构建仪表盘，那么应该先确定仪表盘的目标用户，即是为数据库管理员还是报告团队构建。报告团队在运行报告时会关心以下几个关键项：

- 当前有多少报告正在运行？
- 上一次从主服务器更新读取副本是什么时候？
- 数据库总体上负载有多高？

数据库管理员也会遇到类似的问题，但在重要程度和详细程度上有很大的差异。以"数据库负载有多高"问题举例，数据库管理员希望按照CPU使用率、磁盘输入/输出(I/O)、内存使用率、数据库缓冲区缓存命中率等划分数据。管理员想知道这些细节，因为他们的目的不仅想了解系统的性能，还想了解影响性能的因素。报告团队只关心他们的报告需要多长时间完成。这种情况下，一个关于数据库性能的红色/黄色/绿色状态指示器就足够了。他们只需要知道系统的运行速度是会比平时慢，还是会达到典型性能。

这就是为什么说从用户开始考虑是构建仪表盘的最佳实践，我们要了解用户将要做什么的动机。故障排除仪表盘和状态仪表盘看起来非常不同，因为预期的用例非常不同。当开始一个新的仪表盘工作时，可以问自己如下问题。

- 谁会查看仪表盘？
- 仪表盘的预期目的是什么？
- 有了这个目的，仪表盘需要快速传达的最重要的3~5条信息是什么？

有了这些信息，就可以开始构建新的仪表盘。

4.2 小部件(仪表盘构建块)

在决定了新的仪表盘应该显示什么之后，你必须决定如何显示它。每个指标都是在小部件上被显示。小部件是一个用于显示特定指标的可视化的小图形单元，它可以有不同的显示类型。仪表盘由许多小部件组成。

定义 小部件是用于显示指标的图形化组件。仪表盘是小部件的集合，小部件可以使用不同的显示类型表示底层数据。

4.2.1 折线图

在技术指标领域，使用常规的折线图几乎不会出错。折线图向你提供当前值和历史趋势，允许你看到指标随着时间的变化。当有疑问时，可使用折线图。

在图4.1中，可以看到所测量的指标(当前活跃的用户)如何在一夜之间变得非常低，然后随着工作日的开始而攀升。

有时你希望在一个图形上绘制多个值，其中有两种常见的情况。在第一种情况下，你希望在同一个图中看到多个进程或服务器的数据。在Web服务器示例中，你希望看到每个服务器的CPU利用率或请求数的图，以了解通信量是否在整个Web集群中均衡。这种情况下，在同一图形上绘制多条线就很有意义。

在图4.2中，可以看到一个绘制了多条线的小部件，每条线代表不同的服务器。这些线条的紧密性突出表明每个节点似乎都在执行相同数量的工作。

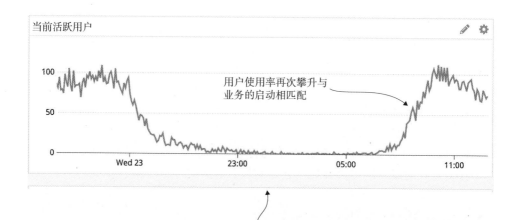

图 4.1 当前用户量的基本折线图

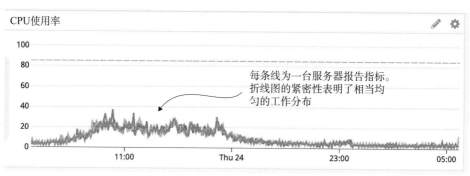

图 4.2 多个服务器全天的 CPU 利用率

在第二种情况下，你希望能够看到所有指标值的总和，但仍然能够区分出特定方面。以第 3 章的消息系统为例，你想知道消息传递平台上存在的消费者总数，而且还想知道这些消费者来自哪里(或者更准确地说，哪些服务器拥有最多的连接)。

在这类场景中，你需要考虑使用面积图(有时称为堆叠线图)。这些图的功能类似于单独的折线图，但它们不是从 0 开始，而是从前一行的高点开始相互堆叠在一起。两个堆叠线之间的区域用对比色阴影显示，以突出显示两种工作负载之间的差异。

因为条目是堆叠在一起的，所以还可以快速浏览汇总数据。图 4.3 所示的堆叠线图显示了消息总线上的消费者总数。

借助这种类型的图，不仅可以展示总体容量，还可以展示哪些组成部分比其他部分在总量中贡献更多。

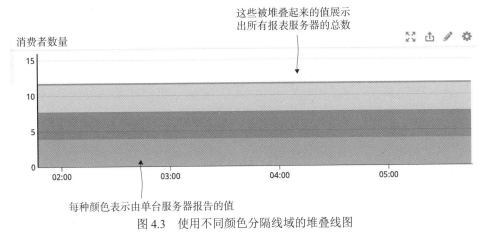

图 4.3 使用不同颜色分隔线域的堆叠线图

4.2.2 柱状图

当只有非常少的数据或部分点缺少采集数据时,柱状图是一个很好的选择。如果使用折线图,许多工具会在缺失的数据点之间绘制难看的线,乍一看就像一系列上升或下降的值。但事实上,这些数据点的出现频率较低。数据的缺失会导致不准确的折线图,而柱状图通过不在两点之间画连接线解决这个问题,空值不会被显示出来。

许多绘图工具允许你将空值当作零并按零绘制它们。某些情况下,这可能是正确的。但这取决你的指标,空值有时与零值有明显的差异。举个例子,为服务器度量指标时,服务器负责将指标发送到指标收集引擎(推),而不是由引擎连接到服务器并请求信息(拉)。

定义 推送数据发生在单个代理或服务器负责将数据发送到集中收集服务时,而拉取数据发生在收集服务单独连接到节点请求数据时。了解数据是如何收集的以及数据收集的方向对排除收集问题很有帮助。

如果你的指标数据从服务器推送到指标数据采集服务,那么零值(服务器发送了数据并报告一个零值)与丢失数据(服务器从未发送值,可能是因为它关闭了)是有明显差别的。根据你的环境,你希望知道两者之间的差异并相应地绘制它们。柱状图能让你突出显示这些差异。

图 4.4 显示了缺少数据点的柱状图,该图显示了进程的作业执行时间。

空值描述了完全不同的情况。整个期间没有执行的作业被绘制出来。在这里画一个零值会让人以为任务执行的频率比实际的要高。在故障排除过程中,这会导致不充分的推论并浪费大量精力。

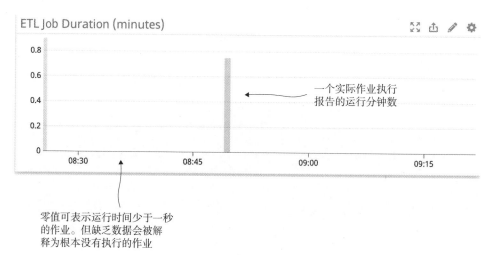

图 4.4　缺少数据点的柱状图

我倾向于避免把空值当作零值。你需要根据你的工具对此做出自己的决定。有时,如果一个系统没有值,它就不会产生一个指标值。这种情况下,当通常不需要数据时,将数据转换为 0 会更合适。

4.2.3　仪表

当你需要在给定的时间点显示单个值时,仪表是一个很棒的指标。这就像速度计:当你看它时,它反映了指标的当前值。因为它只显示一个值,所以用于此的小部件非常简单。

有些工具允许你通过使用实际的仪表表示数字,但事实上,基本的数字化显示在大多数情况下都可胜任。当然,除非仪表盘是要展示给高级管理人员看,那仪表能使它看起来更"高科技"。

4.3　为小部件提供上下文

小部件可以显示许多类型的数据(从销售数字到 CPU 利用率)。但如果没有上下文,这些数字就毫无用处。如果我给你一个名为"手头现金"的仪表小部件,显示的数字是 200 万美元,那这是好还是坏?这取决于很多因素。我们通常会留 180 万美元在手上吗?现金的用途是什么?如果是午餐钱,可能太多了,可以通过投资更好地利用。

关键是,有时仅显示数据是不够的,你需要给数据一个好的或坏的上下文。我建议以 3 种主要方式为数据提供上下文:颜色、阈值线和时间比较。

4.3.1 通过颜色提供上下文

通过颜色提供上下文非常容易，因为我们大多数人已经习惯于将某种颜色与特定的含义联系起来。在完全没有提示的情况下，如果我向你展示一盏绿灯，你很可能会想到 go 或 OK。如果我向你展示红灯，你很可能会想到"停下来"或"有危险"。可以利用这种联系的优势，使用颜色作为提供背景的手段，特别是显示仪表数字时。

大多数工具都提供了一种简单的方法对值进行颜色编码，或者当值在一定范围或阈值内时用符号对小部件进行注释。借助此功能，可以确定测量值的阈值并对其进行适当的动态颜色编码。这让仪表盘的用户能够快速查看小部件，并且只根据值的颜色或添加到其上的注释来判断指标是好是坏。记住要使用普遍认可的颜色：绿色表示 OK，黄色表示警告，红色表示危险。如果你想添加更多的颜色是没问题的，但要确保你的颜色在这个光谱中过渡。

如果违反了这些规则，就会令人非常困惑。我记得有一次去了一个数据中心，那里的硬盘驱动器的灯不小心被接错线，因此所有的提示灯都是红色的。当我以为整个磁盘阵列都失败了时，感到相当震惊。几分钟后我才被告知搞错了。记住，一定要坚持使用乏味的绿色/黄色/红色图案。如果出于某种原因需要额外的颜色，其光谱应该在这些颜色之间(绿色到黄色，黄色到红色)。

4.3.2 通过阈值线提供上下文

如果我在看一个图表，那这个图表的上下文会根据我所看的时间范围发生很大的变化。例如，如果每秒订单指标在近 4 小时内都很糟糕，但当我只查看最后一个小时的数据时，可能没有意识到有重大的变化。这个数字看起来非常平稳。但如果把视线拉远，我可以很快看到重要的事情已经发生。

在设计小部件时，你永远无法确定用户是否会选择在适当的时间范围内查看以获得先前值的上下文。可以通过阈值线给用户提供上下文来解决这个问题。阈值线是图中静态的附加线，表示该小部件的最大值。按照这种方式，无论你查看的时间范围是什么，你都可以看到值已经低于应该的极限。查看图 4.5 并尝试确定这个图是处于好的还是坏的状态。

即使不知道任何关于图或 RabbitMQ 文件描述符是什么的知识，你仍可以辨别这个图处于良好的状态。虚线表示这个特定图形的阈值。阈值线的颜色编码也是经过深思熟虑的选择。临界值为红色，表示这是一个坏的临界值或一条无法跨越的线。如果这是一条绿线，它会传递不同的含义，会让你猜测指标需要高于阈值才能被视为健康的。这就是颜色的力量。

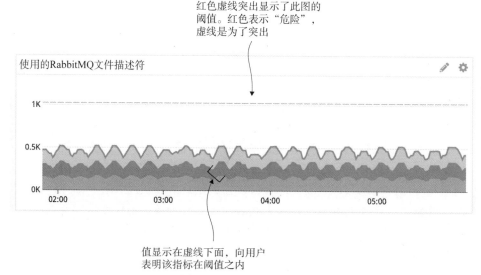

图 4.5 使用阈值线的图

你会注意到的另一件事是阈值线是虚线。这是为了引起人们对它的注意，这样它就不会与其他指标数据混杂在一起。如果其他指标数据显示为虚线，请考虑将阈值线更改为实线。只要确保你能轻易地将它们与其他指标线区分开。

4.3.3 通过时间比较提供上下文

在许多工作负载中，指标状态会根据一天中的时间而变化。这是由一些因素造成的，例如用户在线、发生某些后台处理或者只是负载普遍增加。有时，了解你所看到的指标数据是一个异常值还是与以前的规范相匹配是很有帮助的。最好的方法是时间叠加比较。

通过使用时间叠加比较，你将获得前 24 小时的指标数据并将这些数据点显示到同一图表中，但显示标准略有不同。在图 4.6 中，可以看到在 24 小时周期内数据库读取延迟的对比。

当你观察一个特定的峰值时，可以很容易地看到它与历史行为是一致的。但要注意你对历史性能的评价。与昨天某些情况的性能相同并不意味着它不是一个问题，只不过它不是一个新问题。

假设你一直在研究的是过去 1 小时内发生的新事情，那么历史性能表明，该指标的状态没有任何变化。你的应用程序性能和昨天一样。但是，如果你正在寻找通用的性能改进，那么针对这个历史上最高的量进行调优是有益的。细节决定成败。

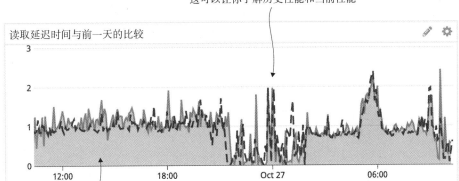

图 4.6　在当前指标之上显示历史指标以提供额外的上下文

4.4 组织仪表盘

现在已经有了小部件，可以开始有逻辑地组织仪表盘。你应该考虑用户和用户在查看此仪表盘时需要的关键信息。思考最有可能成为你的目标用户访问仪表盘的原因的 2～4 个项目。为检查像网站性能健康状况这样的事情，你要看的前 3 个仪表盘是响应时间延迟、每秒请求数和请求错误率。在做调查研究时，这 3 个数据点是你首先要看的东西。如果它们运行得很好并且可以很快发现这一点，那么快速地转移到下一个可能的问题源头。

仪表盘的组织也不需要保持不变。随着时间的推移，你会发现你对某些图表重视不够，而对其他图表过分强调；或者你正经历一段不稳定时期，因为系统中引入了一个新问题。这些情况下，如果你有一个预测问题的领先指标，那么在不稳定时期值得将该指标放在显著的前列。仪表盘组织的目标是尽可能快地提供对最常用数据的访问。

你会发现，不同的人认为应该突出显示不同的指标。同样，这取决于不同类型的用户关心不同类型数据的方式。如果需要，不要担心创建更多的仪表盘。在本章的后面，我将讨论如何命名仪表盘来吸引这些不同群体的注意。

4.4.1 处理仪表盘行

仪表盘中的小部件按行排列。你的小部件应该按照重要性从左到右和从上到下进行组织。大多数情况下，你的小部件将进一步按相关性分组。所有磁盘性能指标应该放在一起，CPU 指标应该放在一起，业务关键性能指标应该放在一起。你应该打破这一规则的地方是仪表盘的第一行。

仪表盘的第一行应该留给最重要的指标。相对于你能多快地访问这些数据，它们属于哪个指标的分组是无关紧要的。由于你在设计仪表盘时考虑了特定类型的用户，因此要考虑用户最希望定期访问哪些内容。当他们登录到仪表盘时，他们首先会检查什么？这些是应该放在第一行的项。

如果可能，尝试限制每行不超过 5 个小部件。人们很容易陷入这样的想法：所有的指标都很重要，但如果它们都重要，那么就没有一个是重要的。他们会迷失在小部件的海洋中，而你会花更多的时间研究 CPU 层级环境切换，而不是弄清楚为什么收入会下降。

一旦建立了第一行，请考虑你的小部件中可能的各种分组。哪些小部件是相关的并且从不同的角度讲述同一个故事？例如，我将磁盘性能指标组合在一起。我将收集这些围绕磁盘性能的指标，这样它们就都是可见的，而不需要太多滚动。

- 磁盘读取；
- 磁盘写操作；
- 磁盘写入延迟；
- 磁盘队列深度。

所有这些指标可让我了解磁盘子系统的总体运行状况。将它们组合在一起可以让我从各个方面查看磁盘性能，从而深入研究问题的根源。如果我的写操作比读操作多，并且我的队列深度很高，那么我可以很快地判断写操作会使磁盘超载，并且应该开始在我的系统中寻找写操作多的进程。

如果你的仪表盘工具支持，我还建议使用该工具的所有分组功能。如果你决定在以后对行进行重新排列，那么它将允许你同时移动整个小部件组。

4.4.2　引导用户

一旦定义了仪表盘行并按照重要性排列它们，就可以为仪表盘进行最后的润色。我喜欢把这称为引导用户。

你不知道谁会偶然发现你的仪表盘，也不知道他们对系统的熟悉程度。他可能是一个排除问题的初级操作工程师，也可能是一个验证上一个版本对系统没有任何负面影响的高级开发人员。不管是谁，你都不应该假定他们懂得太多的知识。你越能通过仪表盘引导他们，效果就越好。

可以通过创建注释小部件实现这一点。这些只是简单的、自由形式的文本区域，允许你进一步描述仪表盘、小部件和小部件分组。你甚至可能想要描述一些指标间如何相互关联，以及应该如何阅读或理解它们。

几乎所有的指标都有一些已知的异常，即一个指标在一组已知的条件下发生剧烈变化。例如，在我们的环境中，在部署发生后，数据库内存利用率突然下降。对于不熟悉这个过程的人来说，这看起来有点可疑。图表旁边的简单注释可以帮助指导用户，使他们更好地理解这种行为。图 4.7 显示了这样一个注释示例。

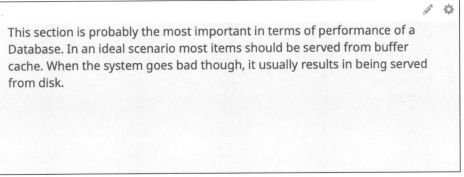

图 4.7　通过注释向小部件添加上下文

注释也可以是一个为用户留下线索的好地方。你可以告诉用户在另一个地方寻找相关的链接；或者你有一个到正在审查的系统的日志条目的深度链接。注释是帮助人们了解仪表盘并在将来变得更加自助的一种极好的方式。

4.5　命名仪表盘

有人说计算机科学中最难的两件事是缓存失效和命名，仪表盘也不例外。我喜欢把仪表盘分成三部分。
- 目标用户(市场营销、技术运维、数据科学)；
- 被检测的系统(数据库、平台、消息总线)；
- 正在使用的系统视图(网站流量报告、系统健康状况概览、当前月度支出)。

用这种方式命名你的仪表盘可以帮助人们过滤掉他们并不真正关心的仪表盘，找到那些与他们的需求相关的仪表盘。当他们的仪表盘被命名为市场营销-平台-网站流量报告时，营销人员不必花时间单击"技术运维"仪表盘。他们可以迅速深入了解自己需要的内容并将其加入书签。

如果你足够幸运，拥有一个支持文件夹层次结构的仪表盘工具，可以考虑将"目标用户"部分设置为一个文件夹，将"被检测的系统"部分设置为该文件夹的子文件夹，并且在子文件夹中列出没有长前缀名称的仪表盘。

这些并不是组织仪表盘的硬性规则。它们只是关于如何细分仪表盘的建议。根据仪表盘的数量，你甚至可能不需要任何深度分类。如果你的用户相对较少，那么预期用户细分对你没有意义。我们的目标是有一个系统的命名约定，让人们能够找到他们关心的仪表盘。如果在你的组织中用农场动物或著名街道的名字来重命名它们是有意义的，那就那样去做。只要创造出某种可以遵循的人们又容易理解的规则即可。

4.6 小结

- 在设计仪表盘时要考虑最终用户。
- 为小部件提供上下文,这样用户就可以知道某个值是好是坏。
- 组织你的仪表盘,使最重要的项首先被看到。
- 将相关小部件分组,以便于访问和比较。

第 5 章

把质量当成调味品

本章内容
- 测试金字塔
- 持续部署与持续交付
- 恢复对测试套件的信心
- 脆弱性测试如何导致脆弱的系统
- 特性标志
- 为何应由运维团队掌管测试基础设施

假设你正在某个快餐店沿着点餐台向餐盘中添加食材。你餐盘中的每一份食材都被分开摆放，直到你走到点餐台的终点时，它们才被拼凑在一起。那时，你会要一些调味品让饭菜更美味。然而，并没有名为"质量"的调味品。假若有，每个人都会在点餐的最后要求添加更多的质量，并且是越多越好，然而这正是许多组织在其质量战略上的做法。

很多公司都有一个专门的质量保证(QA)团队，负责确保正在生产的产品质量达标。但是，产品质量本身不可能独立存在，整体质量由所有组成要素的质量构成。如果你不检查组成要素的质量，最终的产品质量可想而知。质量不是调味品，在餐馆里不是，在软件开发中也不是。

为始终如一地交付优质产品，你必须将质量内建于每一个组件和组成要素中，必须在每个组件或组成要素完全融入最终产品之前分别验证其质量。如果等到开发生命周期的最后再匆忙增加测试，那很可能会导致灾难；而且集中测试产品的所有要素通常需要做更多的测试。这意味着组织测试工作的方式变得非常重要，测试结果的质量也变得同样重要。你的测试结果应该值得信任，否则测试的必要性就会被质疑。然而在把质量当成调味品的反模式中，你通常会关注错误的测试度量指标。

如果你正在进行某种自动化测试，那可能非常在意测试用例的数量。事实上，你还会时不时地拍拍胸脯，陶醉于自己的测试自动化程度。然而，尽管你有 1500 个自动化测试用例，另外还有一个完整的 QA 团队对每一次发布都做回归测试，你最终发布的软件还是会存在缺陷。不仅如此，有时你的发布还带有一些令人尴尬的缺陷。这些缺陷凸显了一个事实，即有些地方根本就没有经过任何测试。

那么有什么方法可以避免投入生产的软件带有缺陷？在我看来并没有。只要你在编写软件，你编写出的一些缺陷总能逃过测试闯入生产环境。这是你的命运，也是你自己的选择。

在接受了这个现实后，我告诉你这并非世界末日。你可以致力于大幅降低出现某类缺陷的可能性，还可开发一个流程，即每当识别出一个缺陷，你就能确切地知道该如何针对出现该缺陷的场景进行测试并确保该缺陷不再重现。通过充分的练习，你将能够识别出错误的类别，甚至还可一举根除某类错误。但这是一个迭代和投入的过程。

本章的重点是测试过程以及如何将其应用于 DevOps。这并非关于应该如何测试的完整哲学体系，但我将深入探讨那些现今被广泛应用的测试策略的根基。然后，我将谈论你能够从测试套件得到的反馈循环及其如何增强(或破坏)人们对被部署物的信心。最后，我将论述为什么测试对于部署过程以及确保源代码仓库始终处于可部署状态是如此重要。

5.1 测试金字塔

当前许多测试套件都围绕测试金字塔的思想构建。测试金字塔是一个隐喻，它告诉你在现阶段应该对应用程序进行何种类型的测试。测试金字塔非常明确地指出在测试生命周期中应该将最多的精力和努力投向何处。

测试金字塔特别强调单元测试应为测试套件的基础和最大组成部分。编写单元测试是为了测试代码的某一特定部分(称为单元)，并且确保其功能和行为符合预期。单元测试的上一层是集成测试，集成测试侧重于把系统的各个单元组合在一起测试，检验单元之间的交互。最后，端到端测试从最终用户的视角对系统进行检验。

在本章后续的内容中，我将详细介绍单元测试、集成测试和端到端测试。本章将假设你正在以某种方式进行自动化测试。这并不意味着不再有手动的回归测试，但我在此假设所有这些测试任务由计算机执行。

定义　测试金字塔是一个隐喻，用来强调应该如何对测试进行分组，以及对照其他分组应有的测试数量的指导原则。你的大部分测试应该是单元测试，然后是集成测试，最后才是端到端测试。

图 5.1 是测试金字塔的一个例子。你会注意到 3 个不同的层次：单元测试、集成测试和端到端测试。这些分组旨在关注测试套件的目标，其思想是金字塔底部的测试提供快速反馈，随着测试层级的上移，测试速度变慢但测试覆盖范围更大。

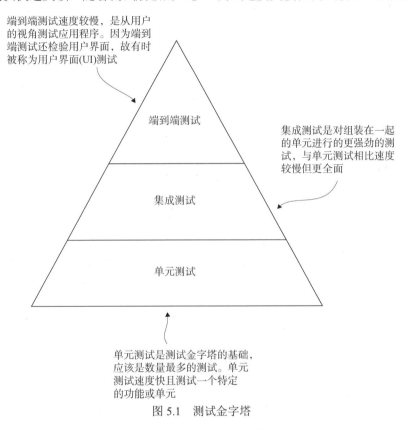

图 5.1 测试金字塔

那么测试金字塔与 DevOps 有什么关系？测试金字塔之所以重要，有两个主要原因。

首先，随着 DevOps 运动推动越来越多的自动化，像运维这样的团队有可能是首次接触这些概念。这些团队了解开发团队目前采用的方法和实践非常重要。不同的团队使用相同的指导方针和实践将有助于多团队协调并创造协同效应。

其次，随着 DevOps 推动更多的自动化，自动化将需要与软件开发生命周期中的其他过程交互。这些过程需要能够发出一个信号，以作为质量属性的一个量化指标。这听起来像是我要试图向你推销什么东西，因此让我举个例子。

一个自动化的部署过程需要知道什么是可部署的，并且需要知道代码的质量很好。但对计算机来说"质量"意味着什么？计算机本身并不知道脆弱性测试与普通测试之间的区别——人们知道脆弱性测试会经常性地失败；而普通测试一旦失败，就表明被测代码有问题，不应被使用。作为开发人员，你必须在测试套件中设计这些类型的定性假设，以便自动化能够为你做出这种判定。测试套件的结果是供人使用的，同样也是供机器(自动化)使用的。这使其成为至少是在 DevOps 圈里值得讨论的话题。

测试金字塔就像一组帮助你构建测试套件以提供最大速度和质量的导轨。如果遵循测试金字塔提出的总体结构，你将能够为最终用户快速创建准确的反馈。如果你的测试套件主要由集成测试构成，相较于更轻量级的单元测试，这些测试的运行速度自然会更慢。

正如本章后面讨论的那样，随着测试金字塔层级的上移，不仅测试速度有越来越慢的趋势，影响测试的外部因素也会开始增多。通过使用测试金字塔作为测试结构的提示，可以确保测试套件得到优化，相较于在金字塔上层投入过多精力，这种优化可以提供更快速的准确反馈。

你可能想知道为什么一本介绍 DevOps 的书中会有一章专门介绍测试。首先要强调的是，自动化测试在 DevOps 方法中起着至关重要的作用。系统的自动化程度越高，通过自动化的验证确认更改成功就越重要。第二个原因实际上是针对运维人员，他们不像开发人员那样与测试过程合拍。测试生命周期在 DevOps 转型中非常重要，因此对运维人员来说，像开发人员一样理解测试生命周期也很重要。运维人员将需要致力于越来越多的自动化，尤其是围绕基础架构的创建和管理。有自动化测试的标准方法作为基础将对他们的 DevOps 之旅助力良多。

现在让我们开始吧。

5.2 测试结构

测试金字塔提供了一个构建测试套件的框架。下文将更详细地介绍测试金字塔中的每个层级。多年来，测试金字塔不断扩展，以囊括不同的测试方法，集成测试之上的 API 测试就是一个例子。本书将这些增加的测试方法视为集成测试的一部分。

5.2.1 单元测试

单元测试位于测试金字塔的底部，是后续所有测试的基础。如果设计得当，任何一个单元测试的失败都应该引发测试栈中更高层级测试的失败。

那么，什么是单元测试？单元测试要测的是软件的单个单元或组件。这个组件可以是方法、类或函数，具体取决于被测内容。其关键是要确保被测单元中所有可能的代码路径都被执行并评估成功与否。

定义 单元测试是为软件的各个单元或组件编写的测试。这些组件的粒度级别是诸如方法、函数或类这样的代码，而不是应用程序的整个模块。

单元测试应由编写被测组件或单元的开发人员编写。因为在被测单元开发以及后续的测试过程中，开发人员应定期执行单元测试。有些情况下，开发人员会遗漏某个单元测试，此时为保证测试的完整性，由其他人编写该单元测试是可以接受的。但如果你的组织目前由开发人员以外的人编写单元测试，那这种做法是错误的。将测试交由开发团队负责意味着下列好处：

- 开发人员对测试用例拥有最多的上下文。因此，如果由开发人员编写测试用例，他们会有最佳的参考框架。
- 开发人员会有一个自动化的过程来验证他们的代码。在需要重构代码时，开发人员之前围绕正在开发的单元所创建的自动化测试就能帮到他们。
- 通过确保开发人员编写测试，团队可以在他们的开发工作流程中利用各式各样的开发实践，例如测试驱动开发。
- 如果编写单元测试的责任由开发人员承担，那么通过代码审查这样的过程要求在代码合并到源代码库之前必须进行单元测试就变得更容易。

确保单元测试主要由开发人员编写是必需的。如果出于某种原因，这对你的组织来说并不可行，那你应该慎重地审视其中的利弊。对于上述要点，你至少应确保有确凿的理由。

> **什么是测试驱动开发**
>
> 我在前面提到利用测试驱动开发(TDD)之类的实践。所谓 TDD 就是开发人员将代码需求转换为测试用例的实践。
>
> 例如，如果要编写的函数必须输入 3 个数值，应用一个公式，然后返回结果，那么开发人员可以在编写任何实现这些需求的代码之前将这些需求编写为测试。只有在开发出测试用例后，开发人员才开始编写代码的底层实现。开发人员知道他们何时有功能正常的代码，因为只要代码符合开发人员的预期，这些测试用例就可以通过测试。
>
> 这种方法鼓励开发人员编写相对较小的单元，从而更容易调试应用程序。另外，由于测试是在实现之前编写的，因此编写测试的开发人员将更可能去关注输入和输出而非实现细节。

1. 单元测试结构

就结构而言，单元测试应该尽可能隔离与系统其余部分的交互。被测单元之外的所有程序都应该以模拟(mock)或存根(stub)代替。目标是确保测试快速运行，并且不受来自其他系统潜在故障的影响。

例如，假设你正在编写一个函数，该函数进行一些计算以生成投资回报率。这个函数通常会与一个 API 交互以获得投资的原始购买价格。你希望单元测试能够就代码的运行情况给出一致的反馈。但是，如果在单元测试中调用实际的 API，就会引入新的潜在故障点，而这些潜在故障点与你正在编写的代码无关。如果那个 API 停止运行或者工作不正常怎么办？这些故障不在你的控制范围之内，会给单元测试带来干扰。模拟该 API 调用可让你把测试的重点放在你正在编写的代码上。这并不是说测试与 API 的交互不重要，那是测试金字塔更高层级的测试(特别是金字塔中的集成测试)所关注的。

模拟这些类型的交互并保持专注的另一个优势是速度。单元测试的设计应考虑测试速度，以减少开发人员获取更改反馈所需的等待时间。反馈越快，开发人员就越有可能在本地运行这些测试。将测试的重点放在本地交互上也使调试变得更加容易，因为如果出现问题，你能确信问题就源于这个函数。

2. 确定单元测试的对象

单元测试最难的部分是了解编写测试用例的目的。令许多人吃惊的是，对什么都测试会适得其反。如果测试一切东西，重构会更困难，而不是更容易。当开发人员试图为内部实现编写测试用例时，常常会出现这种情况。

如果你改变某个问题解决方式的内部实现，所有针对该内部实现的测试都将失败。这使得重构变得很麻烦，因为你不仅要重构代码，还要重构执行代码的所有测试。这时，了解你的代码调用路径就变得非常重要。

以价格计算为例。假设你有一个名为 mortgage_calc 的函数，用于获取包含利息的抵押贷款总成本。该函数返回的结果应为一个单位为美元的金额。计算这一结果需要若干方法，如果这些方法只在 mortgage_calc 函数内部被调用，那这些方法对外就是黑盒方法，其详细实现会在测试 mortgage_calc 函数时被执行，不需要被单独测试。这种封装使重构更加容易。也许有一天你决定改变 mortgage_calc 的内部实现。你可以确保 mortgage_calc 仍然表现出预期的行为，而不需要重构所有针对该函数内部实现的测试，从而可以放心地修改代码。

然而困难的是，并没有一个放之四海而皆准的方法来解决这个问题。我能提供的最好方法是识别公共代码路径和私有代码路径，并且围绕公共代码路径进行单元测试，这样就可以在不花费大量时间重构内部测试的情况下更改私有代码路径。要关注那些被多处调用的代码路径。对内部实现的测试并非完全不受鼓励，但要谨慎使用。

将单元测试放在测试金字塔的底部反映出它们也应该占测试用例的最大份额。单元测试通常是你能创建的最快、最可靠和最细粒度的测试类型。因为严格限定了被测单元的范围，所以单元测试的失败根源应该非常明显。在本章后面讨论测试的自动执行时将突出单元测试的特征。这种自动化通常由诸如 Jenkins、

CircleCI、Harness 这样的持续集成服务器完成。

> **注意** 持续集成服务器已经成为一种非常流行的自动执行代码库中测试套件的方式。它通常具有连接到常见代码库的钩子，当代码变更被合并时，钩子会帮助发现并根据变更采取行动。ThoughtWorks(www.thoughtworks.com/continuous-integration)通常被视为持续集成的发明者，其网站上有一些关于持续集成的优秀资源。

5.2.2 集成测试

集成测试在测试金字塔中是单元测试的上一层，其目标是开始测试系统之间的连接点以及应用程序对系统响应的处理方式。在单元测试中，你可能已经模拟了一个数据库连接；而在集成测试阶段，你将连接一个实际的数据库服务器，向数据库写入数据，然后读取这些数据以检验你的操作是否成功。

集成测试非常重要，因为很少有两件事情恰好可以无缝地协同工作。被集成的两个模块有可能在构建时考虑了非常不同的用例，但被放在一起时，它们会以惊人的方式失败。

举个例子，我曾经在一家正在建造新总部的公司工作。大楼及其附属的停车场是分开设计的。当他们最终开始施工时，才意识到停车场与大楼的地板没有对齐，因而需要增加额外的楼梯。这是现实世界中集成测试失败的例子。

考虑到测试的组件之间需要发生的交互，集成测试将花费更长的时间。此外，每一个组件都需要经过一个初始化和销毁的过程，以使它们处于测试所需的正确状态，例如你需要向数据库中添加数据或者下载本地文件。因此，集成测试的运行成本通常更高，但它们仍然在测试策略中起着至关重要的作用。

集成测试永远不应该针对生产实例运行。这听起来是很基本的东西，但我觉得最好还是说清楚。如果需要针对另一个服务(如数据库)进行测试，你应该尝试在本地测试环境中启动该服务。即使是针对生产环境的只读测试也会给生产服务器带来过度的压力，从而给实际用户带来问题。

写入数据的测试也会给生产环境带来问题。当你的测试环境开始向生产环境发送虚假的测试数据时，你将很可能面临一次来自上司的严厉谈话。在生产环境中进行测试肯定是可能的，但这需要技术团队中所有成员的精心编排和大量努力。

如果无法启动依赖项的本地副本，则应考虑为测试套件建立一个运行这些被测服务的测试环境。但是，在这里你会碰到与数据一致性相关的问题。如果你在每个测试用例中隔离依赖项，那会按照以下顺序执行测试。

(1) 读取数据库中的行数。
(2) 对数据库执行一项操作，例如插入。

(3) 确认行数已增加。

这是测试用例中常见的模式。它不仅是错误的,而且在共享准生产环境的情况下尤为错误。你的应用程序如何保证没有其他人正在向该表写入数据?如果两个测试在同时执行呢?现在你应该有 $N+2$ 条记录,而非 $N+1$ 条记录(其中 N 是操作之前数据库中的记录数)。

在共享测试基础设施的场景中,这些测试必须更加明确。只计算行数是不够的,你需要准确验证你创建的行是否存在。这并不难懂,只是有一些复杂。如果你选择使用共享环境进行集成测试,那会遇到很多类似的情况。但如果你不能在每次运行测试时隔离依赖项,这会是你的次佳选择。

> **契约测试**
>
> 另一种流行的测试形式是对契约进行测试。对契约进行测试的目的是创建一种检测关于被存根(stub)代替的服务的基本假设是否出现了变化的方法。
>
> 如果出于测试目的使用模拟或存根(stub)服务,你必须确保该服务以你期望的方式接受输入并产生输出。如果真实服务的行为发生改变,但你的测试并没有反映这种变化,那么你将发布无法与该服务正确交互的代码。
>
> 契约测试是一组针对服务运行的独立测试,以确保端点的输入和输出仍按预期的方式运行。契约测试容易发生变化,因而以更低的频次运行它并不少见(每天一次就足够)。
>
> 通过使用契约测试,可以检测另一个服务的预期是否改变,并且相应地更新存根(stub)和模拟。如果想了解更多信息,请参阅 Alex Soto Bueno、Andy Gumbrecht 和 Jason Porter 在 *Testing Java Microservices* (Manning,2018)中关于契约测试的精彩章节。

5.2.3　端到端测试

端到端测试从最终用户的角度对系统进行测试,它有时被称为 UI 测试。这种测试启动或者模拟浏览器或客户端应用程序,并且采用和最终用户相同的方法推动变化。端到端测试通常以同样的方式验证结果,即确保数据正确显示、响应时间合理且不出现令人讨厌的 UI 错误。通常端到端测试将通过各种类型和版本的浏览器启动,以确保任何浏览器和版本组合均不会触发回归错误。

端到端测试位于金字塔的顶端。它们是最完整的测试,但也是最耗时的,通常是最脆弱的。它们应该是你测试组合中最小的测试集合。如果你过度依赖端到端测试,那会发现自己的测试套件很脆弱,而且在运行时很容易失败。这些失败一般与你的实际测试用例无关。如果因为网页中的元素已更改名称或位置而导致测试失败,这是正常的。但是,如果因驱动测试的底层 Web 驱动程序失败而导致测试失败，跟踪和调试问题会是一项令人沮丧的工作。

过度倚重端到端测试

导致端到端测试任务过重的另一个常见原因是，负责执行大多数测试的团队不是开发团队。许多做编程测试的 QA 团队都倾向于 UI 测试，因为这是他们与应用和底层数据交互的习惯方式。

要理解页面上的一个值来自何处需要大量的详细知识。它可能直接来自数据库的某个字段；也可能来自某个数据库字段的计算值并从应用逻辑中引入附加的上下文；还可能是即时算出的。然而，问题的关键是不太熟悉代码的人无法回答数据来自何处。但如果你在写一个 UI 测试，这并不总是重要的，你正在检查的是一个已知值是否存在于一个已知记录中。

根据我的经验，一些测试团队在回归测试中越来越依赖生产数据。部分原因是生产中有特定的用例，测试团队可以依赖这些用例作为回归测试的一部分。然而，如果生产环境有错误的数据，意味着缺陷已经逃逸到生产环境中，那就麻烦了。这样，端到端测试保证的是与生产中的数据相匹配，而非本应该的实际计算值。

当更少地采用单元测试，取而代之以更多的端到端测试时，情况就会恶化。最终会发生的情况是，你的测试套件从测试正确性转为测试符合性，两者并不总是同一件事。你不再是测试 2+2=4，而是测试 "2+2=生产环境给出的任何结果"。坏消息是，如果生产环境给出的结果是 5，数学定律就被抛到脑后。好消息是你的 UI 测试通过了。这正强调了确保相关关键功能被单元测试覆盖，而非依赖测试金字塔上层的测试来捕获其缺陷的重要性。

如果你已经做了大量的端到端测试工作，那么会意识到这类测试通常很脆弱。所谓脆弱是指它们很容易被破坏，通常需要费力维护，对代码或网页布局进行微小、无关紧要的改动都会破坏一个端到端测试套件。

这在很大程度上源于这些测试的设计方式。为找到要测试的值，测试工程师需要知晓并理解页面布局。通过页面布局，他们可以采用一些技术解析页面并破译出要查找的测试值。这很好，但随着时间推移会出现很多问题，如页面布局发生变化、页面加载缓慢、负责解析页面的驱动引擎内存不足、第三方广告插件无法加载等。

测试的脆弱性加上执行端到端测试所花费的时间迫使这些类型的测试处于层级的最顶端，也因此在你的测试组合中占比最小。但由于端到端测试的广泛性，并且被测对象的范围要大得多，因此一个端到端测试实际会执行相当多的代码路径。现在测试的不是单个单元或单个集成，而是整个业务概念。这个业务概念在其成功的道路上会运行多个较小的东西。例如，假设你的端到端测试要测试订单生成过程。该测试的步骤如下。

(1) 登录网站。
(2) 在产品目录中搜索独角兽玩偶。
(3) 在购物车中放入一个独角兽玩偶。
(4) 执行结账流程(付款)。
(5) 验证确认电子邮件/收据已发送。

从用户交互的角度看，这是 5 个非常基本的步骤，但从系统的角度看，你在一个测试中测试了许多功能。下面是依据使用此方法在更细粒度级别上需要测试的内容。

- 数据库连接；
- 搜索功能；
- 产品目录；
- 购物车功能；
- 支付处理；
- 电子邮件通知；
- UI 布局；
- 身份验证功能。

如果你真的想深入研究，这个列表会更长。可以说，一个端到端测试运行一次就能测试相当多的功能。但端到端测试的运行时间也较长，而且更容易出现实际上与被测系统无关的随机故障。同样，真实的测试失败是有价值的反馈，你需要了解你的系统是否没有提供正确的响应。如果测试失败是因为硬件限制、Web 驱动崩溃或围绕测试套件搭建的其他事情引起的，那么必须思考测试的价值主张；否则你会陷入打地鼠的游戏中——解决测试基础架构中的一个问题只是制造或发现了另外一个问题。

我试图限制对核心业务功能执行的端到端测试的数量。在应用程序中哪些任务必须绝对可用？在这一简单的电子商务站点的示例中主要有以下任务：

- 订单处理。
- 产品目录搜索。
- 身份验证。
- 购物车功能。

这个例子用一个端到端测试去测试所有这些功能。在构建端到端测试时，重要的是要了解关键的业务驱动因素，并且确保它们具有良好的测试覆盖率。但如果你有很多端到端的测试，那失败率会因为一些与测试套件无关的问题而增加。这将引发对测试套件丧失信心，从而导致很多其他团队问题。目标是确保每个端到端测试带来的价值都大于其造成的额外工作和故障排除等所带来的消耗。注意，你的测试清单会随着时间的推移而增长和缩小。

5.3 对测试套件的信心

想象你在一架飞机的驾驶舱里，飞行员正在向你展示他的起飞前检查单。例行检查过程中某项检查失败了，飞行员对你说："别担心，这东西有时就是会出问题。"然后，他重新执行了起飞前检查单上的检查项，神奇的是，这一次所有项目都通过了测试。你会对这次飞行感觉如何？肯定不太好。

对测试套件的信心是一项财富。当测试套件变得不可预测时，它作为信心确立工具的价值会降低。如果测试套件无助于建立信心，那么它的意义何在？许多组织忽略了测试套件应该提供什么，只是没有任何缘由地盲目崇拜自动化测试。如果对测试套件的信心开始减弱，你就需要尽早解决这个问题。

衡量对测试套件的信心与其说是一门科学，不如说是一门艺术。一种简单的评估方法是观察对测试套件失败的反应。失败的测试应该促使工程师开始检查他们自己的代码，查看有哪些更改以及这些更改会对测试套件产生怎样的影响。但当对测试套件的信心很低时，工程师要做的第一件事就是让测试套件重新运行一次。这往往伴随着他们不相信他们所做的更改会以任何方式影响到测试的失败。

当信心不足时，接下来发生的事情就是构建环境开始受到质疑："这些构建服务器肯定有什么变化。"这就引发了一系列与构建服务器支持人员的对话，这些对话会消耗他们宝贵的时间。我并不是说这些事情不可能引发测试失败，在很多情况下确实会。但在一个对测试信心不足的环境中，最先受到指责的往往是构建环境，而非环境中那些真正发生变化、最有可能引起测试失败的因素——代码。

可以通过各种方式判断对测试套件的信心是否不足。最简单的方法就是直接问工程师。如果测试套件通过或失败，他们对自己的更改有多大信心？他们将能够给你一个关于测试套件质量的敏锐视角，因为他们每天都在与测试打交道。但是，仅因为对测试套件的信心不足并不意味着无从改变。

5.3.1 恢复对测试套件的信心

恢复对测试套件的信心并不是一项多么艰巨的任务。你需要找到那些有问题的测试来自何处，改正问题并加快发现问题的速度。一般来说，可以从遵循测试金字塔开始。

1. 测试套件应该在遇到问题后立即退出

在运行测试时，让测试套件从头到尾运行并在运行结束时报告所有失败很有诱惑力。但这样做的问题是，你可能花费了大量的计算时间，结果只是发现两分钟后没有通过后续的测试。这样的测试失败能带来什么价值？有多少集成测试或端到端测试的失败是由单元测试可测出的简单问题引发的？

此外，通常越接近金字塔顶层，测试套件的可靠性就越糟糕。如果没有通过单元测试，可以非常确信这是代码问题,此时为什么还要继续执行其余的测试呢？要增强对测试套件的信心，我建议你做的第一件事是将测试运行分为多个阶段。类似于测试金字塔，按信心等级对你的测试进行分组。在集成测试这一层可以有多个子分组，但如果任何一个单元测试失败，再继续运行测试套件将毫无价值。

测试的目标是为开发人员提供关于其代码可接受性的快速反馈。如果你运行的一组低级测试失败了，但又继续运行其他测试，你得到的反馈会令人困惑。每一个测试失败都会变成一个谜案。举个例子，假设你有一个端到端测试，它因为无法登录而失败。你从失败事件的表象(登录页面错误)开始反向调查——登录页面测试失败是因为渲染器操作失败；渲染失败是因为一些必需的数据没有加载；数据没有加载是因为数据库连接失败；数据库连接失败是因为密码解密方法失败并给出了虚假响应。

所有这些调查都需要时间。而如果你的密码解密方法没有通过单元测试，你就会更清楚地了解发生了什么以及该从哪里开始调查。测试套件应该尽量让事情在哪里失败变得清晰和明显。

开发人员花在研究测试失败上的时间越多，人们感觉到的测试套件有效性就越低。我之所以强调"感觉"这个词，是因为在人类的大脑中，信心和感觉交织在一起。如果人们需要浪费时间对测试套件进行故障诊断以找出问题原因，那么测试套件无用的想法会传播扩散。当某个测试失败时，清晰明显地展示失败将对消除这种看法大有帮助。

测试用例的质量也是极其重要的。如果在生产中发现了缺陷，应该创建一个能够检测该问题的测试。如果同样的缺陷经过多轮测试都未能被检测到，不仅你对测试套件的信心会下降，最终用户对产品的信心也会下降。

2. 不要容忍脆弱性测试

接下来要做的是评估哪些测试是脆弱的(提示：很可能是你的端到端测试)。保留这些测试的清单，并且将它们变成团队要解决的工作项。在你的工作周期中预留时间专注于改进测试套件。改进可以是任何事情，包括从改变你的测试方法到找出测试不可靠的原因。或许使用一个更有效的方法查找页面元素就能减少内存消耗。

理解测试失败的原因是维护测试套件的一个重要部分。不要忽视这一点，即便你每周只改进一个脆弱性测试。这是一项有价值的工作，会给你带来回报。但如果在所有这些工作之后，你发现同一个测试由于实际测试用例之外的原因反复失败,那我将建议采取一些极端的方法——将其删除或者将其归档。

如果不能取得你的信任,测试到底能带来什么价值?与将测试自动化节省的成本相比,你花费在重新运行测试上的时间会给团队带来更大的成本。同样,如果一个测试不能提高信心,它就没有真正发挥作用。脆弱性测试通常源于以下几点。

- 测试用例没有被很好地理解。预期结果没有考虑到某些情况。
- 出现了数据冲突。先前的测试数据与预期结果发生了冲突。
- 对于端到端测试,当等待某些 UI 组件在浏览器中显示时,加载时间的变化导致"超时"。

当然,还有很多其他原因会导致测试随机失败,但其中很大一部分源于上面列举的问题之一或其变体。想一想任何与其他测试共享的组件,它们会给你的测试环境带来数据问题。可以问自己一些有助于改善这些冲突的问题。

- 你如何隔离这些测试?
- 这些测试是否需要并行运行?
- 测试执行之后如何清理数据?
- 测试执行之前是否假设数据库是空的或者还是由测试本身负责清理数据库(我认为测试应该确保环境配置符合预期)?

3. 隔离测试套件

当测试套件严重依赖集成测试和端到端测试时,测试套件的隔离就成为一个真正的问题。对于单元测试来说,隔离测试非常容易,因为被测组件是在内存中被集成的或是使用完全模拟的集成。但集成测试会有些棘手,问题通常发生在数据库集成层。最简单的做法是为每个测试运行单独的数据库实例。但是,这会占用大量资源,具体取决于你选择的数据库系统。你无法做到将所有的东西完全分开。

如果你无法运行单独的实例,那需要尝试在同一实例上运行多个数据库。测试套件可以在开始运行时创建一个随机命名的数据库,为必要的测试用例填充数据,最后在这些测试用例运行完成后删除数据库。出于测试目的,实际上不需要为数据库取一个干净、适当的名称;只要数据库引擎认为这是一个合法的名称,就应该没问题。然而,此方案的难点在于确保测试套件运行完成后会自行清理。

你还需要明白在测试失败时如何处理数据库。数据库是故障排除过程中的重要组成部分,因此保留数据库很有用。但是,如果去除了对数据库的自动销毁,你绝对需要与人类的健忘抗争,因为人们总是在调查完成后忘记删除测试数据库。你需要根据组织的情况评估最适合团队的方案。每一种方法都有其优缺点,因此需要找出哪种方法的优缺点组合最适合你的组织。

如果你的组织有能力实施和管理自动化环境创建,那么可以通过动态环境创建实现进一步的隔离。为测试用例启动新的虚拟机是一个有吸引力的选择,但即使使用自动化,虚拟机引导启动的时间也会太长,无法提供工程师渴望的快速反馈。在一天的开始时启动足够多的虚拟机以确保每个测试都可以在其独立的机器中运行可以节省启动成本，但保障这样的资源容量最终将需要花费真金白银。

当你试图在测试用例和支持的基础设施之间建立一个更加线性的关系时，还会造成一个扩展问题。在独立的 Docker 容器中运行测试用例是降低成本的一种方法，因为容器不仅在资源方面是轻量级的，而且启动速度非常快，从而支持随着资源需求的增加而迅速扩展。配置测试基础设施超出了本书的范围，但需要强调这两种方式是进一步测试隔离的潜在选择。

4. 限制端到端测试的数量

在我的经验中，端到端测试是最脆弱的，这主要应归因于这类测试的本质。

端到端测试与用户界面是紧耦合的。用户界面的微小变化会对依赖于网站特定布局的自动化测试造成严重破坏。端到端测试通常必须对用户界面的结构有所了解，并且这些知识通常以某种形式嵌入测试用例中。再加上在共享硬件上执行测试的痛苦，你会遇到性能问题，这最终会影响测试套件的评价标准。

我希望我有一个简单的答案来解决端到端测试面临的困境。端到端测试通常是不可靠的，同时又是非常必要的。以下是我可以给出的最好建议：

- 限制端到端测试的数量。它们应该仅限于应用程序的关键路径操作，例如电子商务网站的登录和结账过程。
- 限制端到端测试只测试功能，不要去考虑性能。在测试环境中，性能会因应用程序之外的许多因素而大相径庭。性能测试应该被单独处理。
- 尽可能隔离端到端测试。在同一台机器上运行的两个端到端测试对性能的影响会导致一些看似随机的问题。额外硬件的成本远低于排除这些问题的人力成本(假设你已经采纳了前面的建议)。

前面已经花了较大篇幅讨论测试套件和恢复对测试套件的信心。这看起来有点偏离 DevOps 的主题，但有一个可靠的测试策略非常重要，因为 DevOps 的力量来自利用自动化的能力。自动化是由整个环境中的触发器和信号驱动的。自动化测试是评价代码质量的一个重要信号，对其保持信心是必需的。在下一节中，你将获得这些来自测试套件的信号并将这些信号应用到部署流水线中。

5.3.2 避免虚荣指标

当开始谈论对测试套件的信心时，人们总是会寻求度量指标来描述质量。这是一个很好的反应，但你需要警惕使用的指标类型。具体来说，需要避免虚荣指标。

虚荣指标是在系统中度量的数据，但它们很容易被操控，而且不能提供用户想要的清晰信息。例如，"注册用户数"就是一个常见的虚荣指标。拥有 300 万注册用户非常棒，但如果其中只有 5 个用户定期登录，那这个指标会造成严重的误导。

虚荣指标在测试套件中很普遍。通常谈论的指标是测试覆盖率。测试覆盖率是对一个测试套件中被测代码路径数量的度量,通常是一个百分比。这个数字很容易通过工具获得,并且可以成为开发人员、QA 和产品团队共用的一个口号。但实际上,测试覆盖率就是一个虚荣指标。覆盖率并不一定能代表测试或具体被测内容的质量。

如果我启动一辆汽车的引擎,那么仅通过发动引擎,我就在测试大量的组件。但并不能因为这些组件没有在汽车启动时立即爆炸,就说明汽车中的所有组件都符合规格要求。我是特意指出这一点,这样当你在设计测试时,就会意识到虚荣指标的概念,而不会成为其诱惑下的牺牲品。

测试覆盖率很好,但达不到 100% 的测试覆盖率并不意味着你的测试不够健壮。达到 100% 的测试覆盖率也不意味着你的测试在做什么有价值的事情。你必须超越数字,关注测试的质量。

5.4 持续部署与持续交付

大多数人其实不需要持续部署。持续部署的意思是对主线分支(主干)的提交都会触发一个向生产环境的部署过程。这意味着最新的更改总是被传送到生产环境中。这个过程是完全自动化的,不需要人工干预。

相比之下,持续交付是一种旨在确保应用程序始终处于可部署状态的实践。这意味着在一个发布周期内,无论多久发布一次,都不会再有损坏的主线或主干分支。

这两个概念经常被混为一谈。主要的区别在于:对于持续部署,每一个被提交到主分支的修改都通过一个自动化的流程发布,不需要人工干预;而持续交付更强调确保按需部署代码的能力,不必等待一个带有一系列其他修改的大型发布。每一次提交可能不会自动发布,但可以根据需要随时发布。

举个简单的例子,假设一位产品经理想要发布一个小更改来解决单个客户的问题。在没有持续交付的环境中,产品经理需要等待系统的下一次发布,而这有可能是数周以后。在持续交付环境中,部署流水线、基础设施和开发流程形成一个体系,以便在任何时候都可以发布系统的单个部分。产品经理可以让开发团队进行修改并发布缺陷修复程序,无须参考其他开发团队的时间表。

根据这些定义,应该注意的是,没有持续交付就无法真正实现持续部署。持续交付是通往持续部署旅程中的一站。尽管持续部署被炒得天花乱坠,但我并不觉得它应成为所有公司的伟大目标。持续部署的动作被视为强制组织采取某些行为。如果要将每一个提交都部署到生产环境中,那需要可靠的自动化测试。你需要一个可靠的代码评审过程,确保多双眼睛已经按照团队建立的评审标准对代码进行了审查。持续部署强制执行这些行为,因为如果没有这些,灾难会接踵而至。

不过，许多团队和组织在真正开始谈论持续部署之前还有许多障碍需要克服。当技术团队需要花费数周的时间为其系统推出补丁时，转向持续部署就像一个大跳跃。对于大多数组织而言，持续交付是一个更好的目标。部署每一个提交的修改是一个崇高的目标。但很多组织距离能够安全可靠地做到这一点还很遥远。

许多组织的内部流程都是围绕着一个被称为发布的可交付单元来组织的。但在进行持续部署时，就连发布是什么这一概念都必须在公司内部改变。有多少内部流程是基于软件版本的？迭代冲刺、项目计划、帮助文档、培训——所有这些事情通常都围绕着发布这一仪式感的概念。考虑到这一旅程之遥远，将提升以更高频次发布的能力作为目标能给组织带来极大的益处，而不至于在组织内部就如何看待、管理和推广软件平台引发动荡。

但是，无论决定采用持续部署还是持续交付，都会出现一个问题，即如果不定期部署代码，你如何知道自己的代码可部署？这就又回到了本章开头提到的测试套件。你的测试套件将是团队用于评估正在进行的更改是否破坏了应用程序部署能力的信号之一。持续交付的重点是应用程序代码通过一系列结构化、自动化的步骤来证明其部署的可行性。这些步骤被称为部署流水线。

定义 部署流水线是代码修改触发的一系列结构化、自动化的步骤，如单元测试和应用程序代码打包。流水线是一种验证代码部署可行性的自动化方法。

流水线的结果通常是某种构建制品，其中包含运行应用程序需要的所有代码。这包括任何第三方库、内部库以及实际代码本身。生成的制品类型在很大程度上取决于要构建的系统。在 Java 生态系统中，制品可能是 JAR 或 WAR 文件。在 Python 生态系统中，制品可能是 PIP 或 wheel 文件。输出文件的类型在很大程度上取决于在后面的过程中将如何使用该制品。

定义 制品是应用程序或应用程序某个组件的可部署版本，是构建过程的最终输出。生成的制品类型取决于部署策略和应用程序的开发语言。

构建制品是流水线的最后一部分，流水线所有的步骤一般如下所示。
(1) 检出代码。
(2) 对代码进行静态分析，如使用 linter 或语法检查器。
(3) 执行单元测试。
(4) 执行集成测试。
(5) 执行端到端测试。
(6) 将软件打包为可部署的制品(例如 WAR 文件、RPM 文件或 ZIP 文件)。

对每一个需要合并到主线或主干分支的修改都会执行这些步骤。这个流水线可作为表示修改质量和部署就绪情况的信号，并且产生可部署到生产环境的制品(部署制品)。

上面只是一个示例列表，你可以在流水线中添加任意数量的对组织有意义的步骤。安全扫描是对这个列表的一个合理补充；基础设施测试和配置管理也是另一组你想要添加的事项。重要的是，你发布软件的需求可以且应该尽可能多地被编写成代码并被放入某种形式的流水线中。

5.5 特性标志

无论使用持续部署还是持续交付，都可以保护用户不会在每次部署时都收到新的功能和修改。如果一家公司每天多次部署新功能，这会让其用户感到不安。当你转向持续交付或持续部署时，毫无疑问这是很可能发生的。但可以采用一些技术将特性交付与特性部署分离，其中最值得注意的就是特性标志。

特性标志是将代码功能隐藏在与某种标志或信号量关联的条件逻辑之后。使用特性标志可以将代码部署到测试或生产环境中，同时不必向所有用户暴露代码路径。特性标志让你能够将特性交付和特性部署分离。从市场或产品的视角看到的特性发布由此可以与技术发布区分和分离。

定义　特性标志是一种条件逻辑，允许你将代码路径与可激活代码路径的标志或信号量绑定。如果未被激活，代码路径就处于休眠状态。特性标志支持你将代码路径的部署与代码路径向用户的发布分离。

特性标志的值通常以布尔值的形式存储在数据库中：true 表示启用该标志，false 表示禁用该标志。在更高级的实现中，可以对特定客户或用户开启特性标志并对其他人保持关闭。

举个基本的例子，假设你有一个新的算法可以在订单页面上为用户创建推荐。推荐引擎的算法被封装成两个类。借助特性标志，可以将新代码路径的启用时间与其部署时间分离。在代码清单 5.1 中，可以看到这样一个实现框架。

代码清单 5.1　一个推荐引擎的特性标志

```
class RecommendationObject(object):
    use_beta_algorithm = True         ← 定义特性标志。这个值可能来自数据库
    def run(customer):
      if self.use_beta_aglorithm == True:  ←
        return BetaAlgorithm.run()                检查特性标志值并更改执行
      else:return AlphaAlgorithm.run()
class AlphaAlgorithm(object):
   //current implementation details
class BetaAlgorithm(object):
   // previous implementation details
```

这个例子使用一个变量来决定应该运行算法的 beta 版本还是 alpha 版本。在实际场景中，你也许会通过数据库查询来实现，例如创建一个数据库表，其中存有特性切换名称和其布尔值(true 或 false)。这样你就可以改变应用程序的行为，而无须部署新的代码。简单地更新数据库值就可以增强运行中应用程序的行为，开始启用新算法或是旧算法对外提供服务。

这还有一个额外的好处：如果新算法有问题，回滚该修改不需要重新部署，只需要再更新一次数据库。随着时间的推移，一旦你对这一修改满意，就可以删除特性标志逻辑，将其作为应用程序的默认行为，从而使其永久化。这可以防止代码被大量已跨过实验或测试阶段的特征标志条件逻辑所干扰。

在某些情况下，你可能希望特性开关一直存在，以便能够优雅地恢复。假设你有一个特性标志可以控制与第三方服务交互的代码，如果第三方服务关闭或出现问题，则启用/禁用特性标志会强制你的代码不与第三方交互，而返回一个通用响应。这可以让你的应用程序以略微降级的性能模式继续运行,远比完全关闭要好。

几乎每一种可以想象到的编程语言都有特性开关库。这些库提供了一种更结构化的方式来实现切换。其中许多还提供了额外的功能(如提供缓存)，这样就不需要每个请求都向系统请求额外的数据库查询。可以实现特性标志的还有软件即服务(SaaS)解决方案，例如 LaunchDarkly(https://launchdarkly.com)、Split(www.split.io) 和 Optimizely(www.optimizely.com)。

5.6 执行流水线

流水线执行领域充斥着各种方案和使用不当的术语。这些工具上的营销手段导致了对持续集成等术语的滥用。正因为如此，我将使用流水线执行器这一术语。流水线执行器是一类支持有条件地执行工作流中各个步骤的工具。

图 5.2 显示了一个流水线的例子。属于这一类的流行工具有 Jenkins、CircleCI、Travis CI 和 Azure Pipelines。

定义 流水线执行器是一类支持有条件地执行工作流中各个步骤的工具。它们通常有与代码库、制品库及其他软件构建工具的各种内置集成。

流水线执行器有个不可告人的秘密，即它们中的大多数都是一样的。在集成、钩子等方面，它们几乎具有相同的特性。不过，归根结底，这些流水线运行的代码仍然是由你的组织编写的。如果你的测试脚本不稳定或不一致，那你使用什么构建工具并不重要，构建工具并不能使这些测试脚本突然间没有故障。

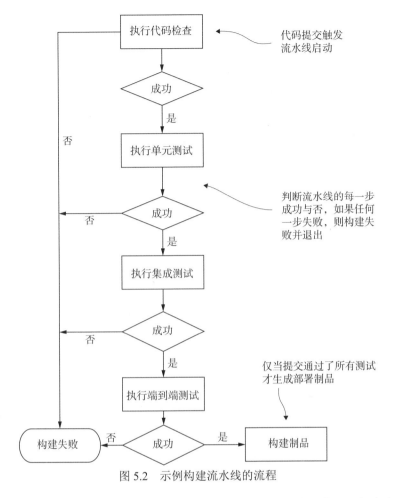

图 5.2 示例构建流水线的流程

如果你要成立一个大型委员会来讨论和评估 10 个备选方案,那我建议你放弃这个委员会,把精力放在让你的构建脚本更可靠上。如果你还没有流水线执行器,那么应该从组织阻力最小的角度考虑工具。一个流水线执行器并不能决定组织的成败。拥有任何一个工具都比没有工具要好得多,因此如果你能相对轻松地将 Azure Pipelines 引入组织,那么它就是你的最佳选择。如果 Jenkins 更容易被团队接受,那么 Jenkins 就是最好的工具。除非有明确的、详细的、独特的需求,否则不要浪费大量时间去评估太多工具。

一旦选择完工具,将你的流水线分成独立的、不同的阶段非常重要。这样你可以为开发人员提供关于流水线执行情况的快速反馈,并且帮助开发人员定位流程的故障点。例如,假设一个脚本执行以下操作。

(1) 运行单元测试。
(2) 运行集成测试。

(3) 创建测试数据库。

(4) 将数据导入数据库。

(5) 运行端对端测试。

在一个超大的脚本中,这些步骤都混杂在一起,形成一个日志文件。这个文件有可能太长,难以阅读,让你不得不搜索整个文件以查找"错误"这个词。但是,如果将同样的这一系列步骤定义为流水线中的独立阶段,你就可以快速地意识到错误是在第(4)步向测试数据库导入数据时发生的(就在端到端测试要开始之前)。

在谈论测试流水线时,这很容易被想到,因为毕竟你经常用这些术语来思考。但你应该记得确保所有的流水线都展现出这种行为;无论是代码构建、环境清理脚本,还是仓库重建,流水线的结构都是相同的。

最后,关于流水线,你应该考虑每次构建成功的信号是什么样的。流水线(尤其对于测试)应该确保或确认某件事情符合一组特定标准或已成功执行。还是以构建代码为例,你希望你的流水线能够传达构建的适用性。一种常见的方法是将生成一个构建制品作为流水线的最后一步。

构建制品是将软件转为单个文件的打包好的版本,制品或二进制文件中通常包含一套预加载的安装说明。由于构建制品是构建流程的最后一步,制品存在本身就意味着它已经通过了成为制品的必要步骤。这就是代码适合部署的信号。

如果你的构建不生成制品,那就必须采用某种方法将你的代码版本与一个成功的构建关联起来。最简单的方法是确保代码合并过程要求在代码合并之前完成一次成功的构建。许多工具集成有可以强制这种行为的流水线执行器,这样能够确保你的主线或主干分支能被视为可部署的构建。

上述创建信号的方案也许是最强大的,但如果有必要,也可用其他方案替代。在提交哈希值与成功构建编号间的键/值对就是其中的一个选项。这使得其他流程很容易与这一行为集成,尤其是在必须进行手动处理的情况下。另一种方案是直接与你正在使用的构建服务器集成,作为代码验证步骤的一部分。你的部署代码(或者需要验证构建是否适合部署的任何东西)也可以与流水线执行器集成,以验证某一次提交能否构建成功。这将使部署代码与流水线执行器之间的耦合更加紧密,会使其将来更难从中迁移出来。但是,如果没有其他用于构建信号的方法值得使用,这种代价也是可以接受的。

无论选择何种方法,你都需要确认有办法发送代码质量信号给其他下游流程,尤其是部署。这一切都始于一系列结构化的可帮助推断代码质量的质量测试用例。将这些测试转移到流水线执行工具中可以让你进一步自动化这些流程,并且有可能提供集成点。

持续集成与自动化测试

随着自动测试工具和诸如 Jenkins 之类的持续集成服务器的爆炸式增长,"持续集成"这个术语已被混淆。了解真正的持续集成如何影响开发过程非常重要。

在软件开发生命周期中，工程师们会创建长期分支来开发特定的功能。这些长期分支困扰着软件开发界。当存在长期分支时，将主线/主干分支变基到特性分支的责任是在使用该特性分支的工程师身上。但如果开发人员没有做这件事，大规模的合并冲突将导致难以解决的麻烦。

不仅如此，虽然正在进行开发的特性分支是静态的，但特性的开发和修改还同时在主分支中进行。由于更早之前发生在主分支上的修改，发现某个正在采用的方法被撤销或破坏是很常见的。

先讲持续集成。在持续集成方法中，工程师被要求定期将他们的修改合并到主线/主干分支中，至少每天一次。这不仅消除了长期分支，而且迫使工程师思考如何编写能被安全地向主线/主干分支合并的代码。

然后是持续集成服务器(Jenkins、CircleCI、Bamboo 等)。这些应用程序将运行一系列自动化测试，在代码合并到主分支之前需要先成功通过这些测试。这将确保引入的更改是安全的，系统的行为也不会因为可能未完成的代码而改变。

然而，随着时间的推移，持续集成的过程与仅在持续集成服务器上运行自动化测试的实践显然已逐渐被混为一谈。除了最微妙的对话之外，两者之间的区别已经完全消失。如果想了解更多关于持续集成的真正含义，我向你推荐 Paul M. Duvall 的 *Continuous Integration*(Addison-Wesley Professional，2007)，以及 Jez Humble 和 David Farley 的 *Continuous Delivery*(Addison-Wesley Professional，2010)。

5.7 管理测试基础设施

测试环境的基础在组织中常常被忽视和孤立。当分解测试环境时，你真正看到的是一些需要管理的关键组件。

- 持续集成服务器；
- 流水线生成制品的存储；
- 测试服务器；
- 被测源代码；
- 被执行的测试套件；
- 测试套件所需的所有库和依赖项。

这些领域往往会跨越责任边界，涉及相当多的硬件。如果构建了一个制品，该制品需要被存储在某个地方，并且可以被部署流水线的其他部分(即部署制品的服务器)获取。此外，还需要单独的服务器运行测试套件。最后，测试环境将需要一个持续集成服务器，该服务器的权限以及对制品存储位置、代码库之类的各个集成点的网络访问都需要被管理。其密码也需要被管理和轮换。

这些任务中的大多数通常属于运维人员的职责范围。但在一些组织中,由于所有这些活动都完全属于开发团队的领域,测试基础设施的所有权就成为问题。在这场争论中,我主张应该由运维团队拥有测试环境,原因如下。

对于初学者,你需要测试服务器来模拟生产。例如,有些组件受控于实际的被测代码,例如库版本。测试套件应该足够智能,可以将这些依赖项作为测试自动化的一部分来安装。但是,还有更多的静态依赖项不会随构建变化,例如数据库版本。数据库版本是一个静态依赖项,将严重受到生产环境中运行版本的影响。

对生产环境运行情况最有洞察的当然是运维团队。在向生产环境推送一个升级补丁时,该补丁应该通过整个测试流水线。由于运维团队通常会决定何时应用补丁(尤其是与安全相关的补丁),因此由他们在整个测试基础设施中触发适当的升级是有道理的。

除了版本之外,围绕测试基础设施(特别是持续集成服务器)也会有大量的安全问题。因为 CI 服务器需要与基础设施的关键部分集成,所以在涉及安全问题时,它就成为一个敏感点。许多组织还将 CI 服务器作为部署过程的基本组件使用。因此,该服务器可以访问源代码、构建制品的存储位置和生产网络。因为有这种级别的连接,所以由运维团队拥有这台服务器更为合理,这样就可遵守当前存在的其他安全限制和流程。这样的服务器过于敏感,不能让它落在正常的安全管理流程之外。

遗憾的是,这事并没那么简单。开发团队也需要对环境进行一定程度的控制。他们的构建任务需要必要的权限才能在其测试范围内安装新库。运维人员肯定不希望在每一次开发人员想要升级依赖库以确保其已被安装时都需要参与其中。测试使用的不同库需要测试环境能够对某些特定的操作进行权限分离,以将它们限制在当前测试用例中(许多 CI 服务器默认提供此类功能)。有时自动化测试会失败,而故障排除或调试也需要访问服务器(有时问题仅发生在构建服务器上,但无法在本地重现)。

所有这一切都意味着,尽管运维团队需要拥有测试基础设施,但两个团队之间仍将保持高度的合作与协调。运维人员需要倾听软件工程师的需求,以便他们能够正确地完成工作。与此同时,软件工程师也要意识到测试基础设施所展现的超强能力,并且在并非每个请求都能得到批准时,对此也要保有清醒的认知。

5.8 DevSecOps

我想简略介绍 DevSecOps 这个正在出现的新模式。DevOps 思维模式的这种扩展将安全作为一个首要的关注点。许多组织都有一个安全团队,这个团队的目标是确保组织中各个团队使用的应用程序和基础设施符合某种形式的最低安全标准。把质量当成调味品的反模式非常适合于讨论 DevSecOps，因为大多数组织都是在项目快要结束时才去关注安全问题。

在一个工具的开发生命周期中，可能永远不会提及"安全"一词。然后，就在上线之前，一个并未从安全角度设计的软件被推向一系列的检查、评估和测试，却只是发现该软件没有任何机会通过评测。

通过将安全团队纳入 DevOps 生命周期，可以让该团队有机会参与流程早期的一些设计决策，并且延续将质量和安全作为解决方案基本要素的理念。DevSecOps 方法要求将安全扫描和测试嵌入流水线中，成为解决方案的一部分，类似于测试应有的运作方式。设想有一套测试，在特定的安全上下文中针对所有构建运行。想象当应用程序引入不安全的依赖项时，会有一个规范的补救修复过程。这些都是 DevSecOps 可以带来的一些成功，但这条道路并不总是一帆风顺。

这个话题太大，无法在本书中涵盖。如果你想要更广泛的讨论，我推荐 Jim Bird 的 *DevOpsSec* (O'Reilly，2016)或 Julian Vehent 的 *Securing DevOps*(Manning，2018)，它们都是很好的资源。

对于初学者，你需要在基本的安全监控工具上投入时间和精力，这些工具可以自动化并集成到你的构建和测试流水线中。这一点极其重要，因为许多组织没有正式的安全计划，要依靠工程师个人来了解行业和安全领域的动态。

当然，当 OpenSSL 出现较大的漏洞时，你可能会通过各种专业网络听到关于此漏洞的消息。但是组织需要了解该 OpenSSL 漏洞，并且需要一个与各参与者(以及他们的专业网络)分离且独立的过程，以在互联网上搜寻风险消息。

自动化扫描工具是必不可少的，这些工具不仅能扫描代码，还能解析代码库中的传递依赖关系和扫描依赖库的漏洞。如今安装一个简单的包就需要若干错综复杂的依赖项，那些单靠个人就能跟踪所有版本、关系和漏洞的想法是不公正的。这其实是软件的优势所在。

你还需要让安全团队参与设计过程。大多数团队都将安全团队视为一种"禁令锤"。他们不允许你做任何事情。但问题是，大多数安全团队都处于这种关系的末端；当他们参与时，人们已经做了他们现在请求被允许的事情。实际上，安全的主要目标是风险管理。但是，如果不了解成本和潜在收益，就无法评估风险。在设计过程的早期让安全团队参与进来可以让他们共同协作制定一个可从执行和安全角度平衡组织需求的解决方案。

正如我前面提到的，DevSecOps 的讨论是一个很大的话题。假设你有一个安全团队，那先和你的安全团队谈一谈。向他们询问你们如何能更紧密地合作，并且将他们的流程整合到构建、测试和部署流程中。将可自动化并能集成到各种测试流水线的高层级检查作为工作目标，并采取措施让安全团队紧密参与未来的项目。

5.9 小结

- 使用测试金字塔作为指南对测试进行逻辑分组。
- 通过关注可靠性和快速的开发人员反馈，恢复对测试的信心。
- 使用持续交付确保应用程序始终处于可发布状态。
- 选择一个组织阻力最小的流水线执行工具。

第 6 章

警报疲劳

本章内容
- 值班的最佳实践
- 值班人员的轮换
- 值班的快乐
- 改善值班的体验

当你在正式生产环境中启用系统时，常常会感到恐惧，并且没有能力获知系统崩溃的所有方式。你花了很多时间为所有可以想到的噩梦场景设置警报。但问题在于你的警报系统会产生大量噪声，这些噪声很快会被忽略并被视为正常的业务节奏。这就是被称为警报疲劳的反模式，这种模式会导致你的团队精疲力竭。

本章重点介绍团队值班的各个方面，以及如何最好地促进团队成功。我将详细介绍一个好的值班警报是什么样的、如何管理有关解决问题的文档以及如何为每周值班的团队成员安排白天的工作。在本章的后面部分，我将重点介绍那些更侧重于管理的任务，特别是跟踪值班的任务工作量、为值班工作安排适当的人员并构建薪酬结构。

遗憾的是，这里的一些技巧是针对领导力的。请注意，我没有说"管理"。任何团队成员都可以成为这些实践的代言人和倡导者。而且，如果你正在阅读本书，那可能会在将来提出其中的一些观点。虽然我更喜欢将重点放在讲解任何人都可以使用的技巧上，但是值班体验也非常重要，可以稍微打破这种限制。由于并非所有读者都有值班的经验，因此有必要对这种挫败感进行简要介绍。

6.1 作战故事

凌晨 4 点，Raymond 接到了他工作单位的自动报警系统打来的电话。因为今天是 Raymond 第一次参加值班，所以他睡得很轻，主要就是担心出现这一刻。通过查看警报消息，他发现数据库的 CPU 利用率为 95%。他跳起来登录到系统。

他开始查看数据库指标，尝试是否能找到问题的根源。系统上的所有活动看起来都很正常。有些查询似乎运行了很长时间，但这些查询每晚都运行，因此没有什么新内容。他检查网站，网站会在合理的时间内返回。他在数据库日志中查找错误，但未发现任何错误。

Raymond 有点不知所措。不做出反应似乎是不对的；毕竟，他收到警告了。那意味着这个问题一定是不正常的，对吧？也许只是他没有看到错误的地方或者他没有在正确的地方看。在他醒来一个小时左右，CPU 图表显示它们逐渐开始回到正常水平。

Raymond 松了一口气爬回床上，试图享受他最后 30 分钟左右的睡眠。他需要睡眠，因为明天他将经历同样的事情。而后天晚上、大后天晚上，乃至他整个值班期间都会如此。

正如我在第 3 章中讨论的那样，有时仅靠系统指标并不能说明全部。但是，通常这是建立警报的第一件事。因为每当遇到系统问题时，这个问题常常伴随着高资源利用率。对资源利用率高的情况告警通常是下一步。

但是，仅就资源利用率发出警报的问题在于，它往往不具备可操作性。警报只是描述系统的状态，而没有任何关于它为什么或如何进入该状态的上下文。在 Raymond 这个案例中，他有可能正在经历系统的常规处理流程，其中包含按计划在夜间处理大量的报表。

一段时间后，数据库上 CPU 利用率过高的警报和页面会变成一种骚扰，而不是行动号召。警报变成背景噪声，失去了作为预警系统的作用。正如我之前所说，这种对警报的敏感度降低称为警报疲劳。

定义 当操作员频繁接触警报时，会产生警报疲劳，导致操作员对警报麻木。这种麻木会降低响应时间，因为操作人员已经习惯了假警报。这降低了警报系统的整体效率。

无论是从系统响应的角度还是从员工的心理健康和工作满意度的角度看，警报疲劳都是危险的。我相信 Raymond 不喜欢每天早上 4 点被莫名其妙地叫醒。我肯定他的伴侣也对他们的睡眠被打扰感到不高兴。

6.2 值班人员轮换的目的

在深入讨论之前，先了解一下值班过程的基本定义。值班人员轮换是一个人员日程表，表上的人员被指定为系统或流程的初始联系人。许多组织对值班人员的职责有不同的定义，但总体上讲，所有的值班人员轮换都符合这个基本定义。

定义 值班人员轮换指定某人在某一时间段作为系统或流程的首要联系人。

注意，这个定义并没有涉及任何关于值班人员职责的细节，这因组织而异。在一些团队中，值班的人员仅充当一个分诊点，以确定问题是否需要升级或者可以等到以后处理。在其他组织中，值班人员会负责解决问题或协调对触发升级的各种因素的响应。在本书中，我主要将值班人员轮换视为在下班后系统处于所谓的异常状态时进行系统支持和故障排除的一种方法。

根据这一定义，典型的值班轮换将持续一整周，轮换中的每个工作人员轮流执行为期一周的任务。明确值班人员轮换可以为那些在下班后需要协助的工作人员减少许多猜测，同时也有助于为每周值班的工作人员设定预期。

如果在半夜发现问题并需要帮助，最不应该做的就是为了找到可以帮助你的人而去叫醒 4 个不同的家庭。值班人员知道他们可能会在非正常时间接到电话，因此会在个人生活中采取必要的行动以确保自己有空。如果没有值班的时间表，我可以向你保证，当数据库出现问题时，任何熟悉 SQL 的人都将在森林里露营，而且完全没有手机信号。值班轮换可以做好安排，Raymond 需要暂停这样的旅行，以防有问题需要他的帮助。

从技术角度看，值班流程的核心是度量、监控和告警工具(也可能是同一工具，这取决于你的技术栈)。虽然监控工具能够突出显示系统中的异常情况，但实际上，与正确的人联系以处理这种情况是由警报系统完成的。根据操作的关键程度，需要确保警报系统可以通过电话和电子邮件通知联系到工程师。更多的商业产品还包括可接收推送通知的移动设备应用程序。

将此通知自动化是很重要的，这样可以改进对服务中断的响应时间。如果没有自动通知，值班轮换就无法体现主动调查问题的价值。除非有一个全天候的网络运维中心，如果没有自动通知系统，你将依赖于客户注意到网站的问题，然后通过问题支持渠道发送信息，而该支持渠道有可能不会深夜在线。

没有什么比参加会议向老板解释为什么网站坏了 3 个小时而没人注意到更糟的方式去开启新的一天。尽管睡眠是生理的必需品，但它仍然不能作为工作疏忽的借口。

这就是自动通知系统发挥作用的地方。目前市场上有多个竞品以及至少一种开源解决方案。

- PagerDuty(www.pagerduty.com);
- VictorOps(www.victorops.com);
- Opsgenie(www.opsgenie.com);
- Oncall(https://oncall.tools/)。

这些工具不仅可以为团队维护值班计划，而且还可以与大多数监控和指标系统集成，从而允许在指标超过定义的阈值时触发通知流程。定义这些标准是下一节的重点。

6.3　值班人员轮换的定义

值班轮换很难推理。你需要考虑许多因素，例如团队的规模、轮换的频率、轮换的时长，以及公司将如何支付补贴。当然，如果你要对关键任务系统负责，这并不值得羡慕。

值班轮换很敏感，因为轮换通常是在组织内部进行的，跳过了其他雇用形式。如果没有充分的考虑，值班轮换很容易以一种不公平的方式进行，从而给员工带来沉重的负担。

我还没有参加过招聘运维工程师职位不用讨论值班问题的面试，候选人通常会问一个问题"值班轮换是怎样的"。如果在设计轮换时没有特别注意，招聘经理只有两个选择：要么撒谎；要么实话实说，然后看着候选人对该职位的兴趣迅速消退。希望这一章能帮助你克服一些障碍。

值班人员轮换应包括以下内容。
- 主要值班人员
- 次要值班人员
- 经理

主要值班人员是值班轮换的特定联系人，是发生事件时被通知的第一个人。次要值班人员是主要值班人员的后备人选。

升级到次要值班人员可以通过预定时间进行协调，例如如果主要值班人员知道他们暂时无法到岗。生活往往不遵循值班的时间表。糟糕的手机服务、个人紧急情况以及在警报提醒时沉睡都是值班过程中的风险因素。次要值班人员的角色就是被设计用来预防这种情况。

最后一道防线是经理。一旦你与主要和次要的值班人员进行了沟通，有时应让团队经理加入，这不仅是出于知会的目的，还可加快值班的响应速度。

问题在不同的值班层处理的移动过程称为升级。何时升级将取决于所讨论的团队，但应该为告警通知的响应时间定义服务水平目标(SLO)。SLO 通常应分为 3 类。

- 确认时间
- 开始时间
- 解决时间

6.3.1 确认时间

确认时间被定义为工程师确认收到警报通知所需的时间。这可以确保每个人都知道工程师已经收到通知,并且需要调查一些事情。

如果在预定义的 SLO 中没有确认警报通知,则可以将警报升级到由次要值班人员处理,并且为新工程师重新启动 SLO 的计时器。如果再次违反 SLO,则升级到由经理层处理(如果对升级有不同的定义,则是升级至路径中的下一个人)。

这将一直持续到有人确认警报为止。需要指出的是,一旦工程师确认了警报,他们就要通过决议流程对该警报负责,而不管他们的值班状态如何。如果确认了一个警报,但由于某种原因而无法对其进行处理,那么你有责任将其转交给另一个能够处理它的工程师。这是一条旨在避免告警通知被确认但责任不清的重要规则。如果你确认了告警通知,则应该处理该警报,直到可以将其移交给他人为止。

6.3.2 开始时间

开始时间这一 SLO 指在你开始解决问题之前需要等待的时间。确认警报是一个信号,表明值班工程师已意识到问题,但由于环境的原因,可能无法立即开始处理问题。在某些情况下,可能没什么问题;但在其他情况下,这可能是有问题的。

定义开始时间可以帮助值班工程师安排他们的个人生活。如果期望是在收到通知后的 5 分钟内处理警报,那么你去任何地方时都要把笔记本电脑带上。但是,如果 SLO 是 60 分钟,你就有了更多的灵活性。

不同服务之间的开始时间有所不同,这会导致异常复杂的情况。如果公司接订单的平台出现故障,则等待 60 分钟才能工作显然是不可接受的。但是同样地,即使一个服务的 SLO 很短(例如 5 分钟),这个值班轮换过程也将受 SLO 控制,因为你不知道什么事情会中断或什么时候会中断。

在这些情况下,计划最坏的情况会导致你的值班员工精疲力竭。你最好针对最可能出现的场景进行规划,并且在响应时间至关重要时使用升级路径提供帮助。主要值班人员可以确认警报通知,但随后立即开始使用升级路径来查找更适合在 SLO 中进行响应的人员。

如果这种情况反复发生,你可能会试图更改值班策略以获得更快的响应时间。要抵制这种冲动。你应该改变你的优先事项,让系统不再如此频繁地崩溃。在本书的后面,我将详细讨论优先排序的问题。

6.3.3 解决时间

解决问题的时间是衡量系统能够中断多久的简单方法。这个 SLO 有些模糊，显然你不能创建一个足够大的桶来包含各种可以想象到的故障。

解决时间应该作为沟通问题的切入点。如果可以在 SLO 内解决问题，那么恭喜你。但是，如果你违反了解决时间这一 SLO，那么应该此时将该事件通知给其他人员。

同样，在这种情况下，每个服务会有不同的 SLO，且有不同的交互级别。这个警报是表示服务完全瘫痪还是处于降级状态？这一警报是否影响客户？理解其对关键业务指标或可交付成果的作用将影响每个服务的解决时间 SLO。

6.4 定义警报的标准

现在我已经定义了什么是值班轮换，我想花一点时间讨论什么使值班过程有效，首先从警报的标准开始。在你认为所有可能很糟糕的情况下，很容易陷入发送警报的陷阱。因为就像在真空中考虑这些事项，所以你没有意识到某些警报会带来多大的问题。

白板上看似异常的情况有可能是系统快速且有规律地进入和退出的一种情况。你无法完全理解定义场景所需的所有上下文组件。打个比方，如果在一条漫长而空旷的高速公路上开车，那么只剩 25% 的汽油是非常糟糕的情况。但如果在城市里，25% 的油量就不是一个危险的状态。上下文很重要。

在没有上下文的情况下创建警报的危险在于，在创建警报后，某种程度上结局已定。由于值班人员一些深刻的、未知的心理创伤，要说服人们删除已定义的警报几乎是不可能的。人们开始回想"记得有一次警报是正确的"，然后不再提起其他的 1500 次错的警报。

同样使用本章前面的示例，其中 Raymond 收到了一个 CPU 警报。事实上，CPU 在很长一段时间内都处于如此高的水平，这听起来像是在设计警报时要告警的事情。但可以行驶的里程会因你的工作负载而异。

那么，让我们讨论什么是好的警报。首先，警报应该有某种类型的关联文档。它可能是直接进入警报的详细信息，也可能是单独的文档，其中解释了当有人收到警报时应该采取的步骤。这些各种形式的文档统称为运行手册。

运行手册不仅记录了如何解决问题的方法，而且还说明了为什么警报要首先是一个好的警报。一个好的警报有以下特点。

- 可操作——触发警报时，它会指出问题和解决方案的路径。解决方案应在警报消息或运行手册中定义。直接链接到警报通知中的运行手册可减少找到正确的运行手册的麻烦。

- 及时——警报对影响的预测尽可能少。警报触发时，你会确信需要立即进行调查，而不是等待 5 分钟来查看警报是否自行消失。
- 适当的优先级——很容易忘记的是警报并不总是需要在半夜叫醒某人。对于需要知晓的警报，可以将其转换为采用更低优先级的通知方法，例如电子邮件。

另外，可以在指定警报标准的同时自己设想一些问题。
- 有人能用这个警报做点什么吗？如果是这样，我应该建议他们在系统中查看哪些内容作为他们分析的一部分？
- 我的警报太敏感吗？它可以自动校正吗？如果可以，在什么时间段自动校正？
- 我是否需要唤醒某人以收到此警报或者可以等到早晨？

在下一节中，我将开始讨论如何设置警报和阈值，使你可以提出每个问题并确保制作出有用的警报。

6.4.1 阈值

大多数警报策略的核心都是阈值。为指标定义上下限阈值非常重要，因为在某些情况下，未被充分利用的东西与被过度利用的东西一样危险。例如，如果 Web 服务器不处理任何请求，那就与接收太多请求而饱和一样糟糕。

确定阈值的难点是，什么才是一个合理的值？如果对系统有足够的了解，能够准确定义这些值，那么你比大多数人的情况都好(在大多数地方，性能测试总是安排在后面一个季度进行)。但如果不确定，将需要依靠经验观察并在设置时进行调整。

首先观察指标的历史性能。这将为你提供一个基线，以了解在良好性能时该指标可以存在的位置。建立基准后，应该选择一个阈值警报，该警报比这些基准数字高约 20%。

设置了新的阈值后，需要设置警报机制以发出低优先级的警报。任何人都不应该仅因为这些指标而被唤醒，但应该发出通知。这允许你检查指标并评估新阈值是否有问题，如果没有问题则可以将阈值再提高一个百分比。如果某个事件发生在此阈值级别(或更糟糕的是低于该阈值)，则可以根据事件调整阈值。

该技术对于了解基础架构的增长趋势也很有用。我经常设置阈值警报，不是将其作为检测问题的机制，而是作为需求增长的检查点。一旦警报开始响起，我就意识到对系统的需求增加了 $X\%$，这给了我考虑容量规划的机会。

阈值始终是一个过程中的值。随着需求的增长，容量也会增长，而容量会改变阈值。有时单个指标的基本阈值是不够的。你必须将两种信号合并成一种信号，以确保对某些有意义的事件发出警报。

没有基线时的新警报

如果你刚刚开始进行指标评估，那么是生活在一个没有真正可追溯的历史性能的世界中。当对过去的表现一无所知时，如何制定一个准确的阈值？在这种情况下，创建警报为时过早。可以先创建数据。有了数据，你将比之前更了解情况。

如果你由于最近的故障而添加这个指标，那么在选择阈值之前，你仍然希望收集至少一天的数据。有了一些数据之后，选择一个阈值警报，该警报高于所收集的值集的 75 个百分点。

假设我们正在讨论数据库查询的响应时间。如果发现第 75 个百分位数是 5 秒，则可以将初始阈值设置为 15 秒。这几乎肯定需要修改，我建议采用前面详述的迭代方法。但这为你提供了一个工作的起点和一个调整过程。如果监控工具不允许计算百分比，可尝试导出数据并使用百分比函数在 Excel 中计算。

组合报警

Web 层上的高 CPU 利用率可能是不好的，但也可能使硬件物有所值。现在假设有另一个结账处理时间的指标，如果该指标超过了阈值，并且 Web 层 CPU 利用率指标都处于警报状态，那这将帮助值班人员更全面地了解发生的情况。这种组合警报非常重要，因为它将系统组件的性能与潜在的客户影响联系起来。

当知道某个问题会跨多个坐标轴出现时，组合警报也很有用。例如，在管理报表服务器时，我测量了几个不同的点。有时由于报告服务的工作方式，大型报告将生成一个长的 HTTP 调用。这个指标会增加负载均衡器的延迟(因为现在 HTTP 调用花费的时间突然超过了 45 秒)。因此，我得到了警报，结果发现只是有人执行了长时间的查询。但有时，同样的延迟警报是系统变得不稳定的信号。

为解决这个问题，我创建了一个组合警报，它不仅可以监控负载均衡器的高延迟，还可以监控持续的高 CPU 利用率和内存压力。这 3 项均可单独表示一个正常系统由于用户请求遇到短暂的负载。但这 3 件事同时发生时，几乎总是给系统带来厄运。创建一个只有在 3 个指标都处于不良状态时才触发的警报不仅可以减少警报消息的数量，而且我确信，当组合警报发生时，确实存在需要解决的问题。

并不是所有工具都支持组合警报，因此需要研究可用的选项。可以在许多监控工具上创建组合警报，也可以使用前面提到的警报工具处理警报端的复合逻辑。

6.4.2 嘈杂的警报

如果你曾经参加过值班轮换，就知道有一定比例的警报是完全没用的。尽管这些警报的出发点是好的，但它们并不符合我为好警报定义的 3 个标准中的任何一个。当遇到无用的警报时，你需要投入更多的精力来修复它或者完全删除它。

我知道你们中的一些人会想"当出现故障时该怎么办，这个警报本可以给我们一个警告的"。确实有时会发生这种情况。但如果真的看到了警报的有效性,你必须承认,当警报响起时,有人做出紧急反应的可能性很小。

如果你去过医院,会发现机器整天都会发出噪声。护士不会在房间里来回跑动,因为他们对声音已完全麻木。每个人都会对重大警报做出反应,但大多数情况下,一整天的哔哔声和嘟嘟声不会引起工作人员的任何实际反应。与此同时,作为一个对这些声音不适应的病人,每次机器开始闪灯时都会让人陷入恐慌。

同样的事情也发生在科技领域。我敢肯定你的时钟信号会说"网站宕机了",这个警报会触发一个紧张的分流过程。但是每天晚上磁盘空间不足的警报通常会被忽略,因为你知道,当日志轮转脚本在凌晨两点运行时,将回收大部分磁盘空间。

根据经验,应该记录每个值班班次发给值班人员的警报数量。了解团队成员在个人生活中被打扰的频率是一个很好的晴雨表,不仅可以提高团队的幸福感(我将在本章稍后讨论),而且还可以了解你的组织。

如果一个班次有人接到75次警报,那么整个技术组织都能感受到这种干扰。每次轮班都有那么多警报,如果值班团队之外的人没有感觉到系统不稳定的痛苦,那么说明你正在处理一个嘈杂的警报系统。

嘈杂的警报模式

本章前面讨论了好警报的3个属性:
- 可操作
- 及时
- 适当的优先级

警报的及时性通常可以帮助消除嘈杂的警报,同时仍然保留它们的价值。就像科技领域的所有事物一样,这里有一个小小的取舍。大多数由人设计的警报都是在检测到不良状态时发出警报。这种方法的问题是,我们的系统是复杂易变的,会相对快速地经历各种状态。可以通过自动化系统很快纠正不良状态,让我们回到磁盘空间的例子。

想象一个正被监控磁盘空间不足的系统。如果磁盘空间低于5GB可用存储空间,系统会发出警报并向某人发送。但是,在备份到另一种存储机制(如Amazon S3或NFS)之前,该系统将备份到本地磁盘。磁盘空间会短时激增,但最终会在备份脚本自行清理或在运行日志轮换命令并压缩文件之后被清理干净。当你在对某个状态进行即时检测时,将发送一个较早的页面,因为该状态是临时的。

你可以延长该状态的检测周期。假设每15分钟检查一次;或者只有在4次检查失败后才发送警报。缺点是,你可能会比正常情况下晚45分钟发送警报,浪费本可以用来系统恢复的时间。但当收到警报时,你确信这是需要采取行动和解决的事情,而不是暂停警报几次,希望它能自行处理。根据警报的不同,更好的做法是延迟发出警报,但你知道需要行动。

当然，这并不适用于所有类型的警报。没有人想要 30 分钟后得到"网站宕机"的警报。警报的严重性也决定检测警报所需信号的质量。如果系统的关键部分出现了嘈杂的警报，则应将重点放在提高信号质量以检测状况上。你应该制定发出的自定义指标，以便可以在出现强信号时发出警报(参见第 3 章)。

例如，如果尝试创建系统故障警报，你不想通过比较 CPU 利用率、内存利用率和网络流量来确定系统是否出现故障。你更希望某些自动化工具像最终用户一样登录到系统并执行重要操作或功能。执行该任务的强度可能更大，但这是必要的，因为警报的严重性需要一个强大的、明确的信号，而不是需要通过多种指标来推断情况。

假设你的车没有燃油表，但它会告诉你行驶了多少英里、从上次加满油到现在已经行驶了多少英里，以及每次加满油时的平均行驶距离。你不会想要那辆车。相反，你会多花一些钱安装一个传感器，通过具体测量检测燃油量。这就是我说的为关键函数选择一个有质量的信号的意思。警报越重要，就越需要以质量的标准为基础。

处理嘈杂警报的另一种选择是简单地删除它们。但如果你现在要养家糊口，那会担心就这样关闭警报导致的失业风险。

还有一种选择是将其静音或降低其优先级，这样就不会在半夜吵醒你。使警报静音是一个不错的选择，因为很多工具都会提供警报历史记录。如果确实遇到了问题，可以查看静音的警报，以确定是否已经检测到问题以及该警报的价值。它还可以让你看到警报被错误地触发了多少次。

如果工具不支持这种功能，可以将警报类型从自动唤醒呼叫更改为安静的电子邮件。这种方法的好处是，发送的电子邮件可以用作报告的简单数据点。每封电子邮件都设置了回避规则，以避免在晚餐时被打断或家庭休息时间被中断。但电子邮件客户端也变成一个简单的频率报告工具(假设没有警报工具)。

按主题、发件人和日期对邮件进行分组可以立即获得警报频率的数据。将其与你在页面上执行活动的次数结合起来可以快速得到嘈杂警报的百分比。如果你收到 24 个页面，其中只有 1 页有可操作的活动，那么你所看到的嘈杂警报率大约是 96%。你会听从 96%的概率都是错的建议吗？你会相信一辆 96%的时间都无法启动的汽车吗？可能不会。当然，如果你不想检查这些电子邮件警报的有效性，那可以为警报编写一个邮件过滤器，自动将其归档到一个文件夹中，然后就再也不会看到它。

嘈杂的警报会拖累团队，不会增加任何价值。你需要将精力尽可能集中在量化警报的价值上，并且在警报触发时发起可采取的行动。随着时间的推移跟踪警报的级别非常有价值。

> **使用异常检测**
>
> 异常检测是在数据模式中识别异常值的实践。如果有一个持续 2～5 秒的 HTTP 请求,但在某段时间内它持续了 10 秒,这是不正常的。
>
> 许多检测异常的算法非常复杂,可以根据天、周甚至季节改变可接受值的范围。许多度量工具开始转向异常检测,以作为纯粹基于阈值报警的替代方法。异常检测是一个非常有用的工具,但它也可能演变成像标准阈值警报一样嘈杂的事物。
>
> 首先,需要确保基于异常检测的任何警报都有足够的历史记录,以便异常检测算法能够正常工作。在节点经常被回收的临时环境中,有时节点上的历史记录不足以使应用程序对异常情况进行准确的预测。例如,在查看磁盘空间使用情况的历史记录时,如果该算法没有这个节点完整的 24 小时记录,那么使用量的突然上升会被视为异常的。这个峰值在一天中的这个时候可能是完全正常的,但由于节点只存了 12 个小时,因此该算法显得不够智能,无法识别出这一点并生成警报。
>
> 在设计基于异常的警报时,一定要考虑到警报的指标经历的各个周期,并且有足够的数据供算法检测这些模型。

6.5 配置值班轮换

创建值班轮换最困难的部分之一是如何合理安排人员。有了主要的和次要的值班角色,可以快速创建一个使人们感到自己在值班的场景。知道如何安排团队成员值班轮换对保持团队的活力是很重要的。

值班轮换的规模不能由团队的规模决定,必须考虑一些事项。对于初学者来说,值班轮换就像麦片粥:不要太大,也不能太小,一定要刚刚好。

如果值班轮换的规模很小,那么工作人员很快就会精疲力竭。请记住,无论人们是否非在非工作时间收到提醒,值班都会对他们的生活产生干扰。但是同时,团队规模过大意味着人员很少会出现在值班轮换中。值班有一种节奏,它不仅需要你能够在夜晚的零碎时间发挥作用,还需要了解系统随时间变化的趋势。工作人员需要能够评估警报是否有问题或者预示着更大的潜在问题。

长期的值班轮换的最小规模为 4 名工作人员。在必要情况下或因人员暂时流失时,可以短暂使用 3 个人的团队。值班轮换意味着值班的主要人员和次要人员的轮换紧密衔接。4 人轮换意味着一个工程师一个月有两次值班。根据组织的不同,次要值班人员的压力比作为主要人员的压力要小得多,但仍然会被扰乱个人生活。

这些干扰不只是针对个人。值班的救火任务也可以在工作时间处理,这占用了本来应该放在产品上的宝贵时间。从项目工作切换到值班的工作然后再切换回来,这种精神上的惩罚往往被忽视。15 分钟的中断会导致一个小时或更长时间的生产力损失,因为工程师们要从思维模式上在这些工作之间进行转换。

对于拥有大量部门的组织来说,至少 4 个人的轮换会很容易。但是对于较小的组织而言,要召集 4 个人参与值班的过程会令人生畏。这种情况下,需要从其他团队抽调人员来参加轮换。

当有来自多个团队的值班人员时,就会有无法给所有值班人员提供解决问题所需的必要权限的风险。理想情况下,我们只希望团队在轮班期间直接负责服务。但在服务越来越小、越来越多呈爆炸式增长的世界里,这个团队可能只有两名工程师(一名产品人员和一名 QA 工程师)。这对两个人来说是一个很大的责任。

潜在地扩展支持团队并使之超越直接服务创建者的需求将非常强调自动化实践。最小化直接生产人员的愿望与需要将其他工程团队的人员整合到值班轮换中的做法直接冲突。这里唯一的解决方法是将故障排除中最常见的任务自动化,以便值班工程师可以得到足够的信息以适当地对问题进行分类。

注意,我使用了"分类"这个词,而不是"解决"。有时在值班的情况下,立即给出解决方案不一定能解决问题。更好的做法是由人工评估情况,决定是否需要升级还是可以保持当前状态,直到有合适的工作人员在工作时间内进行处理。

收到警报但没有解决问题所必需的工具或访问权限不是一个理想的情况。比这更糟糕的是,你有权限解决问题,但此时你却在电影院里看最喜欢的电影。如果选项是将一小部分人缩短轮岗时间,或是添加一些可能无法解决所有问题的人轮岗,那么两害相权取其轻是显而易见的。

你可能发现自己所在的组织非常小,整个公司只有两到三名工程师。你们需要值班,但无法达到值班轮换的最小规模。这种情况下,最好的解决方案是确保你能够直接且快速地处理在值班期间出现的问题。根据我的经验,这么小的团队不仅有自己的开发和值班轮岗,也有自己的优先级。这样可以快速解决棘手的问题。

就像我之前提到的,团队也会因为太大而不适合值班的轮换。如果有一个由 12 名工程师组成的轮班团队,假设一周轮换一次,那一年只有 3 次值班。我想不出有什么事情是我一年只做 3 次就能保持熟练的。值班像肌肉练习。能够在关键时刻保持高效是一项重要的技能。但如果每季度值班一次,那些你不经常做的小事情就会成为问题。是否有一些特定工作只有在你值班时才做?如果每季度只做一次,你在事件管理方面的技能会有多好?包含所有如何解决特定问题的 Wiki 文档在哪里?如果仔细思考,你会想到当你没有值班时的一堆无法正常完成的事情。所有这些任务都会增加恢复工作的时间,因为你疏于练习。

大型值班轮换的另一个缺点是值班的痛苦太分散。当你每 4~5 周都要值班时,这种痛苦会变得熟悉起来。突然出现的烦人问题对你和其他轮班成员来说如果非常频繁,你会有动力去解决它们。但如果每季度轮班一次,这种痛苦会在你值班轮换期间被减轻,成为永久的技术债务。

考虑到这些问题，值班轮换可行的最大规模是多少？你必须考虑你的值班过程会产生多少干扰，但我的经验是，团队轮换人数不能超过 8 人，最好是 6 人左右。

如果值班轮换的人员超过 6 人，我建议拆分服务并围绕一组服务或应用程序创建多个轮班。根据你的团队的组织方式，这种拆分基于你的组织结构会是合理的。但如果没有明显的故障，我建议将所有值班警报整理成报告，并且按应用程序或服务将其分组。然后根据警报数量将服务分散到各个团队。

当你意识到一些最精通某项技术的工程师在下班后不在该技术的团队中时，这多少会造成一点不平衡。但我鼓励这样做，因为你不会希望技术专长集中在一个工程师身上。

下班后的值班为其他工程师提供了机会，使其不仅可以参与该技术中，而且通过故障暴露了技术体系的不足。关于运行产品软件有一个小秘密，那就是当软件发生故障时，可以学到比正常运行时更多的东西。突发事件是绝佳的学习机会，因此让不是技术专家的人参加轮换可以帮助他们提高技能。把专家的电话号码记在快速拨号上以防万一，然后针对每次事件更新运行手册。

6.6 值班报酬

我有一个关于值班报酬的理念。如果工程师们抱怨报酬问题，那很可能是因为值班流程太烦琐。薪水丰厚的专业人士很少会在正常工作周之外工作。这需要权衡取舍，通常是有薪水的专业人员才能有相应的灵活性。这并不是说那些值班的员工不应该得到报酬，但如果员工对此有所抱怨，我想说的是，与其说是薪酬问题不如说是值班问题。

我交谈过的大多数人都有过不错的值班工作经验，他们都对经理们采用的非正式薪酬策略感到满意。也就是说，为值班的员工提供某种正式的薪酬体系是有好处的。只要记住，无论值班的人受到多少干扰，如果他们想要报酬，那他们就应该得到，也应该有权得到。

有一次，我不得不取消一个广播节目的直播环节，因为我找不到可以和我交换值班工作的人。我应该能收到但却从来没有收到警报。我在直播时怎么处理警报？即使人们在下班后没有收到警报，他们仍然要在要求的时间值班。我遇到过一些似乎行之有效的补偿方案。

6.6.1 货币报酬

现金为王。货币报酬政策有一些好处。首先，它使员工知道你真的感谢他们为公司做出的牺牲。额外的现金还可以用来激励志愿者在员工协议中没有强制规定的情况下进行值班轮换(即使值班是强制性的,仍然应该考虑并执行某种形式的薪酬策略)。为简便起见,固定奖金可以在值班期间内计入员工的工资。这使事情保持简单和可预测。

有时,当你收到一个消息并且必须在下班后工作时,组织会给你增加额外的小时工资。这带来了额外的好处,那就是为下班后发生的事件提供货币价值。作为一名负责预算的经理,我会对应用程序需要每周进行几次重启的事件处理感到满意。但当我为不断上升的值班费用而苦恼时,它为我提供了一个新的视角来研究一个新的、更持久的解决方案(这总是与激励有关)。

同样,有些人担心这无助于长期解决问题,因为他们失去了经济回报。但事实是,对生活的破坏影响超过了因此带来的经济补偿。根据我的经验,这不是问题,但不可否认,你得到的利益会有所不同。

薪资补偿与正常工作时间以外完成的工作时间相关联的负面影响是,它会成为一个巨大的会计问题。现在,我必须记录我在事故期间的工作时长。这是否包括我认为问题已得到解决但仍需要非常小心地监控系统并希望问题不再出现的时间?是否要包括我被通知的时间或仅是我的实际工作时间?也许我在参加活动时,不得不带着笔记本电脑去某个合适的地方工作。 所有这些时间记录变得令人厌烦并可能导致人们的不满。

6.6.2 休假

我见过很多值班可以通过额外的休息时间得到补偿。可以按照不同的结构来计算补休的时间,例如你每值班一周(有时仅考虑你收到警报信息的值班周)将获得额外一天的个人假(PTO)。这一方法适用于许多团队,特别是因为随着收入的增加,时间成为一种比值班获得的金钱补贴(取决于报酬的多少)更宝贵的资源。

使用补休代替货币补偿有一个陷阱,那就是它的官方性质。许多较小的组织没有正式的值班政策。这是技术团队的必要条件,但并非总能得到整个组织的重视。结果,这些休假补偿策略通常是按值班人员及其经理之间的非正式协议来实施。

假设经理和员工之间的关系不错,这可能不是问题。但是,补休时间是如何计算的?如果你的经理离开了怎么办?值班补休余额如何转移?如果你决定使用两周的值班补休假,如何将其提交到人力资源报告系统中作为休假时间使用?如果你离开了这家公司,如何将没用的补休假的价值转换为可以带走的东西?你如何与那些额外值班的人打交道?

在处理值班的休假补偿策略时,这些都是常见的问题。以下是一些更易于管理的操作策略。

- 确保人力资源部门参与值班补偿谈判。这使组织可以将薪酬作为一种正式的行为,而不是由组织中的经理们以不同的方式处理。这也可以防止新经理在没有经过正式程序的情况下突然改变安排。
- 不允许积累值班补休假。如果你的人力资源团队没有参与值班补偿谈判，只需要确保所有员工都计划使用他们的值班补休假即可。这样可以防止积累休假的问题，但确实会在资源规划方面给管理人员带来麻烦，因为在休假期间团队的工作效率降低了。假设值班一周休假一天，那么你在任何休假计划之前都要考虑，每个团队成员每月有 19 个工作日。听起来微不足道，但每年总计大约需要 2.5 个工作周。在一个由 4 个人组成的小组中，每年大约需要 10 周的值班补偿假。更糟的是，员工已经工作了 10 个星期甚至更多，但只是做了一些相对没有生产力的工作(生产力由新特性、新功能和新价值来衡量)。
- 如果你必须积累值班补休假，那请将其记录在某处。共享 Wiki 页面或电子表格是最简单的解决方案。

6.6.3 增加在家工作的灵活性

值班的另一个破坏性部分是准备工作和坐在办公桌前之间的一段时间。如果你曾经在接送孩子上学的同时不得不处理值班的紧急情况，那么可以理解这种挫败感。我遇到过一些团队，他们制定了详细的时间表以错开员工到达的时间，确保当系统要"干掉"自己时，不会让每个人都困在通勤路上。解决这个问题的另一种方法是在值班期间中增加在家工作的时间。

允许团队成员值班期间在家工作可以帮助解决通勤问题，并且为该团队成员提供一些在值班期间被剥夺的灵活性。有时我不得不取消个人安排，因为我被一个重要的值班任务打断了。我记得有几次，我穿着外套坐在餐桌前，处理一个"可以快速解决"的问题，后来才意识到我已经做了一个多小时，而我要去的地方已经关门了。当可以选择在值班期间在家工作时，我可以在午休时处理一些私人事务，或者在白天的 15 分钟休息时间快速处理它。由于我的其他团队成员都在办公室处理出现的问题，因此这不会给任何人带来负担。

如果在家工作在组织中不是一个典型的选项，那这会是赋予员工一些自由的极好方式。但问题在于，这是公平公正的吗？值班的工作会给一个人的生活带来计划外的干扰，而只能通过选择不同办公室工作来得到回报似乎有点冷酷无情。有些人可能会觉得这种灵活性值得权衡；其他人可能想要冷冰冰的现金。

该解决方案存在一个最大问题，因为并非每个人都重视在家工作。例如，我个人更喜欢在办公室，因为我喜欢社交。人们出于不同的原因而需要在办公室工作，这使得一周在家工作的解决方案弊大于利。他们可能会和朋友共进午餐或者参加一个很难远程进行的重要会议。如果你打算使用这个方案，在你认为这将是一个受所有人欢迎的选项之前，请考虑与团队成员进行一次交谈。

根据我的经验，让值班的体验尽可能轻松是进行值班薪酬对话的最佳方式。然而，要理解值班过程的痛苦，需要关注的不仅是警报的数量，还需要了解它对人员的影响。

6.7 值班的体验

并不是所有的干扰对值班人员都是平等的。如果查看给定期间的值班统计数据报告，你会发现在报告期间有 35 个警报。但这个数字并不能说明问题的全部。是一晚上就发生了 35 个警报吗？它们主要发生在一天内吗？它们是否分布在整个值班期间，或者是否有一个人收到了过多的警报？

这些都是评估你(或你的团队)的值班体验时应该问的问题。这些答案可以为值班过程提供一些有力的见解，你还将获得有关如何努力减少值班的负担或提高薪酬水平的数据。

为了解团队的值班体验，需要跟踪一些信息。

- 向谁发出警报？
- 警报的紧急程度是怎样的？
- 如何发送警报？
- 何时通知团队成员？

跟踪这些类别中的每一个都将给你很多实实在在的见解。

6.7.1 向谁发出警报

为此，你将需要有能力组织不仅局限在团队水平或服务水平的报告。你需要具体了解是哪个团队成员在发送警报。这会是需要识别的最重要的部分，因为你试图了解对个人的影响，而不只是系统。

将警报计数汇总到团队或组中很容易，但事实是有些系统遵循特定的模式。4 人轮换的情况下，团队成员总是将其值班时间定在每月的特定时间并不罕见。如果记账流程始终在当月的最后一周，那么值班轮换中的第 4 个人会不成比例地看到与该业务事件或周期相关的警报信息。

我敢肯定，这些信号会在你报告的某一部分出现。例如，事件的数量会在每月的第 4 个星期激增，从而引发一些调查。但这个想法是从人的角度看这些数据。汇总这些数据会错误地消除其对个人的影响。

6.7.2 警报的紧急程度是怎样的

可能出现的警报代表厄运即将来临的信号。数据库服务器有可能几天后会耗尽磁盘空间。增长趋势已经越过了你定义的界限，因此需要进行调查。服务器有可能很长时间没有打过补丁。这些都是对环境中出现问题的警告，但它们不需要立即采取行动。警报信息越丰富，对值班的团队成员造成的干扰就越小。

与此形成对比的是"数据库系统不稳定"的警告。该警告不仅含糊不清，而且足够令人震惊，值得立即进行调查。这些警报具有不同的紧迫性和不同的响应期望。让不稳定的数据库警报一直保持到第二天早上会对公司的业务和你在公司的后续工作产生严重的后果。这些紧急警报会在员工的生活中制造痛苦和摩擦。跟踪团队成员接收到的不同紧急程度的警报数量将帮助你了解其对人员的影响。

6.7.3 如何发送警报

紧急程度低的警报并非总是以低紧急的方式传递。根据配置，可以最混乱的方式传递非紧急警报。即使一项任务不那么紧急，所有这些电话、短信提醒、半夜的叫醒通知都会给值班工程师造成压力。这些压力会导致更多的挫折感和更低的工作满意度，并且导致人们响应 LinkedIn 上的工作机会。

我记得有一次查看值班报告时，发现团队中的一位成员收到了过多的电话警报通知。这个指标是一个非常高的异常值。我查看了他值班期间警报的总体数量，发现它并不比其他团队成员高多少；他只是有更多的电话警报。经过一番调查，我发现他的个人提醒设置是所有警报都通过电话通知，而无论紧急程度如何。他在不知不觉中让自己的值班体验比其他人都差。追踪这个指标是帮助他获得更轻松的值班体验的关键。

6.7.4 何时通知团队成员

周二下午两点的警报不会比周日下午两点的警报让我更烦恼。当团队成员在下班后收到警报时，这显然会影响他们的值班体验。你不需要为此创建大规模分类比较，因为你只关心 3 个时间段。

- 工作时间——这是你通常在办公室的时间。这种情况下，我假设时间为星期一至星期五的上午 8 点至下午 5 点。
- 下班后——在此期间，你通常会醒着但不工作。一般认为这个时间是周一至周五的下午 5 点到 10 点；周六和周日的上午 8 点至晚上 10 点。显然，你的个人安排将改变这些时间表。
- 睡眠时间——定义为休息时间，一个电话极有可能将你从安静状态唤醒。这个时间定义为每天晚上 10 点到早上 8 点。

通过将影响分成这三部分，可以了解影响的程度。报告还可以用来了解随着时间的推移，值班的轮换情况是变得更好还是更糟，而不只是一个盲目的"警报数量"指标。

如果使用的是我之前提到的工具(例如 PagerDuty、VictorOps 或 Opsgenie)，它们都具有开箱即用的此类报告选项。如果没有，我建议使这些数据高度可见。如果你正在做自定义警报，那有可能想要针对每种类型的页面或警报制定一个指标作为自定义指标。这将允许你在当前的工具中创建仪表盘。在易于访问的仪表盘或报告中展示这些信息将有助于引起人们的注意。

6.8 提供其他值班的任务

值班的工作性质使得人们很难专注于某些项目工作。根据一天中发生的警报量，上下文切换数量会使其难以集中。与其应对值班的现实问题，不如研究值班轮换的工作结构，而不只是提供下班后的支持，并且使其有机会更好地利用值班时间。

值班的团队成员另一项常见的额外任务是在轮换中充当牺牲品，并且专注于本周所有的特别请求。我是指那些计划外的无法等待的需要在下一次工作计划会议之前确定优先级的任务。

例如，开发人员需要临时提升访问权限以解决生产问题。这种类型的请求可以由值班人员处理。因为请求者知道为处理问题给他设置了专用资源，这将创建明确的职责范围并简化请求者的沟通。然而，有一种相反的观点认为，如果让某人只支持一周的工作，这会使值班缺乏吸引力。这在一定程度上是正确的，但我认为你也可以通过允许一些自选的项目工作来提高吸引力。

6.8.1 值班支持项目

当你值班时,会敏锐地意识到所有会在半夜吵醒或打断你的家庭晚餐的问题。可以考虑允许值班的员工不参与常规优先级的工作任务，而是专注于能让值班体验更好的项目。在值班的那一周集中注意力也有它的好处，因为这个问题在你的记忆中仍然记忆犹新。一些值班项目的想法可以如下所示。

- 更新过时或根本不存在的运行手册；
- 致力于自动化处理以减轻处理特定问题的负担；
- 调整警报系统，以指导值班人员了解潜在问题的来源；
- 对烦人的问题实施永久性解决方案。

你也许还会想到一些针对组织的其他想法。为烦人的问题找到一个永久的解决办法是最有影响力和回报的。这也是在传统工作流程中最容易被忽视的。

通常情况下，值班人员会现场给出一些特定的永久解决方案，只需要团队确定优先级并进行处理。但是对于其他的紧急问题，随着问题距离越远，修复问题的可能性也就越小。假定 4 人每周值班轮换，每个工作人员每月只有一次接触这个问题的风险。通过赋予当前的值班工程师优先处理自己的工作的可能，他们可以着手解决这个问题，因为这个问题对他们来说记忆犹新。

通过创造一种环境让值班的工程师有能力改善他们的工作不仅可以减轻流程的某些负担，而且还赋予工程师使其变得更好的权力。这种控制感让他们拥有主人翁的体验。

6.8.2 性能报告

值班可以让你看到一个运行的系统，这是许多其他人从未看到过的。系统的实际情况在设计时间与生产运行时间之间发生了巨大变化。唯一注意到这个变化的人是在系统运行时观察系统的人。因此，我认为让值班工程师提供系统状态报告很有价值。

每周的系统状态报告是系统运行情况的高度概述。这个报告可以简单地回顾几个关键的性能指标，确保它们朝着正确的方向发展。这是讨论工程师所面临的各种值班场景并将其他教训引入对话的好方法。这让支持人员和工程师有机会讨论在支持生产系统时所面临的问题(假设他们不是同一个团队)。

为促进这种类型的报告，构建一个突出所有关键性能指标(KPI)的仪表盘是一个很好的起点。仪表盘被作为值班工程师审查讨论的要点。这只是确认情况看起来不错，但在某些会议中，负面趋势或事件需要进一步讨论。在仪表盘上附上里程碑也是有好处的。例如，如果值班周中系统有新的部署，在部署发生时仪表盘图形出现了任何特定的更改，此时调用图形会很有帮助。

例如，图6.1是数据库服务器上的可用内存图。两个阴影条表示使用此数据库服务器的主应用程序的生产部署时间。内存使用的明显激增需要在汇报会议上进行更深入的讨论。如果没有这次会议，就不会注意到内存问题，因为内存从来没有下降到足以触发警报的程度。

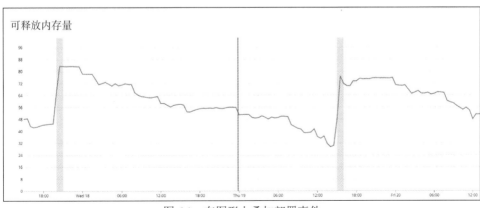

图 6.1 在图形上叠加部署事件

这个会议的作用是系统地执行一些应该在团队中定期进行的检查和监控分析，但这不是因为人手不足(组织通常会忽视那些应该执行的例行任务)。建立报告仪表盘时，要考虑到所有你认为应该定期监控但却没有监控的事情以及应该做但似乎没有时间做的事情。

想象你必须每周显示或报告系统的安全修补程序并且突出显示最近一次服务器补丁的情况。定期地公开缺陷将使人们更加了解其失败的原因以及可采取的纠正措施。如果由于找不到时间而没有在九个月内应用安全补丁，那么定期的上报会让你获得必要的时间。引用 Louis Brandeis 的话就是"阳光据说是最好的消毒剂"。

6.9 小结

- 警报需要可操作、及时且具有适当的优先级。
- 嘈杂的警报会造成警报疲劳，使警报形同虚设。
- 值班会对工作人员造成干扰，他们应该以某种形式得到补偿。
- 追踪值班的幸福感，以了解工程师生活被破坏的程度。
- 安排值班轮换，以便工程师有时间进行永久性修复。

第 7 章

一无所有的工具箱

本章内容
- 缺少自动化导致问题复杂化
- 利用组织的其他部分建立自动化
- 优先考虑自动化
- 评估要自动化的任务

作为技术专家,对组织可以出售的产品和功能的关注往往占据了我们的思维。但很多人没有意识到的是,你用来构建这些产品和功能的工具也同样重要。一个没有合适工具的木匠总是会造成类似木头太长、钉子突出来或某个角看起来不对劲的情况。

在技术的世界里,这些因为缺乏好的工具而造成的瑕疵往往被埋没在一系列耗时过长的细微任务中,这些任务难以复制且容易出错。但没有人看到那些讨厌的问题是如何产生的。没有人在意网站前端页面上的图片大小只能通过手动调整,而且很可能出现几个像素的偏差。没有人知道配置文件的重载是由某个工程师连接到每个站点上一一执行命令来完成的;也没有人知道 50 台服务器中有时会漏了那么几台。

我把这种投入的欠缺称为"一无所有的工具箱"。它给团队和他们快速解决重复问题的能力造成了额外的拖累。就像当一个钉子松动时,没有人抡起锤子,而是都浪费时间去寻找一个适当硬度的轻便板面,以便可以用来敲击钉子。这样做不仅速度偏慢,效果不佳,而且产生的结果也不太稳定。

当涉及工具和自动化时,你必须考虑的不只是正在构建的产品或功能。你要考虑围绕产品的整个系统。人员、支持系统、数据库服务器和网络都是解决方案的一部分。如何管理和处理这些系统同样重要。

如果整个系统在设计时没有考虑自动化，那么一系列关联的决策会更加凸显这种自动化的缺失。假设平台的一个支持系统需要一个图形用户界面(GUI)来安装软件，这时就需要一个手动安装任务。但如果软件安装是手动的，那这会成为该应用部署时的前提假设。如果部署是手动的，基础安装是手动的，那就意味着实际服务器的创建总是要手动去做。不久之后，你会有一条长长的手动事件链条。最开始的那个图形界面化安装选择导致你无法持续地对自动化策略进行投入。

Gloria 早上的任务之一是重置因信用卡交易纠纷而失败的订单状态。有一天，在执行这个典型的无聊任务时，Gloria 失误了。在循环浏览她的命令历史记录进行常规查询时，她无意中修改了一个查询变量，那是她在排查另一个问题时写的。她误更新了查询结果外的所有订单，而非那些本应去更新的订单——这是一个灾难性的错误，导致要做非常大量的工作将数据恢复到正确的状态。

一个手动流程无论有多么完善的文档记录，总是会有失败的可能。人类并不是为这些计算机擅长的重复性任务而生的。令人有点惊讶的是，组织经常会依赖这些解决方案，特别是在面对临时性问题时。但是，如果你在这个行业呆得足够久，就会知道"临时"这个词的范围非常大，可以从几小时到几年。

有时，依赖手动流程的决定是在权衡了自动化的利弊之后做出的慎重决定。但通常这个决定根本就不是一个决定，而是回归旧有的、熟悉的解决问题的模式。选择手动流程而非自动化时并没有权衡或考虑其带来的影响；只是习惯性地维持以往的现状并回到安逸的手动步骤中，而非睁大眼睛批判性地评估这些选项并做出决定。

本章将详述自动化。你也许会专注于 IT 运维，但我想将其定义进行扩展。运维是构建和维护产品需要的所有任务和活动。它们可能是服务监控、测试流水线维护或者建立某个本地开发环境。这些都是为提升业务价值而需要执行的任务。当这些任务经常被重复时，标准化这些任务的执行方式是关键。

本章的关注点是识别没有投入工具自动化来支持产品交付能力的问题。我将探讨达成自动化的各种策略，以及如何让企业内部的其他行业专家参与并一起合作，这有助于激发自动化文化。但在此之前，我想证明为什么每个人都应该关注运维自动化。

定义 运维自动化是指开发工具以支撑和自动化构建、维护、支持系统或产品所需的活动。运维自动化必须被设计为产品的一个特性。

7.1 内部工具和自动化的重要性

假设你在一家建筑公司工作。该公司正致力于在市中心装配一座新的土木结构。你被分配到团队中，他们给你的第一件事是一份文件，上面有一步步的说明，告诉你如何打造你的锤子、套筒扳手和安全带。很有可能施工队的每个人各自使用一套质量和精确度方面略有不同的工具。这也意味着，新的建筑工人在被雇用后的第一周左右基本上是没有用的。更糟糕的是，如果考虑到获取工具的同时也是建造这一建筑的过程，那你不会对建造的剩余过程感到非常舒服。

内部工具和自动化是使得维护和构建软件的日常活动保持简单省时的基础。在基础工艺需求上花费的时间越多，用于产品增值的时间就越少。不开发工具和自动化通常被解释为节省时间，但这实际上是让你的团队花费更多的时间。这是以未来前进的每一刻为代价来换取当下。手动作业会膨胀成一些细小的、独立的活动，它们单个看起来似乎是轻微的沉没时间，但总体看却是浪费了大量时间。

浪费时间的方式是潜在的。人们倾向于把浪费时间的想法限定于"我花了 15 分钟做这件本该花 5 分钟的事情"。这是浪费的一种形式，但最大的浪费并非关于工作，而是等待。

7.1.1 自动化带来的改进

我不想假设自动化和工具化是一个显而易见的目标，特别是现在许多组织没有一个清晰的战略来实现它。在以下 4 个关键方面，工具化和自动化显得十分重要。

1. 排队时间

如果你度量的是一个手动的、需要多人执行的流程，那么需要对抗的共同敌人就是排队时间。排队时间是指一个任务或活动等待某人对其执行操作所花费的时长。几乎可以肯定，无论何时只要一个任务必须从一个人传递到另一个人，就会涉及排队时间。

想一想那些你不得不提交一张应该只需要 5 分钟的服务台工单，却要花两、三天时间等待它被查看和处理的时候。在许多手动流程中，排队时间是沉默的杀手，因为它不是在浪费精力，而是在浪费时间，这是最宝贵的资源。通过移除流程中所需的交接次数，工具化和自动化可以帮助你消除或减少排队时间。

2. 执行时间

计算机显然比任何人可以预期的都更擅长执行重复性任务。如果必须连续键入 3 个命令，那么在你完成第一次命令的键入之前，计算机可能已经完成整套任务。一个简单的任务耗时两分钟，并且在一年中日积月累。一周执行 5 次两分钟的任务,一年则花费超过 8.5 小时。一年中会有整整一个工作日花费在执行一个无聊的两分钟任务上。

不仅是那个两分钟的任务让计算机的执行会更快,而且将任务自动化的话题通常要比执行任务本身更有趣、更令人满意。除了更有趣之外,自动化任务的工作还证明了改进和使用自动化技能体系的能力。试想在面试中哪一个回答听起来更好?是"在过去的一年里,我成功地执行某个 SQL 查询 520 次"还是"我自动化了一个曾被执行了 520 次的任务,因此不再需要人的参与。我们利用腾出的额外时间自动化其他任务,因此团队可以完成更有价值的工作"?

3. 执行频率

就像前面的例子,重复的任务会破坏一个工程师的专注力。当一项任务需要被频繁执行且紧急时,很难让人停止他们正在做的事而转向新的任务,然后再切换回之前正在做的事情上。这种在任务之间切换的行为被称为上下文切换,如果你必须经常这样做,那会造成极大的负担。当一个任务需要频繁执行时,有时会导致工程师需要进行上下文切换,并且他们在与先前的任务来回适应中会损失宝贵的时间。

执行频率的另一个问题是,如果任务依赖于人,那它的运行频率会受到完全的限制。无论多么重要的任务,你都没办法让一个人每隔一个小时就运行一次,除非这是他们工作中至关重要的部分。自动化使你可以在必要的情况下摆脱限制,以一个高得多的频率执行任务,而且不会给团队中任何人造成过大的负担。

4. 执行差异

如果我要求你画 4 次正方形,那极有可能没有哪个是完全一样的。作为一个人类,你所做的事情总是会有一些差异,不管是画正方形还是遵循一系列记录完好的操作手册。无论任务有多小,在做事的方式上几乎总是会发生轻微的变化。各种类型的细小变化可能会在未来某一天造成影响。

假设你每天上午 11 点手动执行一个流程。你或许会在上午 11:02 才开始,也可能今天是上午 11:10,因为你来办公室时有点堵车,比计划的时间晚了一些。等待进程结果的人不会知道是进程运行得比平时慢还是你忘了运行脚本。它是不是一个问题,是应该升级还是应该让团队耐心等待?当查看脚本执行的日志时,他们注意到有时任务需要多花 15 分钟。周二或周四的脚本是有什么问题吗?或者执行的人被叫去参加团队晨会,几分钟后才回来把事情做完的呢?

7.1.2 自动化对业务的影响

上面的这些小例子突显了即便是最简单的过程中也会发生的差异类型。图 7.1 突出显示了手动任务在这些方面消耗和浪费的额外时间。

第 7 章 一无所有的工具箱

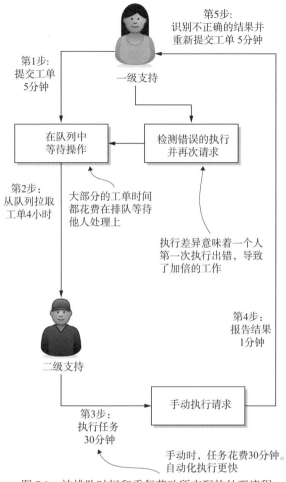

图 7.1 被排队时间和重复劳动所支配的处理流程

这其实还不包括步骤是否准确、数据输入是否正确这类事情。前述 4 方面描述了自动化带来的一些关键好处。如果你理解这几个方面的含义，就可以将它们转化为关键的业务产出。

排队时间意味着任务和活动在流水线中的移动速度越快，产生业务成果就越迅速。具有快速执行一项任务的能力而无须等待交接意味着流水线上的任务流动更加顺畅。执行时间意味着可以完成更多以前受手动作业束缚的任务。也就是说，相关工程师们的生产率会更高。执行频率意味着可以更频繁地做一些事情并从那些额外的执行中获得价值。基于第 5 章，测试流水线的自动化意味着可以每天执行多次测试用例。减少执行差异意味着可以确信同样的任务每次都会以完全相同的方式执行。这是审计员喜爱的措辞。你的自动化和工具可以确保采用审计可靠的输入并生成可被审计的报告。

致力于内部工具和自动化将推动这 4 方面的商业效益,而且能让更多的工作人员执行之前受限于访问途径和知识传递要求的任务。也许你的数据模型尚不足以回滚支付信息,但我可以学着输入命令:rollback_payments.sh -transaction-id 115。这类代码化的专业技能可以使一个组织向下推送以前由组织中专家完成的任务类型。如果只有开发人员具备执行任务的知识,那么他们编写代码的时间就会减少。但如果这项任务变得自动化,就可以进一步推进下去。

想象一个典型的工作流。有人在应用中遇到某个问题并创建了一个支持工单。在许多组织中,这样的工单被传递给 IT 运维。运维部门看后知道是数据出了问题,因此把它转给了开发部门。开发人员找出需要的 SQL,将数据转换为所有应用程序可用的状态。他们把知识传递给运维,运维又推送回一级客户支持。这个流程是必要的,因为那里有解决问题所需的知识。

一旦识别出这些知识,将这些知识转为工具或自动化,开发人员就可以将修复工作推送给运维。然后,一旦运维掌握到手,解决了执行任务的访问和安全障碍,他们就可以把任务回传给一级支持。图 7.2 突出显示了在自动化之后的世界里流程是什么样的。

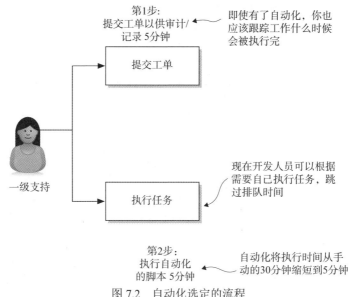

图 7.2 自动化选定的流程

现在,客户立即得到了一级支持的服务,而不是等待一系列的交接、排队时间延迟和上下文切换。自动化和工具使得这个流程中的每个节点都有了自主权,并且强调了为什么它们是 DevOps 旅程中至关重要的一部分。自动化包括了授权、速度和可重复性。

7.2 组织没有实现更多自动化的原因

鉴于自动化有如此明显的好处，而更多的团队没有实现更多的自动化会令人诧异。原因绝不是类似高层领导宣布组织现在不打算关注自动化那么简单，也从未有人这么说过。自动化背后的驱动力更多的是对自己的价值观有一个清晰的认知，并且通过行动来传递这些价值观。

如果你问大多数人是否认为健身和健康饮食很重要，他们会说是的。但如果你问他们为什么没有那样做，原因会是优先考虑了一堆其他的事情，因而导致不良的饮食习惯和缺乏锻炼。我愿意每天早上醒来锻炼身体，但我晚上辅导孩子们做作业到很晚，然后我想优先安排陪伴妻子的时间，之后想要留有我自己的时间。这些选择的结果是，我晚上 11 点 45 分上床睡觉，然后反复按下贪睡键，直到早上 6 点半，现在我已经错过了用于健身的时间。我从未有意地说"今天早上我不打算健身"，但通过自身的行为，我创造了一个健身恰好行不通的环境。我通过优先处理其他事情降低了健身的优先级。

组织总是以这种方式对待自动化和工具化。这种优先级划分的失败源于两个关键方面：组织文化和招聘。

7.2.1 将自动化设为文化上的优先事项

当讨论一个组织的价值观时，实际是在描述该组织决定的优先事项。如果自动化和工具化不在讨论范围之内，那么它们将缺乏必需的牵引力，无法在组织中立足。组织要围绕自己愿意和不愿意容忍的事情建立文化。

在一些组织中，周五下午 3 点在办公桌前喝啤酒是非常正常的现象。在其他组织中，大楼里任何地方有酒精都可以作为被解雇的理由。这是两个极端，但它们都存在。组织文化不仅通过规则和政策，还通过组织里其他人员的行为来强化这种规范。这些人员不是因为你在办公桌上开一瓶冰啤酒而大喊大叫的HR，而是你周围的人。他们已经习惯于什么是组织中可以接受的以及什么是不可以接受的(在后续章节中将详细谈论这个问题)。

想象你的组织在自动化方面也有同样的行为，并且想象实施一个手动流程就相当于在变更审批委员会会议上抽雪茄。那么建立这种文化是确保工具化和自动化被优先对待的关键。如果没有这种心态，你会继续找到借口作为工具化和自动化可以等到以后再做的理由。

1. 没有足够的时间

永远没有足够的时间来自动化一些东西。在很多情况下，这是因为自动化在团队层面产生影响，但要在个人层面得以解决。举例来说，假设一项任务一周执行一次，每周都会执行，就像时钟发条一样。这个任务大约要花一个小时才能完成。团队轮流执行这个任务。对个人来说，是一个月一个小时；但对团队来说，是一个月浪费4小时的精力。自动化这个任务并确保它运转可能要花上8个小时的时间。在关键的时刻，支付工时费手动完成任务并继续前进的做法总是相对更有利些。当有许多事情都在抢占你的注意力时，个人时间和精力的投入都是棘手的难题。

你经常对自己说的谎言是"下次"准备把它自动化。或许是当事情都平息时，就好像总有那么一天所有事情都不会再着急上火一样。自动化的工作总是被搁置一边，等待一个完美的清净工作时间，可以有连续8个小时不间断地工作。这个神奇的时刻永远不会到来，尽管作为个体这似乎是一个更明智的选择，但作为团队，可以让那8个小时的工作在两个月的时间内得以偿清。这就是组织在设定预期基调上可以大有作为的地方。

2. 永远不会被优先处理

自动化和工具化从未重要到可以被放在路线图上作为组织的优先事项。相反，它们总是沦落为空闲时间或"臭鼬工厂"项目(译者注："臭鼬工厂"一词被用于指代企业中高度自治的团队进行秘密研发的创新项目)。事实上，很多时候开发自动化和工具化的团队甚至不是一个正式的团队，而只是一小群厌倦了现有工作方式的工程师。

为了使自动化成为现实，你需要将其列入组织或部门的优先事项列表中。伴随这种认识带来的是资源、预算和时间，那些都是至关重要。但这种优先级的确定并不只发生在修复旧流程上，它也必须成为新工作的优先事项。项目应将产品的自动化和支持工具定义为需求和交付物，作为项目时间线的一部分。这种优先级方式把自动化的文化价值观与实际行动匹配在一起。

3. 紧急胜过正确

在太多的场景下，我们对完成一件事的急迫感阻碍了我们本应通过适当自动化和工具化来做事的方式。最难阻止的坏习惯是惰性。一旦一个坏习惯被放任自流，阻止它会变得越来越困难，除非它导致一场彻底的灾难。

组织中的低效率没有得到应有的指责。如果一项任务烦琐、耗时很长，浪费人力资源(但是它能起作用)，通常就很难说服人们从不能起作用的事情上抽调资源放到诸如此类的事情中。现在错误行事的代价往往被视为利于业务的一种妥协，但几乎从来都不是这样的。

如果是为了抓住一个神奇的机会，其时间窗口短，回报巨大，那这是一码事。但通常情况下，它是为了让某人可以满足一个日期的要求，这个日期是被随机挑选后放在电子表格中的。错误行事的代价会随着时间的流逝使未来的参与者背上在脱离实际情况下做出错误选择的负担。

以上每一项都说明了自动化是如何被其他优先事项推翻的。来自其他势力的压力会产生一种改变，从而阻止你去做你认为对自动化来说正确的事情。但是，有时自动化的缺乏不只是关于优先级。

7.2.2 自动化和工具化的人员配置

在一家公司初创时，通常会基于它的优先事项来聘用员工。没有一家公司是从创始人、HR 经理和法务 VP 开始的。这些都是组织中的重要角色，但公司要成长到一定程度时才需要那些角色。如果一家公司其商业模式的一部分涉及大量诉讼，那么提前聘用法务 VP 将是明智的。但如果你要建立一个新的位置服务平台，法务 VP 很可能在你的招聘列表中更靠后一些。

同样的事情也会出现在较小的范围。大多数公司不会从一个专职的运维团队开始，除非他们的支持需求增长到超出开发人员可以处理的能力范围。专职的安全团队往往也是后来才聘用的。一款极端安全但没有人用的产品是无法在市场上长时间生存的。你要基于你的需求和优先事项来聘用人员。自动化同样如此。你不一定需要一个专门的自动化专家，但如果想把自动化和工具化作为优先事项，那你需要确保实际的招聘行为反映这一点。

1. 单一技能体系的团队

当你雇用一个团队时，会倾向于聚焦在拥有更多已有的东西上。毕竟，这些员工是工作通向成功的蓝图。但这种想法会导致团队成员间只有单一的技能。人们倾向于聘用和自己相似的人，尤其是在面试中。在我看来，如果针对自己具备的技能进行招聘，我有能力更有效地评估他们。

当一个运维团队聘用一个新的系统工程师时，团队会考虑到他们当前日常在做的所有事情，并且根据这个标准来评估工程师。此外，他们对自己使用的技能有一种偏爱并透过这样的"镜片"评估候选人。结果是，一个团队拥有同样的技能和同样的欠缺。这种情况几乎发生在所有团队中。

如果自动化和工具化是你的目标，那你必须聘用具备这种技能体系的人，尤其是在你们内部没有这种技能时。现在，对这一特定技能体系的关注意味着它们在你正在招聘的其他领域是有所缺乏的。如果你有一批前端工程师，而应聘内部工具化和自动化的候选人没有那么多的前端经验，但有较多的后端经验。那么当你评估候选人并且对比你近年来积累的大量专业技能思考现在你需要的技能时，就应该权衡这一点。

一开始这会让人觉得有一点不自然，因为行业对招聘的预期不切实际。但你需要使团队的技能体系多样化，以便作为一个整体交付需要交付的内容。

2. 环境的牺牲品

软件的设计会影响对其支撑以及进行自动化的能力。让我们举一个简单的例子。设想一个应用程序需要用户通过基于 GUI 的应用程序将一堆文件上传到系统中。有创新精神的用户会编写上传脚本并通过命令行针对给定文件夹中的每个文件运行脚本。但由于应用程序的设计只有 GUI 一种,因此系统没有公开任何其他上传文件的方式。

现在,没有一系列简单的命令来上传文件,用户被迫创建一个应用程序,模拟普通用户的鼠标单击和拖动操作。这个过程远比命令行选项要脆弱得多,而且容易出现错误、超时、模态窗口窃取焦点,以及其他一系列在基于 GUI 的会话中可能发生的事情。

这种可支持性属于和稳定性、安全性相同的产品概念。与这些性能一样,可支持性也是系统或产品的一个特性,必须以同样的态度来处理。如果不把它作为系统的另一个特性来对待,它将始终被当作一个后期的附加功能,必须适应已有的系统设计约束。

这样做的另一个副作用是引发技能体系缺口。随着环境中没有能力被自动化的工具不断增加,执行自动化所需的技能在组织和团队中开始萎缩。如果环境中自动化的余地不大,那么在招聘过程中对自动化的要求就会开始淡化。已经具备这种技能的人也不再发挥实力。不久之后,环境就会变成迫使团队缺乏自动化的事物。

> **基于 Windows 的环境中自动化的迟缓采用**
>
> 我曾和一家咨询公司的招聘经理共进午餐。这家公司致力于通过咨询服务将 DevOps 的理念和实践带给大型企业。这个招聘经理遇到的问题是寻找具有 DevOps 技能体系的 Windows 工程师。他想试着弄清为什么 Windows 工程师和 Linux/UNIX 系统工程师之间存在技术上的差距。
>
> 这其中有很多因素,但作为一个从支持 Windows 系统开始职业生涯的人,我注意到的一个主要差异是把系统设计为支持自动化的方式。在 Linux 中,从配置的角度看,所有的事情都是通过一个简单的文本文件或通过命令行应用的组合来完成的。这创造了一个环境,在这个环境中,自动化不仅是可能的,而且是直接实现的。各种各样的工具可以帮助你操作文本文件,任何可以在命令行上执行的东西都可以放到文本文件中并通过脚本来执行。
>
> 而 Windows 是另一种历程。在早期基于服务器的 Windows(NT、2000 或 2003)版本中,很多配置或自动化都被封装到一个美观的 GUI 界面中。用户不用输入命令;无论他们想要实现什么目的,都是通过菜单和选项树导航,然后找到正确的面板。这使得 Windows 系统的管理要容易得多。即使是最初级的管理员也可以围绕系统找到自己的方法,不用记忆数百条的命令,而只要大概知道菜单选项存在

的位置。

这样做的弊端是无须围绕自动化建立一套技能体系，因为没有简单、可靠的方法做自动化。结果，Windows 圈子的自动化技能体系并没有像 Linux/UNIX 圈子那样快速发展。

Microsoft 这些年做出了很多改变，尝试拥抱命令行。随着 2006 年 PowerShell 的推行，越来越多的管理能力变成可以凭借命令行访问。因此，业界能看到 Windows 管理员的自动化技能正在提升。但这是一个典型的例子，它说明系统设计会影响到的不仅是平台的支撑能力，还会影响负责支持团队的技能体系。

7.3 修复文化层面的自动化问题

为保证在环境中成功地创建工具化和自动化，你必须有一个围绕自动化改变文化的计划。无论投入多少精力大力推行自动化，如果你没有改变文化，那么现有的工具就会变质，新的流程也会沦为最初驱动你到如此境地的相同问题和借口的牺牲品。如同 DevOps 中几乎所有的事物一样，自动化始于文化。

7.3.1 不允许手动任务

这听起来浅显易懂，然而要开始改变文化，它是你能做的最简单的事情之一，即停止在团队中接受手动解决方案。你会惊讶于这个"不"字的力量会有多大。当有人带着一个难以支持的不成熟流程来找你，要说"不"并陈述你希望在交接流程的部分看到什么。

你很可能会提出一千个理由来解释为什么说"不"是不现实的。你可能认为一些任务是最高优先级的。你觉得仅说"不"无法得到领导的支持或认同。如果你的领导层已经表露自动化和工具化是优先事项，那么可以强调这点作为拒绝手动任务的理由，例如"我不认为这个流程是完整的，而且我比较喜欢拒绝不完善的工作内容"。要向请求者指出你认为需要改进或编写脚本的地方，而不能只说"不"。

7.3.2 支持"不"作为答案

一定要有一个准备好的清单，列出你想看到的关于流程的变化。你甚至可以围绕本章前面讨论的 4 方面的影响来建立投诉的模型：排队时间、执行时间、执行频率和执行差异。

以此为参考，列举你的工作负担将如何受到影响。在观察流程时，应特别留意流程中那些存在合理的不确定度或错误风险的部分。如果你犯错了，当不得不再次运行该流程时，对恢复时间有什么影响？团队或部门之间需要为该流程进行多少次交接？任务的执行需要多频繁？是什么因素驱动这样的频率？这是个值得思考的大问题，因为在某些情况下，增长会成为频率的驱动力。如果一个任务的增长与另一个指标(如活跃用户数)相关，那么你应该关注到这一情况，因为它可以让你了解到该流程最终会让人有多痛苦。

同时要牢记任务的模式：不要纠结于任务的独特性，而是要记住它解决的通用问题。运行一个临时的 SQL 查询是特定 SQL 查询的一次性需求。但过不了多久，运行一次性 SQL 查询就会成为解决某些类型问题的模式。例如，"哦，如果你需要重置那个用户的登录次数，只要登录数据库，运行这个 SQL 查询即可"。这些模式会成为团队的一种消耗，容易出错，而且通常是一种没有明说的非功能性需求的迹象。要评估任务的模式，而不仅是具体任务本身。

一旦你理解了手动执行活动的总体工作量，就可以用它了解使同样的任务自动化的总体工作量。请记住，涉及手动任务的工作通常是持续的。很少有任务只执行单次的情况，这意味着手动任务的成本是随着时间的推移而持续付出的。当你详细说明了所有这些方面，就有理由回答说"不"。在本章后面的内容中，我将讨论赋予手动过程实际的美元价格(对比自动化的工作量)。

手动和自动化间的调和

有时说"不"恰恰是不可能的。无论出于何种原因，某项任务会因为太过重要或者自动化太艰巨而无法完成。这就是我选择保留记分卡的地方。

记分卡列出你或你的团队必须执行的所有手动任务，但你更偏向于以某种程度实现自动化。每个任务都有一个与之关联的分数：1、3 或 9。分数反映了手动任务的繁复程度，越是繁复的任务其分数越高。

然后记分卡应该被赋予一个最大值。这可能是基于个人、团队抑或是组织。最终取决于你在组织的哪个层面上跟踪这个问题。

现在你已经拥有了一张记分卡，当你或你的团队被请求执行新的手动任务时，可根据它将会给团队带来的负担进行打分。一旦打完分，查看附加的分数是否会导致你的团队超出记分卡的最大值。如果已经达到记分卡上的最大值，在没有凭借自动化移除某些任务的情况下，禁止再给这群人增加新的手动任务。

这不是每一项的比值，而是总分。因此，如果你的最大值是 20，而你已达到 20 并想增加一个被估为 3 的任务，那就不能简单地自动化一个 1 来腾出空间。你必须自动化 3 个分值为 1 的任务或者是 1 个分值为 3 的任务，抑或是 1 个分值为 9 的任务。表 7.1 展示了一个样本记分卡大致是什么样的。

表 7.1　团队必须执行的所有手动任务的评分等级记录

任务	分数
上传财务报告数据	1
从数据仓库导出一级客户订单	9
清理已取消的订单	9
以客户维度划分的功能组创建	3
合计(最大值设为20)	22

这听起来像是一个基础的流程，但它为团队提供了一种简单的方法，用于跟踪他们在组织中持有的手动工作数量以及这给你或团队带来的压力。如果我现在让你列出所有想要自动化的任务，你很可能无法完全做到。即便你做到了，也很难推断出每一项的难度。我能肯定的是，你一定能对那个让你痛苦的问题脱口而出，但是大的问题通常会由于需要艰难的尝试而遇到对自动化的抗拒。这并不意味着那些较小的麻烦问题就不会浪费你的时间。记分卡的方式提供了一种对这些任务的难度进行分类和跟踪的方法。

在许多组织中，记分卡上总是会有事项。事实上，它很可能会在多数时间处于最大值。但这是一种克制手动流程的方式。如果任由手动流程泛滥，那你不会意识到这一点，直到最后你所做的一切都瘫痪了。通过记分卡的方法，你能够迅速评估所处的位置以及是否可以破例支持一项重要的工作。当你有时间并想为自己或团队自动化工作时，这也是一个很好的着眼点。

7.3.3　手动作业的成本

每个组织都要处理资金和财务问题。如何花钱以及如何从开支中获得利益是每一个组织的命脉，即使在一个非营利性的组织中亦是如此。技术人员一般不擅长于将权衡转换为金融语言。数字能帮助人们理解这个世界(无论是随意的记分卡，还是预算的美元数)。

如果你要买一辆车，在舒适性、功能和可靠性之间进行比较，那会比在 5000 美元和 20000 美元之间的对比困难得多。即便你关心这些特性(舒适性、可靠性、功能)，给它们标识一个美元价值也能让你更清楚地知道你对它们的重视程度。一切都是平等的,我确信多数人会更喜欢一辆全功能的 BMW(宝马)而不是经济型的 KIA(起亚)。但是在你开始将美元加入组合的那一刻，选择就变得更加微妙。你需要在评估手动作业和自动化时做相同的事。

1. 理解流程

对于自动化的和手动的工作来说，首先要做的是将流程拆解为高层级步骤，这些步骤会消耗时间和资源。一旦你理解了这个流程，就可以开始为它进行时间估算。时间估算会是其中最困难的部分，因为你很可能没有数据，这取决于它是新流程还是已有的流程。

在这个例子中,我将假定没有超出你经验和直觉的数据。对于流程中的每一步,估算需要多长时间,但不要给一个单独的数字,而是给出一个范围区间。这个范围应该有上限和下限。你给出的范围应有90%的可能包含正确答案。这在统计学中被称为置信区间,可以在这里借用它以达成我们的意图。这里,你会用它表示我们任务执行中的不可靠和易变的现实。

例如,假设我要估算一个工单在队列中花费的时间。我会估计在90%的情况下,队列中的工单等待执行的时间介于2~96 小时(4 天)之间。为了让这成为一个有用的练习,现在你需要注意范围区间。"我相信这个数字会在 5 秒到 365 天之间"这样的话说起来很容易,但那样对任何人都不会有什么帮助。

对这点的思考有一种好方法,就像这样:如果你对任务的每一次执行进行采样,90%的时间它都会在这个范围内。但只是 90%的时间。如果你是对的,你会赢得 1000 美元。如果它有 93%或更高的时间落在了这个范围内,你将不得不赔付 1000 美元——也就是说,如果把区间设得太大,你更容易是正确的,但也增加了你必须赔付的可能。这个校准的小技巧因 Douglas W. Hubbard 而广为人知,是一个试着让你诚实估算的简单而迅捷的方法。图 7.3 显示了这一工作流,但用时间估算进行了标注,而不是确切的值。

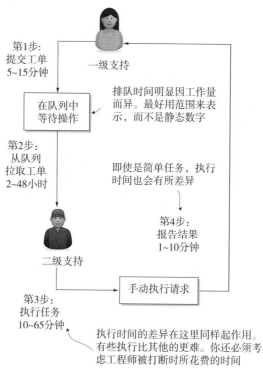

图 7.3　时间范围给出了执行偏差的强有力细节

2. 将估算列入工作范畴

既然你有了一连串的时间估算，那么可以统计所有步骤的上限和下限，以了解整个流程的置信区间是什么样的(同样，这些全是基于估算，因此存在误差空间)。

有了这些信息，你还要考虑这个任务的运行频率。任务的频率很重要，因为这会累加花费在任务上的时间。如果是每周运行一次，那显然比每年运行一次要糟糕得多。要统计给定时间周期内估算执行的次数。

我喜欢按 6 个月进行考虑。假设你估算在 6 个月的周期内会运行 3~10 次。把这个执行次数的下限和上限乘以你对这个任务所做时间估算的下限及上限，你会粗略得到每 6 个月花在这个流程上的小时数。这是一个范围，因此你接受它是可变的，但同时这个范围远好于你之前持有的信息，那些信息基本上什么都不是。

你需要对自动化的工作做同样的事情，但有两个主要的区别。首先，你要涵盖自动化的维护时间。很少有写完代码就再也不用碰的。你需要估算你要花费多少时间来确保代码按预期执行。如果你不确定，每月一个小时是一个很好的经验法则。你会有很多个月没有用完你的时间，然后有几个月花了 4 小时来支持它。第二个主要区别是，你不用倍增最初的自动化工作。一旦你做了第一次初始投入，那些精力就不会作为常规运维的一部分重复。这就是大量节省的地方。

随着这些估算到位，你会对手动工作和自动化工作都有一系列的数值，这样就可以进行比较。现在这仅包括花费的时间。在开始时保持模型简单是有益的。有人会争辩说，它没有涵盖不同人的时间。这的确也是个值得关注的问题。

表 7.2 展示了这个计算情况。为保持示例的简单性，我仅基于 3 次执行进行计算。

表 7.2 流程执行的步骤

任务	时间耗费的 90%置信区间	每 6 个月的时间耗费(3 次执行)
提交任务	5~15 分钟	15~45 分钟
排队等待	2~48 小时	6~144 小时
执行任务	10~65 分钟	30~195 分钟
报告结果	1~10 分钟	3~30 分钟
合计	2 小时 16 分钟~49 小时 30 分钟	6 小时 48 分钟~148 小时 30 分钟

表 7.3 是一个为试图实现任务自动化而编制的类似表格。

表 7.3 相同流程实现自动化所需的工作量

任务	时间耗费的 90% 置信区间	每 6 个月的时间耗费
需求收集	4~18 小时	4~8 小时
开发工作	2~40 小时	2~40 小时
测试工作	4~20 小时	4~20 小时
维护工作	1~4 小时	3~12 小时
合计	11~82 小时	13~90 小时

我们样本的结果非常有趣。通过 3 次执行，你会发现手动执行任务耗费的时间和自动化该任务的时间是相互重叠的。有人会据此提出，自动化这个任务可能还是不值得做。但这里有几件事需要注意。

- 该估算只是针对 3 次执行。如果你将执行次数增加到 10 次，则在手动流程中时间耗费的数值要高得多。
- 执行时间只有 6 个月。如果你计划执行这项任务的时间超过 6 个月，则大部分的开发是一次性的支出。只有维护是持续发生。这使得自动化从长远上看更有吸引力。

这是一种快速简便的比较自动和手动任务的方法。有些人会抱怨它不够健壮，无法模拟所有的复杂情况。他们是对的，并且如果你愿意投入精力去做一个更加正式的成本效益分析，这或许是值得的。但在大多数情况下，这种分析永远不会进行，这种快速的方法足以让你了解任务的自动化是否恰好在需要采取有价值行动的大致范围内。

在前面的示例中，鉴于我只模拟了最好的情况，因此我认为自动化的意义重大。如果我们想象中的流程需要持续超出 6 个月，那么论点颇为一目了然：自动化是相当值得为之努力的。

7.4 优先考虑自动化

自动化的概念并不是新近出现的，也不是特别新颖。自从计算机出现以来，它就或多或少地存在着。随着机器、服务和技术的数量以及它们所提供的服务的复杂性的爆炸性增长，对自动化的需求已经发展为一种必然。20 年前，运维团队的人员配置是基于服务器与管理员的比例。在当今世界，这种策略会使大多数组织破产。自动化不再是可选的。如果你想要成功，自动化就必须成为你的项目、工作以及工具的优先事项。

7.5 定义自动化目标

在本章前面的部分，我论述了自动化工作如何围绕 4 方面进行：排队时间、执行时间、执行频率和执行差异。这 4 方面也是开始思考自动化目标的重要支柱。通过定义这些目标，你将对哪些自动化工具可以为你所用有更好的理解。

假设你的公司对某个具备高潜能的新产品感到兴奋，因为那会对收益产生积极的影响。但是你发现 API 极其有限。你无法筛选出所需要的特定数据，而是被迫下载一个远远大得多的数据集，然后查阅数千条不需要的记录去获得你确实需要的几条记录。这并不是一个理想的自动化场景，但你的目标是什么呢？

如果你的自动化目标是围绕执行频率，这没什么大不了的。这项任务有可能需要更长的时间，但它仍然可以让人从通过用户界面进行数据过滤以及任何必要的处理执行中解脱出来。如果这个过程每次执行都需要额外花费 25 分钟，那么自动化工作是值得的。你还可以获得一些其他好处(如执行差异)，因为你是在用脚本执行任务，这个脚本每次的执行都是一样的。现在让我们假设这一相同功能的主要驱动因素是排队时间。如果执行自动化的唯一方法是通过登录到服务器的控制台，那会妨碍你将其集成到工单系统中以进行自助执行的能力。

当你开始关注自动化时，通过从排队时间、执行时间、执行差异和执行频率这 4 方面入手，你会开始理解你想要用自动化来驱动其中的哪些因素降低。也许你还会有其他原因想要让一个任务自动化，但这些原因往往会归结到这 4 个关注点中的一个。

7.5.1 将自动化作为所有工具的要求

很少有一个单独的工具能够为你的应用提供所有必需的价值。有时，你会把各种软件的组件拼在一起。例如，你以 GitHub 作为代码仓库，将 Jira 用于工单和缺陷跟踪，以及将 Jenkins 用于持续集成和测试。这些在你环境中的应用程序、脚本和编程语言的集合被称为工具链。

当你评估工具时，如果自动化是一个优先事项，那么它必须是你所选工具链的一个特性。没有一个六口之家会选择 Toyota Prius(丰田普锐斯)作为家庭用车，因为它不符合这类家庭的要求。如果自动化是一个要求，那么选择使之不可能的工具是愚蠢的。我知道在进行一项技术决策时还有大量其他的限制，而且很容易将这些限制归咎于缺乏自动化。但是，你提出自动化需求作为一项硬性要求有多频繁？你是否表达了管理一个无法脚本化的系统所耗费的维护工作成本？

在对一个工具的自动化能力进行评估时，可以提出以下几个问题，以确定其在支持你的自动化目标上的能力如何。

- 应用程序是否有提供 API 访问的 SDK？

- 应用程序是否有命令行界面？
- 应用程序是否有基于 HTTP 的 API？
- 应用程序是否能和其他服务集成？
- GUI 提供的功能是否无法以编程方式使用？

当你在评估一个工具时，一定要考虑这些要求。在需求列表中明确说明你的自动化诉求。如果你的评估团队在某些需求上给了更多的权重，要确保自动化在评估中得到恰当的权重。你不希望因为其他需求被认为更重要而低估自动化。如果不能确定所使用的工具能达到你的自动化目标，那么无论你在接下来的部分花费多少精力，都将永远无法达成你的目标。

7.5.2 在工作中优先考虑自动化

在工作中优先考虑自动化是营造自动化文化的唯一途径。你很容易被需要定期做的任务清单压得喘不过气来。有时，选择阻力最小的途径来完成一项任务会感觉更有成效。

从待办事项列表中勾掉一项的快乐做法会让你做出一些权宜之计。但这种短期思维具有长期的影响，因为手动任务的数量以"速战速决"的名义迅速堆积起来。当涉及这些快捷的任务时，它们往往是自动化的"低垂之果"。在这些地带，自动化可以发挥最大的作用。重要的是，你要保持一种警惕的心态，把自动化作为一种核心价值观，并且在适用时优先考虑这些类型的任务。

许多组织使用基于工单的工作流。工作在系统中由一张卡片代表，卡片在工作流中流转。在大多数基于工单的工作流中，完成一张工单所花费的时长通常由排队时间主导。正如我前面所说，排队时间是一张工单等待某人完成它所需的时长。

你在午休、居家休息或处理其他问题时的每一分钟都是另一个工单正在累积的排队时间。如果你是该工单的请求者，那么在等待某人过来运行一个简单的命令时会非常沮丧：一项花两分钟就能完成的任务可能在排队上就要花费 4 小时。你会为了问一个只需要两分钟就能回答的问题而干等 4 小时吗？大概不会。

这种情况下，每个人都是输家。这就是为什么这么多公司会尝试将常见的问题推送到诸如自动交互式语音应答(IVR)的系统或将客户引导到也许可以解答他们问题的公司官网。消除排队时间的唯一可持续的方法是减少必须进入队列的事项数量。这就是自动化的用武之地。

对于这些常见的请求任务，将一些自动化的工作落实到位并创建一种自助服务的方法可以为团队腾出宝贵的时间。但要做到这一点，你必须把它作为优先事项。在这点上没有什么简单的办法。你必须放弃做一件事，这样才能做另一件事。

但是，你如何评估什么时候应该把精力放到流程自动化上，而不是只做必要的事情来了结请求？这就是通常大多数自动化工作被搁置的原因。一个请求进来以后，要执行同样的旧有手动流程。可以创建一个工单用于自动化这个手动流程，但这个工单被永久放在待办事项中。

记住，工单要在执行者对类似需求的痛点还记忆犹新时得以执行。如果给了太多时间，需求就会从记忆中逐渐消失。要抓紧时机，及早动工让它自动化。

首先，不要让这个工单进入待办事项中。这个建议尤其适用于运维团队。尽快为它排定优先级，不要等着和其余的工作一起评估。要证明它为什么在当前的工作迭代或在下一个工作迭代中应该被优先处理。一旦被海量的其他需求埋没，它就没有机会重见天日。这会是类似让值班技术人员对自己的工作排定优先级这类的技巧大获成功的地方(第6章中更详细地论述过)。

一旦对工单进行了适当的优先级排序，你就应该考虑如何评估那些工单是否是好的自动化对象。首先要考虑的是发出这种请求的频率。自动化低频任务的一个问题是，在多次执行之间的时间间隔太长，以至于许多自动化的潜在假设已经改变。例如，如果你有一个维护窗口的流程，想使它自动化，那么这个任务将每年只运行一两次。

但自从你做了那个最初的脚本后，底层基础架构有什么变化？从数据库中读取数据的工作节点类型是否发生了变化？你是否记得更新维护脚本以支持你使用的新型负载均衡器？检查服务是否已经正确停止的方法还有效吗？在6个月内，许多事情会发生改变。

如果你处于这种低频执行的场景下，那么询问自己可以围绕这个脚本创建多少自动化测试。是否有可能定期运行某些测试来确保它是工作的？至于我们的维护脚本，可以安排它定期在准生产环境下运行，或者可以把它作为你的持续集成/持续部署(CI/CD)流水线的一部分。

无论你做什么，解决方案的根基都是一样的：脚本需要被更有规律地运行，而不管是在测试环境还是在现实生活中。如果你不能想出一个好的解决方案来更有规律地安排任务的时间表，那么此时它就不是一个很好的自动化对象。

主要担心的是，当临近需要执行脚本时，环境的变更使其无法成功运行。这种失败会滋生一种对自动化套件的不信任感。而当不信任感开始形成时，要搏回信任是极其困难的，尤其是对于格外敏感的自动化。

7.5.3　把自动化作为员工的优先事项

一个想要将自动化和工具化作为优先事项的组织还需要将这些优先事项提炼为与员工相关的可操作项。自动化的缺失并不只是因为员工懒惰，更多的是与组织架构有关，包括你的团队是如何构建的以及如何管理技术改进。

7.5.4 为培训和学习提供时间

每当组织谈及培训时，总是认为一大笔的支出就能获得一周的有价值教学，然后神奇地让员工掌握实现目标和处理任务需要的所有技能。根据我的经验，有偿培训很少能得偿所愿。

通常是培训得太早，也就是说，培训课程上所获得的技能远远领先于任何实际的、日常的使用。你接受了新的 NoSQL 数据库技术培训，但从培训到技术的实施之间却有两个月的间隔。俗话说，不用则废。另一方面，培训得太晚，你坚持自己的节奏，在无知中做出错误的决定。这似乎是一种没有胜算的局面。解决方法是建立一种持续学习的文化。

当你过于依赖结构化的培训课程时，会潜意识地把学习当作一件事情。学习变成了一种结构化的和死板的从专家那里吸收知识的做法。但随着在线培训、Safari 电子书、会议演讲和源源不断的 YouTube 视频的出现，学习未必是完全结构化的事情。你需要为它留出时间。

而在我们忙碌的日程中，充斥着各种项目和目标，很少看到有专门用于这类经常性学习的时间。这种学习缺乏的情况会将你的团队束缚在现有的做事方式上，而没有观察到可能存在的事物。在现代工程组织中，技能的进步和增强已经是一个事实。如今使用的一些顶级工具出现在市场上的时间还不到 10 年。无论你是在考虑学习一门新的语言来增强员工自动化工作流程的能力，还是在寻求一种变换模式且随之带来自动化的工具，都需要一个计划来确保你和你的团队成员一直在学习。所有的解决方案都是同一个概念的变体。你必须为它留出时间。

在我的组织中，我对待学习就像任何其他的工作一样。我让团队成员创建一个工单并在我们的工作管理系统中进行跟踪，这项工作被列入日程并安排适当的优先级。如果有人想读一本书，他会拿着这本书，把章节分组排入工单。第 1~3 章是一张工单，第 4~6 章又是一张工单，以此类推。因此，这项工作得以安排并放到工作队列中，当团队成员处理那张工单时，他们会站起来，走到一个安静的角落读书。这就是在类似的一些事情上进行投资所看起来的样子。如果你说持续学习是工作的一部分，那么应该在工作时间内完成。要求员工自己进行所有必要的学习不仅不公平，而且会让员工很快耗尽自己。

无论你如何跟踪自己的工作，都需要找到一种机制，把学习纳入这个系统中。这不仅有助于你给它所需的时间，还能使工作内容可视化和为人所知。

1. 将自动化嵌入时间估算

另一种向员工反映在自动化方面投资的方法是将自动化任务所需的时间嵌入每个项目、功能和提案中。一个过程的自动化或工具化通常会被视为超出了使工作取得成果的项目范围。作为不接受手动工作的延伸，所有的项目估算都应该包括将任务自动化所需的时间。

这一点很重要，因为它意味着这种自动化不仅是好东西，并且是项目和可交付成果的一部分。如果你上网寻找制作蛋糕的食谱，会发现这个食谱的制作需要 10 分钟，但令你意外的是，这并不包括给蛋糕覆上糖霜的时间。你还觉得 10 分钟是准确的吗？当然不会，因为蛋糕制作过程中一个关键的(也可以说是最好的)部分没有包括在内。这就是你对自动化和工具化应有的看法。如果你不愿意把一个质量糟糕、不成熟的流程交付给客户，那为什么把它交给生产和支持产品的人就是可以的呢？

当构建你的自动化或工具化估算时，要考虑从流程的最开始就使用工具。在整个项目中都不要手动完成任务，当完成时，以它为中心建立自动化。举个例子，如果你需要运行一条 SQL 语句来变更应用程序的配置，并且打算使其自动化，那就不要等到生产运行时再去建立这种自动化。要在任务被需要的地方进行最初测试时就建立它。然后持续对它进行迭代，直到它能工作。当你在底层环境中这么做时，你会重用你已经构建的工具并对其进行测试，以确保它在转移到生产时是稳固的。这确保了工具得以被构建和测试，而且也加快了该测试周期中其他所有任务的执行速度。你可能会消除或减少花在那 4 个关键领域的时间，这意味着项目能够更快地推进。

2. 为自动化安排时间

许多技术组织都有一段时间聚焦于糟糕的技术决策并试图修复它们。这种对技术债务的关注有时并不包含对旧有工作流程的自动化。他们的注意力集中在完全不奏效的事情上，因此那些低效的事情在谈话时得不到关注。

作为一个组织，你应该每隔一定的时间为团队规划专用时间，以集中精力创建围绕任务的自动化。你总是会有一些从缝隙里漏下的手动工作。但如果你有一部分专用时间聚焦于改进，那它会带来巨大的改变。从每季度一周开始，特意瞄准至少一到两个自动化工作项。在你开始看到自动化工作的好处时，则提高频率。如果每个季度一周太过激进，那么找出最适合你的频率。但一旦你确定了时间间隔，就要坚持下去，好好利用时间。

7.6 填补技能体系缺口

自动化的计划听起来很棒，但除了优先考虑自动化的障碍之外，一些组织将不得不解决技能体系缺口的现实。出于多种原因，需要利用自动化的团队未必具备创建自动化的技能。这无端地拖延了许多自动化工作的进程，主要是因为自尊心以及缺乏对整体工作流的优化。

在团队内部不具备执行某个任务的技能并不是一种新的认知。事实上，这就是整个 IT 组织存在的原因。你不会指望人力资源部的员工每次需要在求职者跟踪软件中处理一块新的数据时，都能自己启动文本编辑器。相反，他们会与技术部门联系，这些技能和专业知识存在于组织内部。

技术部门内部也会发生同样的互动。系统管理和支持方面的专业知识存在于运维组织内部。但是，当一个内部技术团队对他们自己的日常工作有需求时，通常的逻辑是团队自己应该就能够支持所有这些活动。专业知识存在于部门中，但不在特定的团队单位中。

那些严格的壁垒有价值吗？这些壁垒的大多数诱因都是以如何激励团队为主题，这点我将在本书后面的部分论述。每个团队都是过于结构化，并且专注于实现自己眼前的目标，以至于他们没有意识到其他团队的糟糕表现会如何影响他们自己的目标。

我举个例子。开发团队需要在周四之前交付一个功能。由于部署过程非常烦琐，发布生命周期要求软件团队在周一之前提交他们的工作内容，这样运维团队就可以在周二之前在试运行环境中进行部署。由于生产部署需要在周四完成，这就使得各团队只有周二和周三的时间来执行任何测试和故障修复。这看起来是一个运维问题，但因为影响的作用，它实际上是一个组织问题。这些问题甚至不是单靠一个运维部门就能解决的。也许应用的打包方式无法让更快的部署成为可能；也许发布的工作流故障给运维团队带来了过多的负担。

原因并不重要；问题依然是公司的部署流程正在减缓部署的节奏。从这个观点看，不用动脑筋都能想到开发和运维之间的协作。责任墙只是一个组织细节，你要把更多的精力放在问题上，而不是放在谁拥有什么上。此外，加快部署将为开发团队提供更多的测试时间。现在他们没有义务要提前一天准备好待发布的代码来进行部署。缩短部署周期对开发团队也同样有好处。

所有这些表明，你所需的技能存在于组织中，让相应的团队参与进来并帮助你交付你的需求不仅是一个好主意，而且对 DevOps 理念至关重要。要使用内部的专业知识来帮助你和你的团队构建自己的专业技术。没有人是从一张空白的画布着手就画出一幅代表作的。他们会研究现存的作品并向他人学习。技术也不例外。

当自尊心妨碍你时

如果与自动化紧密相连的胜利是如此显而易见，为什么还有很多团队在挣扎着想要摆脱自动化思维的牵引力呢？答案是团队间存在一种完全所有权，让人感觉生产是属于运维团队的。如果运维们拥有它，他们就想要能自在地使用所有支持需要的工具。这里多半是有点自我意识在作祟。

这不是一种评判或指责。我和平常人一样会得自负和冒充者综合症，然而在一个你被视为最顶尖专家的领域里向别人寻求帮助需要极度的谦虚。

技术领域实在太广阔,你不可能了解每一个领域的一切。由于互联网的存在,你一直在被大量技术专家的视频所轰炸,这些视频展示了他们是多么的全才,甚至让你怀疑自己是否胜任自己的工作。你当然是能胜任的。不要因此泄气或失去信心,也不要认为在某个特定领域寻求帮助会贬低你作为工程师的价值。寻求帮助并不是承认自己不称职。

7.6.1 加强团队之间的技术协作

害怕一直受困于要对某些你只是间接参与过的事物负责是一种真实的担忧。我并不是想试图否认这种真实存在于很多人身上。但很多情况下,让你感到担忧的是你的自动化脚本没有真正被视为系统和整体解决方案的组成部分。当系统发生某些变化时,自动化没有被视作测试策略的一部分,而它的中断对每个使用它的人都会产生重大影响。

这就变成一个事件,需要支持工程师立刻从他们现有的工作切换到救火模式。每个人都厌恶救火。没有什么对策可以绕开这样的风险,但可以用一些简单的技巧让风险降到最低。

减少支持相关的冲突

减少冲突的首要方法是确保在进行的自动化工作对两个小组(也就是请求自动化支援的小组和实际执行自动化的小组)都有帮助。如果你要求某人帮助你建立一个对他们的日常活动完全没用的东西,那么人的行为会限制这个人贡献的意愿。但如果这种帮助能让你们双方的生活都变得更轻松,那么这条路就变得容易许多。这就是风险共担的概念。

如果双方是风险共担的,那么支持它所要的工作就容易得多。因为当发生故障时,两个团队都会受到影响。开发无法快速推进,运维就会停留在使用手动流程上,而远离更多的增值工作。我将在本书后续内容中更详细地讨论这个共享激励的概念。

仅次于风险共担这个概念的是所有参与者的认同,要确保双方在解决问题的方法和解决方案上积极达成一致。对于开发者而言,关键是要理解另一组人会对解决方案应该是什么样子有想法,他们会落实具体的实施细节。让他们完全从解决方案中离开不仅会产生一点敌意,而且会造成整体解决方案中运维的部分投入减少。同样地,运维也要听取开发团队关于可能性范围的意见,这点很重要。由于需要长期的实施和支持、设计较差或者是无法满足眼前的需要,开发团队会对某种处理方式提出疑问。

这些都是具体的例子,最根本的一点是,在请另一组帮忙时,协作是最重要的。要专注于解决问题,而不是鼓吹具体的解决方案。当团队通过协作提出一个解决方案时，长期支持的问题似乎会渐渐消失。

> **卸下包袱**
>
> 从运维团队成员的角度看，有些发展史是合理的。运维群体历史上一直是发布列车驶入生产的最后一站。遗憾的是，在许多组织中，他们根本没有参与这个过程，直到发布软件的那一刻。许多情况下，运维部门以他们想要的方式去影响变更已经太迟。这导致了一种在心理上与解决方案的脱节，因为不是他们的。他们没在上面留下印记。解决方案的产生是"给到他们"，而不是"和他们一起"，因此它被视为另一类事情。
>
> 无独有偶，开发也有过被运维专职人员像笨手笨脚的孩童一样看待的历史。和生产之间的屏障会让他们觉得有点不自然，由此剩余的不满就会堆积起来。他们的懊恼是可以理解的。明明可以信赖他们去构建一个系统，但当它到了可以运维时，却认为他们是完全没有能力和危险的。
>
> 这些只是泛泛的描绘，但我看到它真的和许多工程师产生了共鸣。与你的合作者共情是很重要的，这样你才能理解那些情绪、反对意见和观点是从哪里来的。即使你的组织不符合这种设想，我可以确定在你的组织里，不同工程师之间存在着一些潜在的对立情绪。有些甚至是来自前一份工作的包袱。

拥有部分解决方案是很多人在意的，但我强烈建议你审视下自己为什么会关心要拥有它。这通常归结为对解决方案的质量以及可以对其施加的控制力缺乏信任。当一个工具增加了价值并且很好用时，可支持性将很少被关注。

7.6.2 构建新的技能体系

从另一个团队借用技能并不是一个好的长期解决方案。这只能作为权宜之计，以让合适的团队有时间逐步构建必要的技能来接手支持。在常规上可归结为大量的交叉培训和导师制度。一旦构建了最初的实现，要鼓励员工处理缺陷修复和功能上新，并且提供机会与初始负责开发的团队成员接触。

一系列的午餐会也能起到很大的作用，可以提供一个小组环境，让人们提出问题，一起阅读代码并将这些学到的经验教训应用到新问题中。为团队研制小型的编码挑战，帮助他们建立自己的技能体系。不要认为所有写出来的东西都需要在生产环境中部署和使用。如果能通过在个人环境下编写小的实用程序来建立技能体系，那你就能快速开始在正在进行中的事情上收获信心和能力。

举个例子，在我的工作中有一位工程师，他正在学习用 Python 从 Twitter API 读取并生成一个按顺序排列的最常用单词列表。产出的这份代码在工作场景下绝对没有价值，但工程师获得的知识是无价的。Twitter 项目给出了一个需要解决的特定问题，这样的问题没有实际失败的风险，但同时又是建立在对实际工作场景有用的概念上的。

如果你在领导岗位上，那要考虑把这类任务安排作为本周计划工作的一部分，让人们从工作日中抽出时间来提高自己的技能。在晚上和周末学习是很累的，而且由于和生活中的休息时间冲突，对很多人来说有时是不可能的。但是，在工作日内这样做并在团队会议上汇报你的进展会鞭策你(作为一个领导者)对于这项技能的重视。

另一个选择是改变团队未来的组建方式。如果你的团队在某个领域已经有足够的人才，就要稍微颠倒一下要求。例如，如果一个运维团队已经配备了大量的系统人员，那么你要将下一次招聘的重点改为具有丰富开发经验但系统经验较少的人员，让他们在工作中学习。技能的多样化对任何团队都很重要，因此了解自己的强项和弱项将有助于填补缺口。

对于许多 DevOps 组织的自动化部分来说，技能体系缺口是一个很现实的问题。但只要有一点创造力和共同解决问题的能力，你的组织就拥有你需要的所有人才；你只需要利用这一点。一旦发掘了那些人才，你需要通过强调其对组织的重要性来确定工作的优先顺序。自动化现在很流行，因此不需要像过去几年那样努力地向领导层推销它。但证明自动化为什么很重要仍然是值得的。可以始终强调以下三点。

- 你能够更快地去做什么事情以及这对其他团队带来什么样的影响。
- 你能够更持续、可重复地去做什么事情。
- 随着已经自动化的任务最大化地移除工作负载，你能够去做哪些额外的工作。

7.7 达到自动化

当谈到自动化时，许多人对其含义会有不同并且偶尔矛盾的看法。自动化的范围可以从一系列单个脚本化的行为过程到一个自适应的系统(这个系统可以监控、度量并以程序化的方式对每一个行为过程做出决策)。

定义 自动化是为了便于执行将那些单个的任务转换为程序或脚本的过程。由此生成的程序可以独立使用，也可以包含在一个更大的自动化系统中。

在着手 DevOps 转型时，你应该总是在脑海中思考自动化某个任务。如果 DevOps 是一条高速公路，那么手动流程就是该高速公路上的一个单车道的收费站。应不惜一切代价避免长期的手动流程。这些代价很高并且只会持续增长。有时短暂而有期限的手动流程比自动流程更有效，但要警惕"临时的"修复。随着清除它们所需的工作不断被重新调整优先级，人们会习惯于它们成为长期的存在。

如果你正在考虑一个临时的手动流程,那要确保所有相关方都有动机消灭它,否则最终在 5 年后还会是一个短期的流程。

你组织中的自动化程度很大程度上取决于负责实施自动化团队的技术成熟度和能力。但不管你的团队技术能力如何,我能肯定每个组织都可以执行并受益于某种程度的自动化。自动化不仅可以减少系统中发生的工作数量和潜在的错误,并且如果设计正确,还可以在使用它的团队成员中建立安全感。

7.7.1 任务中的安全性

你是否运行过某个有着惊人副作用的命令?例如,你在 Linux 中运行 rm -rf * 命令时,不得不反复检查 20 次左右你所在的目录,才能放心地按下 Enter 键。你运行某个任务的放心程度直接关系到当事情变坏时的潜在后果。

任务中的安全性是针对任务结果的概念,如果做得不正确,不会产生危险的后果。我准备继续以我对烹饪的担忧为例。我总是疑心于没有把鸡肉烹饪透,而吃没熟的鸡肉其后果很危险。与此同时,我并不担心在烤箱里烘焙鸡块。鸡块一般都是预先烹饪过再冷冻的,因此没热透的后果比生鸡肉没熟要安全得多。它们也有精确的操作说明,几乎没什么变数。我不需要根据变数进行任何改动(如鸡肉的大小),只要跟着操作说明做就行。你一般基于对任务的了解来评估风险。在评估一项任务时,你是在试着感知每项任务的难易程度。

但为什么安全性重要呢?因为当开始自动化任务时,你要考虑自动化目前正在执行的每个任务所带来的潜在副作用。从某种程度上讲,用户对行为过程的控制力比以前的做法要低。

设想你正在自动化某个程序的安装。以前,执行安装的人员完全控制被执行的每个命令。他们知道传递了哪些标志以及执行了哪些特定命令。在一个将这些步骤打包成单个命令的世界中,它们将失去细粒度控制,换取的是更简单的执行。以前用户负有安全的责任,但现在由于自动化,这个责任已经转移到开发人员的身上。

我希望你在自动化工作内容时考虑到安全问题并以敬畏之心对待这一责任(无论自动化的目标用户是外部委托人、内部客户或甚至是你自己)。良好的自动化一向是这么做的。想一想类似在 Linux 系统上安装软件包的命令。如果你键入 yum install httpd,那该命令不只是自动安装软件包。它会向你确认它查找到并即将安装的软件包以及附带的所有依赖项。如果你的软件包与另一个软件包发生冲突,它会报一个失败警告的错误。可以指定一些命令行标志来强制安装(如果你真想这么做)。迫使你指定附加标志的动作可以作为一种安全特性,以确保你知道自己真正要请求的是什么。

可以围绕某个任务创建各种级别的安全性。你在安全性上所投入的工作量通常与出错时的风险大小以及出错的可能性成正比。通过对要执行的任务进行心理模拟并对复杂之处的工作原理加以了解，可以开始考虑你的流程并且思考在哪里可以提高安全性。你应该从观察任务的自动化开始。

7.7.2 安全性设计

在开发应用程序时，需要投入大量精力来确保很好地理解终端用户的想法。通过围绕用户体验和用户界面设计创建整体准则，以确保其作为应用程序设计的一部分，你能够准确了解最有可能的用户是谁、他们的体验和期望是什么，以及他们表现出的行为方式及最终对系统造成的问题。这种思考的过程是：如果这是危险的，并且系统允许用户这么做，那么这就是系统的错，而不是用户的错。对于终端用户来说，这是一个很棒的主张，从 Facebook 到 Microsoft Word 等应用程序都因为这一准则而更加健壮。

但是，当你在开发要在生产中运行的系统时，不会考虑太多这类事情。支持应用程序的工具通常是空荡荡的或完全不存在。必须执行的关键任务往往被留给最低的技术可能。屡见不鲜的是，像为管理员账户重置密码这样简单的事情被降级为一个手动 SQL 查询，每个人都将其存储在他们的笔记应用中，和其他所有只有内行才懂的命令放在一起，而那些命令则需要用来保持系统运转。

这不仅是不妥当的，而且当常规任务需要采取的步骤是在应用程序的已定义参数之外时也是危险的。以密码为例，有些人会简单地执行命令 UPDATE users SET PASSWORD = 'secret_value' where email = 'admin@company.net'。代码看起来非常直截了当，我们很容易推断这个 SQL 应该可以工作。确切地说，你最后会意识到一个安全问题：数据库中的密码字段是经过哈希的。

> **注意** 哈希函数允许用户将任意长度的数据值映射到另一个固定长度的数据值。加密的哈希函数通常用于将用户的密码映射到一个哈希值来存储。因为哈希函数是单向的，所以知道哈希值并不能对确定创建该哈希值的输入内容有所帮助。大多数口令系统会获取用户提交的密码，对其进行哈希，然后将其计算的哈希值与为用户存储的哈希值进行比较。

运行 SQL 语句后，密码仍然不起作用。可以自己对密码进行哈希，但除此之外，你还需要知道使用了什么哈希算法。此外，很多应用程序都会跟踪审计数据库内部的变更。但由于这是一个应用程序功能，因此你通过 SQL 进行的变更很可能没有被记录下来。结果，审计追踪不会显示谁改了密码或者他们是什么时候改的。你也无法判断密码的变更是否出于恶意。如果密码的变更通常是以这种方式进行的，那么合法的变更和非法的变更看起来是完全相同的。如果变更是通过应用程序完成的，那么你会看到一个审计追踪，带着你找到执行该操作的那个人。如果你没有看到审计的痕迹，但确认密码被更改了，这会引导你走上一条不一样的侦查之路。

为系统运维人员创建安全的支持活动的过程与你向终端用户征集需求和期望的过程并没有根本的不同。运行系统的人其实只是一个对系统有不同判断力的终端用户。

1. 永远不要假设用户的认知

我们很容易认为操作系统的人与设计或开发系统的人一样拥有完整和全面的知识。但这种情况几乎从未发生过。随着系统扩展得愈加复杂,你必须假定运维是带着对系统有限的了解在工作。认识到用户没有完整的信息会影响你警告、通知以及与用户互动的方式。

最重要的是,你不应该期望在提供决策点时,用户会选择当时情境下最符合逻辑的操作过程。这适用于书面文档或用于复杂的自我调节自动化系统。并不是说你的系统应该设计成让公司里的任何人都能操作它,但在创建流程时,应该很好地理解用户的最低期望。

2. 获取运维的视角

用户体验(UX)工程师会在系统的潜在用户身上花费大量的时间。其中一个原因是从用户的视角深入洞察他们如何理解和看待与其交互的应用程序。

这同样适用于系统运维人员。你的视角决定了你会如何看待和解释来自系统的所有数据。一个对于在本地工作站上测试软件的开发人员来说非常有用的日志消息对于生产环境中的系统运维来说,有可能是完全无关紧要的并被其忽略。获得这种洞察力的最佳方法是与运维坐在一起讨论流程或自动化的设计,得到他们关于如何处理事件的反馈。我向你保证,他们的视角会是有价值的,对于同样一个你关注了几周的问题,他们的看待方式会使你大吃一惊。

3. 始终对风险行为加以确认

在生活中我最怕的就是意外删除了我的整个 Linux 系统。这个操作系统允许你在没有确认提示的情况下造成致命错误。

别让你的流程这么做。只要有可能,如果某个步骤需要你采用某种破坏性的行为,你就应该向用户确认他们想要做这个。如果是自动的,一个简单的 TYPE YES TO CONTINUE 提示就够了。如果是按清单操作的手动流程,则要确保在清单上高亮显示用户将要执行某个危险步骤,并且在继续之前反复检查输入。

4. 避免意想不到的副作用

在进行自动化设计时,你要试着避免执行一些超出一个运维眼下对系统预期所做内容范围的操作。举个例子,用户正在为应用程序服务器执行一个备份脚本,但该脚本要求首先关闭应用程序。让脚本执行应用程序关闭似乎很简便，但要询问自己，这个要求是否是普通运维都能了解和意识到的。在退出应用前，通知用户必须先关闭应用程序对于防止用户感到意外有很大帮助。

现在，你已经留意到确保不会因无意的行为而让用户感到意外，可以开始考虑你正自动化的那些任务的复杂性是如何导致各种手段和一系列问题的。

7.7.3 任务的复杂性

所有的问题以及随之而来的任务都有不同程度的复杂性。烹饪就是一个很好的例子。我是个糟糕的厨师。尽管如此，根据我烹饪的食物，还是会存在不同程度的复杂性。加热鸡块比烹饪生鸡肉要简单得多。

能够对任务的复杂性进行排序和分类是有价值的，因为这为我们思考如何达成任务提供了一个起始点。加热鸡块不需要一大堆的准备工作，但在第一次烹饪生鸡肉时，会增加一点额外时间。

为更好地理解这些问题，通常可使用某种分类框架帮助理解和表达概念。在这个问题上，我将借助于 David Snowden 的 Cynefin 框架[1]。

> **注意** Cynefin 框架作为一个决策工具，提出了各种不同的域。这些域的定义会用于此次复杂性的讨论。

Cynefin 框架允许你将问题的复杂性放入 4 个场景之一。这些场景的名称是简单、繁杂、复杂和混乱。出于讲解的目的，我准备限制在前 3 种场景，因为混乱场景的讲述值得写成一本书，而不是某些常规的自动化技巧可以确切解释的。

1. 简单任务

简单任务是指那些有少量变量的任务，但这些变量是众所周知且完全明确的。变量值对必要步骤的影响方式也是完全明确的。

例如安装一个新的软件。变量可能是操作系统的类型和正在运行的操作系统版本。当这两个变量发生变化时，会影响你需要采取的软件安装步骤。但由于这些值及其影响都是完全明确的，因此可以被事先列举和记录下来，以便为所有支持的操作系统类型安装软件。

举个例子，下载数据库软件的步骤因操作系统而异。如果你用的是基于 RedHat 的操作系统，那么需要通过 RPM 包下载和安装软件。如果你用的是 Windows Server，那么可以下载 MSI 安装程序。尽管这是安装软件的两种不同方

---

[1] 有关 Cynefin 框架的更多信息，请参阅 David J. Snowden 与 Mary E. Boone(2007)在 *Harvard Business Review* 上刊登的 A Leader's Framework for Decision Making 一文(https://hbr.org/2007/11/a-leaders-framework-for-decision-making)。

法，但它们的步骤却是很明确的，可以事先进行详细说明。

2. 繁杂任务

繁杂任务有着大量的步骤，这些步骤都不是简单明了的。它们需要不同层次的专业知识，但一旦完成，这个任务往往是可重复的。例如手动将数据库服务器从副节点升级到主节点。有几个步骤需要收集更多的信息作为后续任务的输入，因此要把这些步骤提炼为简单任务会有点困难。

以数据库服务器升级为例，你有几个决策点。如果你打算升级的从属数据库服务器并没有完全与主服务器同步，那需要采取一系列行动，然后修改执行数据库升级所需的步骤。如果具有适当的专业水平，你将有能力将这些繁杂的任务分解成一系列简单的子任务，但子任务的执行很可能会根据整个过程中不同的决策点来完成。例如，如果从属数据库服务器是同步的，则开始子任务 X，但如果不是，则开始子任务 Y。

3. 复杂任务

复杂任务通常涉及许多变量，每个变量都会对其他变量的效果产生影响。数据库调优是复杂任务的一个非常好的例子。

你不能仅设置一系列常规选项就期望获得优异的性能。你必须考虑数据库负载、服务器上的可用资源、传输模式以及速度和可恢复性之间的权衡。如果你曾经访问过 Stack Overflow，那会看到一些问题的答案是"好吧，这要看情况"。这个简单的短语是一个信号，表明即将给出的答案需要一些专业知识和理解上的细微差别。复杂任务需要一定程度的专业知识，以便领会任务的不同方面如何相互关联和影响。

7.7.4　任务评级的方法

事实上，要把你所知道的东西和任务的预期执行者所知道的东西区分开是很困难的。在对这些任务进行评级时，要记住一个重要的事情，那就是任务的复杂性应该从执行任务者的角度来考虑，而不是从你自己专业知识的角度。

这会变得棘手，有可能还需要跨职能协作。如果你正在为如何部署软件写说明书，那么你所采用的详细程度应该根据你的目标受众而改变。如果这些说明是针对那些有过部署类似代码经验的运维群体，那么详细程度将不同于为没有这种工作环境背景的人编写的说明。类似地，在落实一个恢复数据库的任务时，从任务落实角度看到的复杂性与人员执行时的复杂性是不同的。

了解任务的复杂性程度可以让你从安全的角度考虑如何去执行这个任务。任务的复杂性并不能直接映射其潜在的负面影响。如果你做过蛋糕，那会认为"烤箱预热到 350°"是一个简单任务。但如果不小心把烤箱设到 450°，结果会是灾难性的。

当你以自动化为目标评估某个任务时，会根据任务的复杂性马上评判自己实现自动化的能力。但如果任务失败或错误时风险很低，则也不要害怕承担复杂任务。如果自动化的结果是低风险的，那么通过试错了解任务的复杂性并不会那么糟糕。试想一次非预期的安装，最严重的情况不过是必须重新开始安装。应对这个表面看来很复杂的任务其实是完全无风险的。可以随着时间的推移对其进行迭代并获得正确的流程。然而，数据库中删除数据的自动化应该具有更高的确信度。

你想要运维能够执行某个任务，因为他们知道任务中内置了不同级别的安全性，可以在他们犯错时防止灾难性后果。假设我给你一个复杂任务，但告诉你如果出错，会得到一个错误信息并且可以重试，试想一下你的焦虑程度。现在想象同样的任务，但这次我告诉你，如果命令出错，会关闭整个系统。这种用户焦虑的转变就是要在任务创建中考虑安全级别的原因。

> **你是对任务还是对整体问题进行评级**
>
> 当面对自动化任务时，你会困惑到底是应该尝试对单个的、分离的任务的复杂性进行评级，还是对整个问题本身的复杂性进行评级。例如，我是对烹饪鸡肉的任务进行评级呢？还是对我烹饪鸡肉的整体处理过程中的4个单独任务进行评级？
>
> 我会关注于对各个任务进行评级。一般来说，会基于其中最复杂的任务给问题分类。举例来说，如果你有一个问题，它包含4个下层任务，你把其中3个任务看成简单任务，最后一个任务列为复杂任务，那么整个问题将被视为复杂的。

7.7.5 自动化简单任务

自动化简单任务是把安全性引入流程和系统的一个很好的着手点。简单任务通常是有序的，很容易编成脚本语言。如果这是你首次尝试自动化一项任务，那么建议每次都从小而简单的开始。要关注频繁执行的任务，这样你就可以持续地在自动化方面获得反馈。让你的第一件自动化作品成为每季度运行一次的东西将不会给你许多机会去学习和微调这个流程。

最简单的开始方式是专注于自动化的一些小目标并在这些基础上慢慢积累。如果你开始就盯着自动化的最终愿景，那很快会被潜在的问题和障碍所淹没。一个简单的目标有可能只是通过单一命令行工具让一个多步骤任务得以执行。例如，回到本章的开始，假设 Gloria 的流程如下所示。

(1) 获取失败状态下的所有订单列表。
(2) 核实这些订单既是失败订单，也是被支付处理器取消的订单。
(3) 将这些订单修改为新的状态。
(4) 核对那些订单是否已转移到新的状态。

(5) 将结果显示给用户。

这些步骤看似简单明了，但如果漏掉一个步骤仍然会引起问题。如果运维在步骤(1)中发错了 SQL 命令怎么办？要是运维把错误的订单改成新状态会怎么样？这些步骤可以很容易地被编成一个简易的 shell 脚本作为自动化的首次尝试。请看下面的代码，我称之为 update-orders.sh。

```
#!/bin/bash
echo "INFO: Querying for failed orders"
psql -c 'select * from orders
    where state= "failed"
    and payment_state = "cancelled"'          ◀── 查询显示当前有多少订单处
echo "INFO: Updating orders"                      于失败状态并将其列出
psql -c 'update orders set state = "cancelled"
    where order_id in
      (SELECT * from orders
        where state = "failed"
        and payment_state = "cancelled")'    ◀── 修改处于失败
echo "Orders updated. There should be no more orders in this state"  状态的订单
psql -c 'select count(*) from orders
    where state= "failed"                    ◀── 把那些订单重
    and payment_state = "cancelled"'              新显示给用户
```

这看起来简单得令人难以置信，但它提供了某种连贯性，这让运维在执行它时感到放松和安全。它还提供了可重复性。每次有人执行这个过程，你都会对所用的步骤和输出结果充满信心。即使是如此简单的一个任务，执行 update-orders.sh 似乎都比前面详述的五步流程更简单、更可取。

精明的读者可能会问自己"我怎么知道这些步骤中的某一个没有失败呢"。这是一个合理的问题，但如果是你在手动执行时这个步骤失败了怎么办？你会让运维停下并执行某些初始的故障排除。因此，可以在你的自动化中做相同的操作，在每个步骤之后提示用户是否继续。

修改后的脚本如下所示。现在它有点长，但在脚本的关键部分，它提供了一个当运维在之前的命令输出中看到有什么不对就能退出的机会。重申一下，你现在关注的只是入门。

```
#!/bin/bash
echo "INFO: Querying for failed orders"
psql -c 'select * from orders
where state= "failed"
and payment_state = "cancelled"'
response=""
while [ $response != "Y" ] || $response != "N" ]; do
    echo "Does this order count look correct? (Y or N)"
```

```
    read response
done
if [ $response == 'Y' ];then
    echo "INFO: Updating orders"
    psql -c 'update orders set state = "cancelled"
            where order_id in
                (SELECT * from orders where state = "failed"
                 and payment_state = "cancelled")'
echo "Orders updated. There should be no more orders in this state"
psql -c 'select count(*) from orders
    where state= "failed"
    and payment_state = "cancelled"'
else
_____

fi
echo "Aborting command"
exit 1 #
```

这段为用户提供了一个进行中的操作内容并给他们提供了放弃的机会

在某个更先进的脚本中,你会尝试做一些额外的错误处理,以明白如何从某个条件中恢复。但对于你第一次采用自动化,这已是绰绰有余。它给运维连贯工作的安全感,使得脚本的执行比起你把它留给运维时更有预见性。消息是一致的,登出的时间长度是一致的,执行顺序也是一致的。

当你对可能发生偏离的点变得更为熟悉时,可以开始引入更多的错误处理和更少的用户确认。如果脚本运行了 500 次,而在脚本的 broadcastmessage.sh 部分没有任何失败,你就会确定这段额外的处理程序对比你验证每个步骤的成本并没有提供多少价值。关键是不要假定你的自动化软件是不变的(无论它有多复杂巧妙)。你可以持续迭代以使其更好、更健壮、更少依赖于用户,而且通常会更有用。这个自动化生命周期中的后续步骤可能如下所示。

- 记录整体的开始和结束时间。
- 把有多少记录被更新写到审计系统日志。
- 把失败订单的美元价值进行记录以便于统计。

可以按照对任务及其可能的结果更加安心的方式持续改进自动化。自动化让你觉得安心的步骤,并且随着你在任务中获得更多的专业知识,让自动化逐渐演变。持续维护是你必须考虑的事情,因为你的环境和流程会不断地演变。

7.7.6 自动化繁杂任务

简单任务有一条直截了当的路径并且很容易开始。繁杂任务则有点烦琐,因为它们通常必须从一个来源检索信息以用作另一个来源的输入。这些任务在执行时会有未知因素,这使得确定响应或输入值不完全像正常情况下那样直接,但是这些响应的值在有限的变量集合下仍然是可知的。

例如，如果你在一个云基础设施中操作，那么诸如重启服务之类的简单任务会变得繁杂。由于云的动态性质，你在安排时并不知道哪些服务器运行着你需要重启的服务。可能有一个；也可能有一百个。在你真正可以开始自动化重启的任务之前，必须能够识别任务需要在哪里运行。

这也说明了如何随着时间的推移进行开发和迭代是取得安全效益和推动团队前进的有利方法。也许你把找到在哪里运行重启的任务留给人工去做，而你的脚本只是提示输入一个 IP 地址列表来执行脚本。随着你对自动化变得越发熟练和更加应用自如，可以转为让脚本查询云供应商的 API 来查找 IP 地址列表。

当你在为自动化与繁杂任务打交道时，要采取一种基本的方法来处理任务。在谈及自动化时，始终在心中牢记，每次都要为执行的安全性而设计。你应该评估两个方面：某个步骤错误带来的负面影响或后果以及步骤执行成败的难易程度。

举个例子，想象你正在从最后一个已知符合标准的位置重启一个进程。一旦重新启动这个进程后，它将从指定的位置开始处理数据。如果你把位置弄错了，则结果不是在日志序列中移动太远略过了数据，就是在序列中移动太靠前导致数据有重复而要重复处理数据。你会把这一步做错的后果严重性标记为高。接下来，必须获取日志序列号。如果运气好，会有一个系统命令提供日志序列号。图 7.4 显示了检索日志序列号是多么容易。

你弄错的可能性很低。这看起来似乎是一个很好的全面自动化的对象。现在，如果这个输出被埋在一堆其他输出中，则需要你做一些晦涩的、难以读懂的正则表达式匹配，这会改变你对任务难度的定位，把它挪到中等级别。任务的准确度是中等，再加上出错的严重后果，会让你从自动化开始就脱离舒适区。可以依赖某个运维手动得到日志序列号，并且将该步骤插入你的自动化任务中。

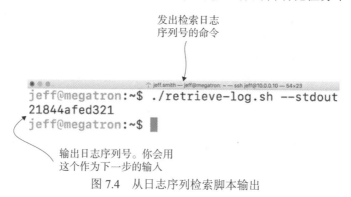

图 7.4　从日志序列检索脚本输出

识别潜在自动化水平的过程如下：
(1) 拆解繁杂任务为一系列简单任务。

(2) 评估每个简单任务，了解该任务出错的负面后果。对其用 1~10 评级。

(3) 对确实能通过自动化或脚本执行任务的难度评级。从 1~10 中找出一个准确值对自信程度评级。

(4) 把这两条线绘制成一个象限，以评价整体的难度水平。

(5) 根据你对任务在象限中所处位置的安心程度，决定是手动(提示)执行任务，还是将其转为自动化。

这些步骤将会变得多余，因为你很快就能凭直觉知道一个任务是否有特别的风险。但如果你只是刚入门，则这可以给你一些关于如何继续看待自动化的指导原则。在你适应之前，可以使用图 7.5 所示的象限图标出你的评级。根据简单任务最终所处的象限，你应该可以对自动化这个任务的难易程度做出抉择，并且知道应该使用的自动化交互类型。

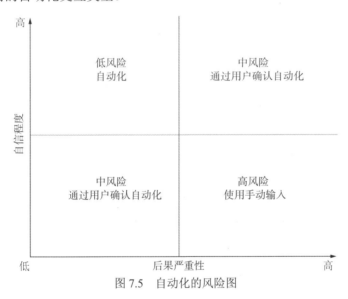

图 7.5　自动化的风险图

7.7.7　自动化复杂任务

复杂任务的自动化不是一个小事情。它需要一个经验丰富的团队专门进行自动化系统的创建。尽管自动化复杂任务是可能的，但我准备在本书后面介绍完其他几个主题后再来讨论它。根据团队的规模和经验水平，这会导致产生知识筒仓，只有少数人享有某些任务的特权。

7.8　小结

- 运维自动化是系统的一个功能，应该在设计过程中尽可能早地考虑。

- 不仅在你的工作中，还要在你选择的工具中优先考虑自动化。
- 通过评估任务的复杂度并在该复杂度等级基础上确立自动化方法，从而识别好的自动化对象。
- 通过利用组织中其他部门的帮助来解决技能差距。

第 8 章

非工作时间部署

本章内容
- 更长的发布周期及对团队部署信心的影响
- 自动化部署技术
- 代码部署制品的价值
- 发布不完整代码的特性标志

部署有时会是巨大而可怕的事件。有时，围绕这些部署的规则是合理的。但更为常见的是，部署事故频发的根节在于更深层次的部署策略。非工作时间部署是一种反模式，让你感觉是在合理地保护自己的组织。但实际上，你只是在治标，而非治本。如果你将日历邀请用于常规部署，那么可能有更好的办法。

8.1 作战故事

Patrick 在 FunCo 公司负责产品组。有一天，销售部的 Jaheim 给他打来电话。Jaheim 一直在努力参加市场巨头 Quantisys 的销售会议，他终于有机会在 Quantisys 的高级领导团队面前演示软件产品。

但就像所有的梦幻交易一样，这里有一个问题。软件需要与 Quantisys 当前的计费系统集成。Jaheim 知道计费集成是开发团队正在开发的功能列表中的重要部分。他希望能够提升集成 Quantisys 需求的优先级并迅速实施，这样就会获得这笔交易。

Patrick 听了 Jaheim 的讲述，认同这是一个巨大的机会。他可以重新安排优先级来吸引这么大的客户，但还有另一个问题。即使功能可以在两周内完成，产品也要按季度周期发布。现在是 2 月，下一个发布时间窗要等到 4 月中旬。Patrick 和开发团队一起商量，看能否针对这个特性集定向发布一个版本。遗憾的是，代码库中有大量的提交，这使得安全地解耦变得很困难。

Jaheim 把 4 月这个日期告知了客户，但客户不能等到 4 月才对他们的软件做出决定。特别是考虑到即使到了 4 月，这个全新的功能也会有很多缺陷、交付延迟以及一般的兼容性问题。客户选择了另一种解决方案，Jaheim 错过了完成一笔大交易的机会，FunCo 公司失去了本可以带来巨大收益的订单。

有时可以在技术方案和潜在的收入以及销售机会之间画一条连线。例如软件行业，新特性从根本上来说就像库存。在非软件企业，公司会处理其货架上的库存。库存存在的每一刻都代表着组织的未变现收入，公司必须支付库存存储及跟踪的费用。

库存也代表着潜在的风险。如果你永远无法出售过剩的库存怎么办？库存会随着时间的推移而折损价值吗？例如，假设你的仓库里有这个季节最热门的圣诞礼物。如果你不把那批货卖掉，那么当下一季一种新的热门玩具主宰孩子们的想象力时，它就不太可能按同样的价格卖出。

类似的情况同样体现在软件的特性上。为获得这些特性，软件开发人员必须投入时间和精力来实现它们。这些开发人员的时间成本不仅体现在工作时间上，还体现在失去的机会上。专注于一项功能的开发者不会专注于另一项功能，这通常被称为机会成本。

但是，当一个特性完成时，它并不会立刻为组织创造价值。它只有在部署并发布给用户之后才开始为公司创造价值(无论是面向所有用户还是仅面向特定的一部分用户)。如果新功能不能及时交付给客户，那么这些都是公司创造但无法获取的价值。软件在仓库中闲置的时间越长，就越有可能变成浪费，也越有可能错过它最初的目标市场。

可以这样想：如果我的软件有一个与谷歌阅读器集成的功能，这会是我的客户想要得到的价值。事实上，这是人们注册我的产品的原因。但是由于发布周期的问题，即使软件功能在 1 月就完成了，我也要等到 4 月才能发布。令人震惊的是，谷歌宣布将于 7 月初关闭谷歌阅读器。

你的下意识反应是开发团队无法预测未来。谷歌阅读器关闭是一个不可预见的事件，超出了交付团队的范围。这没错，但是这一事件缩短了该特性为团队提供价值的时间。如果团队能够在准备就绪时发布功能，那么他们将有 7 个月的时间来吸引用户使用该功能。相反，他们只提供了 3 个月，然后该功能就变得完全无关紧要。

你可以争论这个功能是否值得启动开发，但这不是重点。关键是功能已经完成，但还不能开始为组织创造价值，直到最后为时已晚。除了这种浪费代码价值的业务风险外，缓慢的发布过程还有其他负面影响。
- 发布拥塞——发布过程是如此痛苦，以至于团队都避免经常性地这样做。这将导致发布的版本和风险越来越大。
- 仓促开发的特性——更大的版本意味着更低的发布频率。团队会匆忙地开发特性，以确保它们能够赶上下一个发布周期。
- 破坏变更控制——更大的版本意味着更大的风险。风险越大，失败的影响就越大。失败的影响越大，流程就会因为堆积着更多的审批和变更控制而变得更加严苛。

本章重点介绍部署过程以及如何帮助团队内部减少部署的恐惧和风险。与 DevOps 中的大多数事情一样，关键的解决方案之一是包含尽可能多的自动化过程。

8.2 分层部署

我认为部署是分层的，并且它有多个部分。一旦你深入研究这些，就会发现有很多地方可以让部署和回滚更容易一些。

在许多组织中，特别是大型组织，似乎会发生一系列独立的部署，但这些都是同一部署的一部分。如果还没有实施数据库更改，那么代码的部署对你没有任何好处。如图 8.1 所示，部署可以分层描述。

- 特性部署是在应用程序中启用新特性的过程。
- 队列部署是跨多个服务器完成制品部署的过程。
- 制品部署是在单个服务器上安装新代码的过程。
- 数据库部署是需要对数据库进行的任何更改的过程，这是新代码部署的一部分。

将它们视为单独的概念也很有价值，因为在许多实例中，部署流程会将这些步骤编排在一起。如果你没有考虑过如何回滚单个特性，那就意味着特性部署和回滚是制品或队列回滚的一部分。如果你不认为这些都是部署的组成部分，那就创建了一个世界。在这个世界中，发布过程必须跨越许多团队进行协同工作，而不考虑其他过程的细节。

考虑到这些是整体的一部分，我倾向于将数据存储的部署视为部署过程的第一部分。这是由于数据库的敏感性，以及它是基础设施的共享部分。池中的每个应用服务器都将使用相同的数据库，因此确保其部署顺利应该是首要考虑的问题。新版本的代码也可能依赖于启动代码之前执行的数据库更改。例如，你的新代码需要一个表，但这个表还不存在。

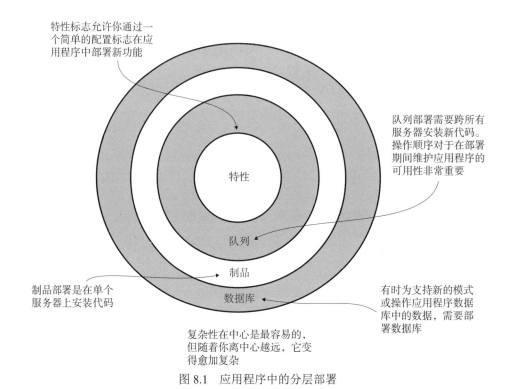

图 8.1 应用程序中的分层部署

其次是制品部署。部署制品是部署的逻辑操作，它负责将新代码放到正在运行的服务器上。制品部署本身并不关心与其他节点的协作或优雅地处理终端用户流量。它的主要职责是将新代码放到服务器上。

第三是队列部署。你需要在整个目标服务器队列中执行制品部署。在这一层，你开始关注用户流量和负载均衡器路由等问题。因为你需要保留足够的可用容量继续为用户提供服务，所以这一层需要进行更多的跨服务器协调。

最后是特性部署。人们通常认为特性部署和代码部署是一回事，但正如前面所讨论的，二者之间存在一些细微差别。一个特性不会在它的代码被部署的同时发布给用户。通过特性标志隐藏特性让我们能够区分这两个决策，因为代码部署必须先于特性发布(包含特性的代码部署必须先进行，否则没有特性可启用)。但是，如果你将特性部署视为独立的，就意味着可以开始考虑特性的回滚，而不必回滚提供特性的代码。

你应该在这些部署阶段的背景下考虑部署和回滚过程。这将帮助你创建基于故障和恢复目的的隔离，而不会遇到情况立即诉诸整个队列的回滚。有时可以使用更本地化的解决方案，我将在本章后面讨论这个问题。

> **IOTech 部署：实施部署**
> IOTech 是一家研发监控软件的虚构公司。Marcus 正在开发一个新的特性，这个特性需要在几个星期内推出和迭代。该项目会对性能产生显著的负面影响。但遗憾的是，由于数据的性质，在下层环境中复制数据和事务速率非常困难。因此，Marcus 需要仔细考虑部署的结构。
> 因为要对数据库进行一些更改，所以需要考虑如何构造代码。这样不仅可以使数据库模式支持不同版本的代码，而且还可以在需要回滚部署时在数据库层面保持数据完整性。由于潜在的性能影响，他还希望能够在不强制回滚整个应用程序的情况下只回滚他的更改。为此，他将考虑在不进行整个回滚的情况下启用和关闭新特性的能力。

8.3 使部署成为日常事务

部署过程详细说明了使代码进入客户可用状态所需的步骤。这涉及将代码从开发或准生产环境部署到客户所使用的生产服务器。它还可以包括数据库层的操作，以确保代码和数据库模式彼此匹配。

到目前为止，我一直将特性和提供特性的代码描述为一个整体。发布新代码意味着发布新特性。但在本章和后续章节中，我将说明新代码的交付可以与新特性的交付解耦(就像数据库模式更改可以分阶段执行，而不是用单一的大爆炸式方法)。

将发布活动变成日常事务的方法之一是事先在一个可控的环境中进行。越能使环境贴近真实环境，你就会变得越好和越舒适。这一切都从我们的准生产环境开始。

8.3.1 精确的准生产环境

准生产环境的精确度是激发执行整个过程后续步骤信心的关键。我将准生产环境定义为任意的非生产环境的应用程序环境。

但是，并非所有的准生产环境都是同等创建的。你可能有一个准生产环境，其中节点非常少，数据库是生产数据的更小子集。但环境的配置方式应该是相同的(除了任何特定性能的调优)。因为数据库服务器的大小有可能完全不同，所以存在差异的因素包括生产和准生产环境的数据库连接线程数量。但如果在生产环境中运行 Apache HTTPD 2.4.3，那么也应该在准生产环境中运行它。如果在生产环境中强制所有流量都基于传输层安全(Transport Layer Security，TLS)，那么也应该在准生产环境中强制所有流量都基于 TLS。

你对准生产环境模拟生产环境的信心越强，对部署过程的信心就越强。遗憾的是，准生产环境通常是成本削减措施的目标。复制整个生产环境的成本会高得让人望而却步，因此人们开始问"获得价值的最低投入限度是什么"。准生产环境变成了徒具生产环境的外壳，而不只是硬件性能方面的差异。

准生产环境是当前生产环境基础设施的缩小版本；在生产环境中，你可能有 8 或 9 个不同的应用程序服务器，但这些可以简化为单个服务器，以单独的进程运行 8 或 9 个应用程序。虽说这总比什么都没有好，但它远远无法反映生产环境的实际情况。

重点应该放在确保环境在架构上是相同的。服务交付的模式应该在准生产环境中复制，即便服务器的大小和数量不同。在开发过程中越接近生产环境，环境就应该越相似。

环境的细微差别很快会开始累积起来。如何在这种环境中测试滚动部署？如果开发人员意外地假设一个文件可以被两个不同的应用程序访问呢？例如，假设你的产品有一个用于处理 Web 请求的应用程序服务器，还有一个后台处理服务器。在开发过程中，有人犯了一个错误，即创建了一个应用服务器和后台处理服务器都需要访问的文件。由于本地环境中所有进程都存在于用户的工作站上，因此在开发过程中没有出现任何警报。它被部署到准生产环境中，在那里也是同样的，不同的应用程序进程存在于相同的物理机器上。最后，当你部署到生产环境时，突然一切都崩溃了，因为应用程序服务器可以访问文件，但后台处理服务器不能，原因是文件在另外的物理主机上。

另一个例子是对网络边界进行假设。假设有一个进程通常不需要连接到数据库服务器，但对于这个新特性，它必须建立一个连接。同样，你快速通过了本地开发过程。因为所有的应用程序组件都在同一台机器上，没有遇到任何网络或防火墙规则，准生产环境也没有出现问题。直到进入生产环境，你才会发现这种环境差异的影响。当新版本部署之后，因为无法连接到数据库服务器而无法启动此后台处理作业时，所有人都会突然感到困惑。

解决这个问题的关键是使准生产环境在系统架构和拓扑方面尽可能接近地模拟生产环境。如果生产环境中一个应用程序服务的多个实例位于不同计算机上，那么在准生产环境中也应该复制相同的模式，尽管在主机的数量和算力方面规模较小，但这能够更准确地反映应用程序在生产环境中将遇到的情况和行为。

注意我说的"更"准确，而不是"完全"准确。即使你调整准生产环境并将其与生产环境的规格完全匹配，它也永远不会真正像生产环境。了解这一点也是部署日常事务的一个主要部分。

> **Docker 和 Kubernetes：新技术，老问题**
>
> Docker 是当今最流行的容器技术。但这引出了一个问题"容器是什么"。容器允许开发人员将应用程序的所有必要组件打包到单个制品(容器)中。容器内有运行应用程序需要的所有库、文件、应用程序和其他依赖项。容器使用 Linux 内

核的两个关键特性：cgroups 和 namespaces。这些特性能够将主机上运行的容器与其他容器完全隔离。

因为容器共享主机操作系统的内核，所以从资源角度与虚拟机相比要轻得多。共享内核方式消除了虚拟机中存在的大量重复资源。容器的启动速度也比虚拟机快得多，因此对于大型部署和本地开发环境都很有吸引力。

Kubernetes 是一个用于 Docker 容器的部署、配置和管理的工具。它最初由 Google 编写，现在已经成为 Docker 部署管理工具的领导者。Kubernetes(有时被称为 K8s)的功能可以支持人们在生产环境中管理容器时遇到的许多障碍，例如使容器可被其他服务公开访问、管理容器的磁盘卷、日志记录、容器之间的通信以及提供网络访问控制等。Kubernetes 是一个非常重要的软件，需要相当多的精力才能够有效地管理它。

这些技术是当今时代的潮流，我不想贬低它们的价值。它们是如此令人难以置信的变革，很难去拒绝使用它们。如果你在本地开发环境中使用它们，那么可以在使用容器管理本地开发环境时节省大量的时间和精力。

问题有可能出现在从本地开发环境迁移到其他非本地测试环境之后。虽然开发人员渴望在 Docker/Kubernetes 生态系统中完成更多的工作，但生产环境支持团队有时不愿意彻底改变他们今天处理所有事情的方式。这就造成了一种有点倒退的情况，即准生产环境在技术上比生产环境更有能力。对某些人来说，这比它该有的样子更容易接受。现在，你的应用程序正在一个对你的简历而言很厉害的环境中进行测试，但它与生产环境中会发生的情况几乎没有任何相似之处。

这并不是说我反对 Docker 和/或 Kubernetes。我是这两种技术的超级粉丝。但如果你打算在你的准生产环境中使用它们，我强烈建议你在生产环境中也使用它们。

对于初学者来说，如果你正确地进行了测试，那么你将需要解决所有操作这些系统的人抱怨的棘手问题。如果你已经在准生产环境中解决了这些问题，那么在生产环境中只需要很少的额外工作就可以解决它们。具有讽刺意味的是，大多数人因为害怕部署而止步于准生产环境。他们已经用了一些魔法咒语让Docker/Kubernetes在准生产环境中工作，并且似乎满足于保持现状。

这种态度将导致许多问题没有在测试中发现并被发布到生产中。需要指出的是，你现在有了一个认知负担，即确保你的软件在容器模式和虚拟机模式下都能工作，从而导致其生命周期中的所有事情都需要以多种方式来完成。部署不同，补丁不同，配置管理方式不同，重新启动也不同，而每一种差异都需要针对这两种平台的解决方案。Docker 和 Kubernetes 是本地开发的好工具。但是，如果它们离开了开发人员的笔记本电脑，你应该考虑部署到生产环境的路径是怎样的。在生产环境中使用它们通常需要所有参与人的支持。如果你打算自己开发、管理和部署 K8s，那么现在就可以开始。如果你需要其他团队的帮助，请尽早获得他们的支持，这样你的部署就不会止步于生产阶段之前。

8.3.2 准生产环境永远不会和生产环境完全一样

在许多组织中，大量的精力和资源都投入到使准生产环境的行为与生产环境完全相同上。但不言而喻的事实是，生产环境和准生产环境几乎永远不会一样。准生产环境中缺少的最大因素是经常导致系统中问题最多的因素：用户和并发性。

用户都是挑剔的。他们总是做一些系统设计者意想不到的事情。这包括以意想不到的方式使用功能以及故意的恶意行为。我见过用户试图自动化他们自己的工作流程，结果以非人类的速度和频率产生了完全无意义的行为。我也见过用户试图将巨大的电影文件上传到一个需要上传 Word 文档的应用程序中。

用户总是试图在你的系统中完成一些独特和有趣的事情。如果你的准生产环境中没有真正的用户，那就必须为大量系统中未被测试的场景做好准备。一旦你遇到其中一个场景，可以将测试用例添加到回归套件中，但是要知道，这个发现、修复、验证周期将在你的平台中不断地重复。只有了解这一现实而不是不断地与之斗争，你才能理解为什么你的准生产环境不会在测试周期中显示失败。

许多公司试图通过使用合成事务生成用户活动来解决这个问题。

定义　合成事务是为模拟通常由用户执行的后期活动而创建的脚本或工具。它们通常被用作从用户的角度监视应用程序的方法，或者在没有达到真实用户期望数量的系统上模拟用户活动的方法。

合成事务是一个很好的选择，它努力使准生产环境更像生产环境。但不要误以为这是解决测试难题的万能药，同样的问题依然存在，因为你不可能想到最终用户会做的所有事情。可以尽最大努力捕获所有案例并不断添加到合成测试列表中，但你将始终追踪用户行为。由于应用程序很少会完结，你将不断地向应用程序添加新的功能。我并不是说合成事务不值得去做，只是让你了解它们的局限性。

并发性是另一个在准生产环境中很难模拟的问题。所谓并发，我指的是系统上同时发生的多个活动的集合。你可能会有一个特别报告与一个大型数据导入同时执行；或者会面临数百个用户的组合，他们都试图访问一个仪表板，导致仪表板的响应时间增加了一秒钟。

我们很容易犯孤立测试的错误。使用单个用户测试端点的性能与使用数十个、数百个或数千个用户竞争同一资源相比，会产生非常不同的结果。资源争夺、数据库锁定、信号量访问、缓存失效所有这些因素综合起来，会创建一个不同于你在测试中看到的性能配置文件。

我数不清有多少次遇到过，在准生产环境中运行得相对较快的数据库查询在生产环境中运行时，它会与其他一心要独占数据库缓存的查询竞争。准生产环境中从内存提供的查询必须转到生产环境中的磁盘。原来 2ms 的查询增加至 50ms，这会对整个系统产生巨大影响，具体取决于资源需求。

可以尝试通过执行合成事务并确保你的准生产环境执行所有相同的后台处理、计划任务等来模拟生产环境中的并发性，但这始终是一个不完美的过程。几乎总是会有不同的第三方系统随意访问你的应用程序的时候。或者，由于与外部系统的交互，后台处理很难复制(查看第 5 章了解处理第三方交互的方法)。

尽管我们尽了最大的努力，但产生并发还是会遇到与模拟用户类似的障碍。随着平台的发展，这将是一场持久战。尽管现实如此，这仍然是值得的努力，但它永远无法回答这样一个问题"我们如何确保这种情况不会再次发生"。这个问题是不了解正在构建的系统的复杂性的征兆，其实有无数可能的场景组合在一起会造成事故。在第 9 章中，关于对事件进行事后调查的一节将直接讨论这个问题及其影响。

在许多组织中，部署都是批量进行。部署通知提前几周发出；工作人员得到提醒，随时准备好以防出现意外的情况。团队甚至可以为发布创建一个运维窗口，这样他们就可以在没有客户监视系统的情况下工作。有时，会用 Microsoft Word 文档一页一页地详细描述部署过程，并且用屏幕截图突出显示需要采取的所有必要步骤。如果够幸运，该文档甚至会突出显示在出现问题时可以采取的步骤，但这些文档很少有用处，因为部署过程会以多种方式中断。

为什么部署过程如此脆弱和令人恐惧？一句话就是可变性。

当你与软件和计算机打交道时，你所做的每件事都有一个无声的合作伙伴，那就是可预见性。如果你能够预测系统将如何运行，那么就更有信心让系统执行越来越多的任务。可预见性会建立自信，而自信又会让节奏加快。

但是这种可预见性从何而来？首先，它来自我们对整个过程的预演。例如，我们许多人拥有准生产环境的原因不只是为了测试，而是为了在真正开始之前进行一种预演。就像舞台剧一样，重复能建立自信。在首演之夜，一个排练过多次的剧组会比一个在最后一场演出的舞台上做过一次粗略模拟的剧组感觉要自在得多。以防万一——这是对许多较低层环境及其管理的隐喻。

8.4 频率可减少恐惧

我过去恐惧飞行。我脑子里总是萦绕着一些可怕的念头，想着飞行途中可能发生的事情。每当飞机朝一个或另一个方向倾斜时，我都以为是飞行员失去了对飞机的控制，开始让我们陷入昏迷。紊流也是我的噩梦。坐在两万英尺高空的金属管里,感觉它开始剧烈颠簸,这可不是我想要的放松旅行。

随着时间的推移,我飞得越来越多。没过多久,坐飞机旅行的那些例行程式和颠簸就成了家常便饭。紊流是正常现象,飞机起飞后必须倾斜,以确保其朝着正确的方向飞行。虽然我对每一次飞行计划都不是很熟悉,但对飞行的节奏还是很熟悉的。熟悉会减少恐惧。

熟悉部署流程也可以减少你对执行它的恐惧。以下几个原因说明了频繁部署是一件好事。

首先是实践。你做一件事越频繁,你做得就越好。如果厨师每次收到煎饼的订单时都因为烹饪说明更新而充满了困惑,他就永远无法工作。如果是低频率部署,那么每次部署都会在不同的情况下发生。部署中是否有数据库更改?执行部署的人员是否与上次执行部署的人员相同?应用程序是否紧密耦合,以至于必须同时部署多个应用程序?如果是这样,部署的应用程序组合是否与上次相同?

即使使用相对有限的选项列表,你也可以看到部署的不同方式的数量增长得非常快。如果你每季度进行一次部署,那么团队成员每年只有 4 次机会接触部署过程(考虑到你会提前部署到准生产环境中,我认为是每年 8 次)。在大型的计划中,这样的机会并不多,尤其是在部署过程中需要一堆手动任务的情况下。

与实践相伴的是每个版本可能产生的变更数量。一个版本中包含的内容越多,出错的风险就越大。这是人类做的任何事情所固有的,变化越大,风险越大。这意味着,当你推迟发布的过程时,不仅变更的数量会累积,围绕着发布的恐惧也在累积。

想象恐惧是一个蓄水池,可以测量它。随着发布间隔时间的延长,在这个蓄水池中恐惧趋向积聚。随着版本中变更数量的增加,会增加更多的恐惧。有时,发布中的变更类型也会增添恐惧。发布改变了网站一堆图形的版本,它与改变 5 个新的数据库模式的版本是非常不同的。

如果这些东西会增加恐惧,那么什么会减少恐惧呢?当然就是相反的情况。更少的组件变更可减少每个版本的恐惧。知道一个版本发布限制在单一系统的一个特定组件上可以减少对该发布的担忧。因为它的范围足够小,可以合理地评估变更造成的潜在影响。发布节奏是另一种减少恐惧的东西。发布的频率越高,你就越能感受到与系统的联系。假设这些发布是成功的,你会开始对发布过程本身建立信心。围绕着这个过程的焦虑将开始消散。

但是,当对部署的恐惧持续上升时,对部署的抵制会变得越来越大。阻力主要来自运维团队,该团队通常负责系统的正常运行。但阻力也可能来自组织的任何地方,尤其是管理层。

自动化也将推动这种恐惧减少的循环。自动化程度越高,流程就越可靠。一旦这种恐惧降低到一个较低的门槛,围绕部署的障碍就会开始打开。你的部署会从严格的"仅限晚上 8 点后"的部署窗口转变为偶尔的白天部署,到频繁的白天部署,再到随时部署。

我在图 8.2 中记录了其中的一些关系,并且使用了一种系统图的方法,我将在接下来的章节中更频繁地使用这种方法。

可以在图的顶部看到,如果要度量对部署的恐惧,它将随着发布中的变更数量而增加。这就导致了"害怕部署"的问题。降低风险的唯一方法是执行部署。但每一次部署都有失败的风险。失败的部署增加了人们对部署的阻力。这种阻力意味着更少的部署,将导致每次部署的更改更多。这就是在系统思维中所说的反馈回路。保护这个体系的行为本身恰恰导致了这一状况的产生。事实上,放慢部署速度是导致部署危险的原因之一。

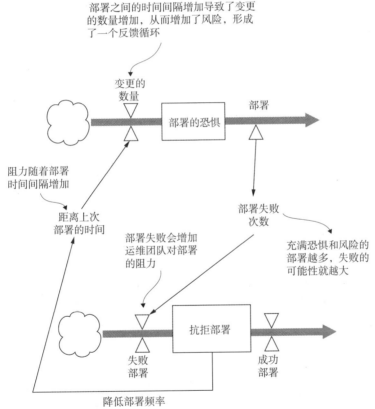

图 8.2 部署延迟和失败对部署恐惧的影响

> **IOTech 部署:切换部署节奏**
>
> 按照惯例,Marcus 的应用程序每季度部署一次。但因为他的变更的影响太大,所以不能冒险将这些变更与其他变更一起发布。他永远不知道其他变更是否会影响他的变更。

> 通过一些协商，Marcus 找到了一个方法，可以让他在接下来的两个月里每两周发布一小部分代码。这种频率(加上较小的变更集)使他有信心能够快速迭代，同时将对当前生产实现的风险降到最低。但这种频率需要他帮助其他支持团队克服对部署过程的恐惧。

8.5 通过降低风险减少恐惧

既然已经知道了更频繁部署的价值，那么接下来的问题就是如何做到这一点。答案是从自动化测试开始。在流水线中引入更多自动化测试将成为任何自动化部署流水线的基线。

我在第 5 章中详细讨论了如何定义测试流水线。要确保你的开发团队正在开发大量的单元测试。如果你几乎没有做单元测试，那么值得举办一个黑客日。在那天人们什么都不做，只专注于制作好的单元测试。可以将代码的不同区域分配给不同的团队，并且设定每天生成某级别数量的可靠单元测试的目标。如果你一个月做几次这样的活动，那很快就能建立起一个强大的测试流水线。

接下来你需要做的是让自动化测试成为组织文化的一部分。强化这样的思想：没有测试用例的合并请求是不完整的合并请求。让自动化测试成为代码评审过程的一部分，或者更好的是让它成为构建流水线的一部分。

还记得我在第 5 章介绍过如何使用 linter 吗？你可使用 linter 为开发者制定编码风格准则。如果你想用下画线命名变量，那么可以在 linter 中定义它，也可以使用 linter 来确保某些行为的存在。linter 测试的一部分可以用来验证是否存在测试。这是一种定性测试，因为 linter 可能无法辨别这些测试的质量，但它是坚实的第一步，可让开发人员对组织中新的文化要求形成习惯。随着时间的推移，可以使你的 linter 更加强大，以捕获各种格式约定、代码标准等。现在，当有人试图运行一个新增代码缺少单元测试的构建时，他们可以从测试套件得到反馈，知道他们没有满足合并请求的要求。从小事做起，然后循序渐进。

这种做法不乏批评者。改变会让人们恐惧，它肯定会让人们质疑自动化是否能解决一切。为准备进行这些沟通，你应该尽可能坦诚。自动化测试不能解决所有的东西。但手动测试也不能，如果它能，那么部署的频率将不会是问题。

自动化测试经常被不公平的默认标准所评判，即如果它不能捕获所有的问题，那它就一文不值。人们不会公开说出来，但他们会在行为和方法上这样对待它。因为存在所有这些难以捕捉的深奥的边缘情况，所以团队在自动化方面停滞不前。人们认为自动化必须是完美无缺的。这种非黑即白的想法是错误的，你应该在组织的每一个层面上与之斗争。

随着时间的推移，当你不断地向你的测试用例和场景列表中添加内容时，自动化测试将持续创造价值。自动化并不能完全消除发布的不确定性。它是将不确定性降低到你和公司能够容忍的程度。如果你要增加部署的频率,那必须从测试用例的执行频率开始。

8.6 处理部署流程中的各层失败

对部署的恐惧还与在部署失败时回滚变更的工作有关。试问你有多少次在没有进行充分测试的情况下对一个运行中的系统进行了更改(因为你知道让系统恢复到原来的状态很容易)?还记得在节点上热编辑配置文件并重新加载配置的日子吗?你觉得可以这么做有两个主要原因:

- 风险和潜在失败的可能性非常低。
- 检测故障和回滚的能力非常高。

因此你愿意绕过变更管理和正式部署。你在做一个实验,实验会在很短的时间内影响一小部分人,但让事情回到正常的运行状态是非常容易的,也很容易理解。

当你在脑海中思考我所谈论的例子时,会想出很多理由来解释为什么你的情况不同,但赋予你力量的两个特征是一样的。在排除故障时,你永远不会"快速升级数据库服务器"。这样风险太高,而且回滚太混乱。但是你很乐意在正在运行的服务器上临时创建一个文本文件并重新加载 Web 服务器进程。理解了这两个支持快速更改的基本要素,就可以开始识别在部署过程中复制它们的方法。

有了自动化的测试和流水线,你必须考虑如何从失败中回滚。这些方式可以出现在部署的许多层。是否只需要回滚一个功能?或者需要回滚整个发布?是回滚每个节点上的软件,还是切换到一组运行原有版本应用程序代码的旧节点?本节介绍部署流程的各个层以及每个层中的部署和回滚场景。

8.6.1 特性标志

第 5 章中曾讨论过一个流行的选项:特性标志。你将新功能隐藏在特性标志后面。如果特性标志是关闭的,则执行原始代码路径。如果打开了特性标志,代码就会执行不同的(通常是新的)代码路径。这些标志应该设置为默认关闭。

当你进行部署时,从功能的角度看,大多数代码的执行路径与在软件的前一个版本中运行的完全相同。不同之处在于特性标志拥有启用新功能和新代码路径的能力。一旦部署完成并快速地确认部署中不存在其他不相关的问题,就可以启用特性标志。

这样做的另一个好处是,现在可以将新功能的营销发布和实际部署分离开来。从应用程序代码就绪并部署到准备好发布需要的所有宣传材料,如果在这两者之间保有一点冗余时间,就可减轻团队的大量压力,因为不需要完全绑定到为驱动开发工作而武断定义的一个日期上。可以部署代码,将所有营销工作整合在一起,然后当业务准备就绪时启用代码。

一旦你的代码正式启用并按预期工作,那么在未来的版本中,可以删除特性标志逻辑,使其成为代码逻辑的永久部分。某些情况下,你希望保留特性标志功能,以便进行故障处理。例如,如果你的站点有某种分站点的集成,那可能需要一个围绕该功能的永久特性标志。这样,如果分站有问题,就可以禁用特性标志,以避免冗长的页面加载时间。是否删除或保留一个特性标志很大程度上取决于它的用例。

8.6.2 何时关闭特性标志

特性标志的部署需要注意一个小问题。你如何知道一个特性或功能是否在工作?真希望我能告诉你该检查什么。在前面的一章中,我确实对此提出了一个策略,即度量指标。

当你考虑一个新功能时,还必须考虑与之相关的度量特性效果的方法。如何确认该特性正在做它应该做的事情?例如,新特性允许用户使用新的推荐引擎,如何验证该特性是否正常工作?

首先,你必须能够清楚地描述新特性的预期结果。在我们的例子中,你的结论会是"推荐引擎特性启用了新的 beta 算法。beta 算法已经过优化,可以利用多个来源的关于用户的输入并将它们组合在一起,以创建更完整的用户偏好画像。新算法的推荐速度应该更快、更彻底,而且比 alpha 算法为用户提供更高的相关性"。

建立度量特性的指标对于我们来说是非常重要的。针对上一段描述,我能想到一些可在这个特性中构建的指标来验证它是否正常工作。

- 生成推荐所需的时间;
- 每个用户生成的推荐数量;
- 推荐的点击率。

这 3 个指标能够帮助你更好地理解新引擎的运行情况。将这些指标数据嵌入算法中将允许你构建仪表板,向特性标志拥有者显示相关信息。大多数指标都很容易获取或创建。例如,一个简单的计时器将有助于提供有关算法速度的信息。这很简单,不会给你的算法增加太多负担。代码清单 8.1 突出显示了一个简单的实现。

代码清单 8.1 为方法计时的一个快速示例

```
import time
class BetaAlgorithm(object):
    start_time = time.time()
    // Recommendation implementation details
    end_time = time.time()
    total_time = end_time - start_time
```

Python 中的标准时间库,其中有很多可供选择 → `import time`

记录开始时间和结束时间 → `start_time = time.time()` ... `end_time = time.time()`

计算花费的总时间,然后将此度量值发送到监视系统 → `total_time = end_time - start_time`

一些编程库和模块为计时代码提供了更复杂的选项。我使用这个基本版本的目的是要强调，无论使用哪种语言或工具，你现在都可以进行这类度量。生成的推荐数量也可以很容易地计算出来。它非常简单，只需要计算数组中推荐的数量并发送该度量值。点击率可以通过你已经生成的 HTTP 日志推断出来。现在有了这 3 项，你可以开始了解推荐引擎是如何执行的，并且决定特性标志是应该关闭还是保持打开。

我可能遗漏了一条信息。那就是：如果你正在实现这些指标以确保某个功能能够发挥作用，那么这些指标只有在你有东西可以比较它们时才有价值，因此你需要为现有的推荐引擎获得这些完全相同的指标

对未来状态和当前状态的比较必须嵌入特性规划过程中。当拥有一个新功能时，你不仅需要思考判断它是否成功的指标和标准，还需要确保你拥有与当前工作方式进行比较的数据。获取数据很容易，但是你必须在特性开发过程中及早地考虑并实现这一步骤。

将这个作为另一个独立发布的一部分进行操作是明智的，因为它使你能够在构建新的未来状态时开始收集关于事物当前状态的数据。你可能最终会发现一些有关特性的你此前不知道的东西。也许你会发现推荐在你的业务中所占的比例比你预期的要小；或者你了解到了一些有关推荐的产品类型的信息。关键是度量今天的状态，将它与未来的状态进行比较是判断变更是否确实是一种改进的唯一方法。

不完美的度量

有时人们会因为担心度量结果不完美或不精确而纠结。很多人(包括我自己)都有过这种愚蠢的担忧。几乎所有的度量都是不完美的。有时，度量某物的行为本身会改变它的行为。这是一种认知偏见，被称为观察者偏见。

要记住的一点是，你度量某物是为了消除或减少你对它的不确定性。如果你在一个你从未去过的地方旅行，那可能会问那里的天气怎么样。你的朋友会给你一个范围，在华氏 10~30 度之间。这是一个相当不完美的回答，但不一定要完美才有用。你现在知道短裤是不行的，你应该考虑裤子、长袖，也许还要几件毛衣。这个范围减少了你对温度的不确定性，可帮助做出有用的决定。

这就是为了比较目的而进行度量，就像我们关于推荐引擎的例子一样。即使数字是错的，但它们在相互比较时是正确的。无论推荐的数量是 5 还是 50，或者是 1000 还是 10 000，都没有关系。我们知道，一个引擎给出的推荐量大约是另一个引擎的 10 倍。与之前的实现相比，它让我们更清楚地了解了功能是如何执行的，因此对于我们的目的来说已经足够好了。

不要沉迷于完美的度量。当你完全不知道自己在度量什么时，一点点信息就能给你指明方向。如果你想了解更多关于思考和执行度量的各种方法，请查看 Douglas W. Hubbard 的 *How to Measure Anything*(Wiley，2014)一书。

8.6.3 队列回滚

现在，我们假设没有采用或不采用特性标志回滚的方法。但是你仍然需要能够完全恢复到以前的代码版本。有几种方法可以解决这个问题。

如果有能力，第一种也是首选的方法是队列回滚，也称为蓝/绿部署；第二种方法是部署制品回滚。这两种方法在本节中都有详细介绍。

蓝/绿部署

蓝/绿部署是公有/私有云基础设施的理想之选。不需要将代码部署到现有服务器，只需要创建运行新代码的新服务器。通过将服务器分组并加到负载均衡器后，可以修改接收流量的服务器集群(队列)。在一个典型的场景中，你有一个如图 8.3 所示的基础设施设置：在应用程序前面有一个负载均衡器，指向一个服务器堆栈。

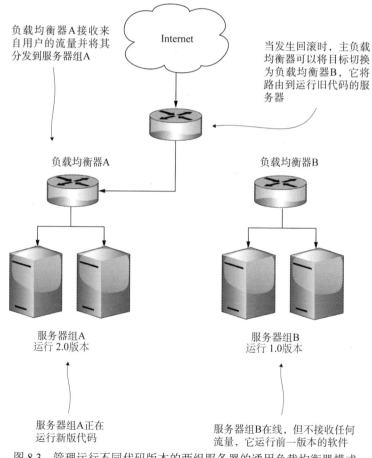

图 8.3 管理运行不同代码版本的两组服务器的通用负载均衡器模式

在本例中，当部署代码时，你会创建全新的服务器。一旦它们启动并运行，你就可以提升这些节点来开始处理流量。负载均衡器从一组服务器切换到另一组服务器，你甚至可以分阶段完成。不是一次将所有流量发送到新节点，而是以增量的形式发送。从 10% 开始，然后按照你认为合适的步骤增加到 20%，最终以在新节点上达 100% 的流量结束。这种模式在云架构中很常见，非常强大，因为回滚方法非常简单，只需要将主负载均衡器指向旧的节点集。可以让这组旧服务器空闲地运行，直到满足你所需要的恢复窗口。一旦对新代码感到满意，你就可以对老服务器进行释放。它使得在云上的流程更加干净，但也有一些注意事项。

在这种设计中首先需要注意的是，你需要确保数据库模式在应用程序的版本之间是兼容的。如果新代码修改数据库的方式与应用程序的旧版本不兼容，那么使用两组服务器是没有意义的。我将在接下来的一节中详细介绍如何管理数据库模式，以便管理应用程序版本之间的兼容性。

这个过程的第二个警告是后台处理。应用程序在后台处理过程中进行数据更改并不少见，这与用户交互没有直接关系。你可能有一台 Web 服务器，它侦听一个队列，以便在密码成功重置后向后台的用户发送电子邮件通知。即使该服务器没有接收基于 Web 的流量，它仍然在执行这些类型的后台活动。这种情况下，你有两个版本的应用程序执行相同的操作。这可能没问题，主要取决于你的应用程序是如何设计的，但在推出它时必须考虑到这一点。

处理这种情况的一种方法是确保新应用程序部署上的所有后台进程都以关闭状态启动。然后，当新应用程序启用时，作为启用过程的一部分，后台处理服务才会变得活跃并启用。可以通过几种方式实现这一点。我的首选解决方案是在配置管理工具中设置配置参数。

定义 配置管理是你的组织用来在各种应用程序之间建立和保持一致性的过程。配置管理工具通过为你提供用于定义特定配置的语言和用于应用和实施该配置的处理引擎来帮助实现这一点。流行的工具有 SaltStack(www.saltstack.com)、Chef(www.chef.io)、Puppet(https://puppet.com)和 Ansible(www.ansible.com)。

配置参数作为应用程序或配置管理软件的信号，表明应用程序应该处于特定的模式。调整这个配置参数可让我的软件以不同的模式运行。所有配置管理软件都具有可用于此目的的有关节点的属性。在 Puppet 中它被称为 fact，在 SaltStack 中它被称为 grain，在 Chef 中它被称为 attribute。无论使用哪个工具，你都可以在配置中指定类似的值，然后让配置管理工具相应地启用或禁用服务。

基于其他原因，区分节点是否应该活跃和获取流量的方法是有价值的。如果能够识别非流量占用节点会很好，这样它们就可以被删除、移动或关闭。这还有助于理解为什么一半的 Web 节点的 CPU 利用率只有 5%。如果能够快速识别哪些节点是活跃的以及哪些节点是不活跃的,则有助于解决这个问题。

第三点警告是确保应用服务器不会在本地磁盘上存储任何状态。由于各种原因,这是一个巨大的禁忌,当你必须关注一组不再为流量服务的节点上存在的状态时,会进一步使回滚过程复杂化。本地存储在机器上的一种常见状态是会话数据。当创建用户的会话时,它有时会本地存储到用户当时连接到的机器上。这创建了一个依赖关系,用户总是被路由到特定的实例,否则会丢失他们的会话。会话一般只持有它们的授权令牌,但有时它还负责跟踪当前正在进行的一些工作。

> **隔离后台处理**
>
> 负责基于用户的请求进行处理的进程也会做一些后台请求处理,这并不少见。我通常尽量避免这种设计,主要是考虑到伸缩性问题。
>
> 面向用户的 Web 服务器扩展的方式可能与后台引擎需要扩展的方式截然不同。如果你将这些操作组合到单个流程中,扩展其中一个通常意味着扩展另一个。将后台处理隔离到它自己的进程中可以分离这些关注点。
>
> 我有在数据库中处理大量后台数据的经验。因此无论负载如何,我希望在任何给定时间内只运行特定数目的后台进程。因为正在处理的任务没有实时性要求,所以由于访问量造成的延迟是可以接受的。但我陷入了困境,因为扩展我的网络流量意味着扩展我的后台处理器,除非我在伸缩事件中做了一些特殊的配置来禁用它。
>
> 当你将两个不同的操作组合在一起时,始终要注意这些操作需要如何扩展。如果它们有不同的扩展问题,则把两者分开是值得的。

8.6.4 部署制品回滚

如果不使用某种公有/私有云,那么在部署过程中上线新服务器将使你的部署过程花费更长的时间(如果你必须在部署之前订购服务器)。另一种选择是拥有两组服务器,发布时在这两组服务器之间来回切换。然而,问题是你必须关注随着时间的推移开始积累的各种发布。

除非你非常严格,否则会创建这样一个世界:由于部署模式的原因,这两组服务器开始随时间推移而扩大差异。也许服务器集 X 收到了一个包而带来了依赖包,但在回滚之后,服务器集 Y 从未收到过这个包,因此也从未收到过那些额外的依赖包。如果这发生在 30 个左右的部署中,那么结果会是突然之间你的两台服务器只是相似,但它们不是一致。

处理这个问题的更好方法是通过操作系统的包管理系统。包管理系统为特定操作系统的软件安装定义了一种标准化方法。包管理工具提供了一个生态系统,可以帮助管理员管理包的检索、安装和卸载以及进行依赖项管理。因为系统的设计目的是跟踪最初安装系统时进行的所有更改,所以在包管理系统中可以很容易地处理新软件的回滚。

如果只要一个命令就可以轻松地卸载所有变更,那么回滚应用程序就会变得容易得多。如果一次回滚只在服务器上执行命令,则很可能无须关闭应用程序就能完成回滚。在这段时间里,一些用户使用新的应用程序,另一些用户使用旧的应用程序,但这样做是值得的,而且风险相对较低。不过这里的要求是,你的应用程序是通过操作系统的包管理系统打包的。

8.6.5 数据库级回滚

应用程序中的数据存储始终是部署中比较危险的部分。如果你需要对数据库进行更改,那么很有可能这种更改对你的代码来说是破坏性的更改。

一个典型的例子是假设你有一个需要更改其数据类型的表。也许以前它是 VARCHAR(10),现在你意识到它只需要是一个文本字段。当执行部署时,你的新代码将有一个表模型,该表将希望看到新字段是文本而不是 VARCHAR(10)。在启动应用服务器之前,你会运行一个数据库迁移,其中包含一个 ALTER TABLE 语句来进行更改。但是当你发布时,你意识到还有一些其他的问题要强制回滚。这时你的选择如下:

- 故障处理、修复问题并重新部署。
- 执行反向 ALTER TABLE 语句将其恢复为以前的值,然后回滚代码。

这两种选择听起来都不是特别吸引人。但只要有一点先见之明,你就可以完全避免这种情况的发生。

1. 数据库更改规则

数据库更改的主要规则是:始终尝试对数据库进行追加更改。避免更改已经存在的东西,因为在某些地方可能存在对它的依赖,而这些依赖会受到你的更改的影响。相反,总是尝试通过对数据库模式进行添加来向前推进它。让我们以前面例子中的文本列更改为例。如果我们使用文本数据类型的新名称创建一个全新的列,而不是更改现有的列,情况会如何呢?现在,如果你需要回滚,那需要的列就在那里,可以安全地回滚。

这听起来很棒,但你可能会想"可是现在我创建了一个完全空的文本列"。是的,你的新列完全是空的,有两种方法可以处理这个问题。根据表的大小,你可能会进行大数据加载。可以将旧列中的所有数据复制到新列中,复制的进程将根据表的大小而变化。因为你将在一个非常大的表上生成大量的写活动,所以复制不是处理它的最佳方式。

另一种选择是使用一个后台作业,随着时间的推移慢慢填充新字段。它可以读取预定义块中的行并复制所有数据。这可以让你以一种更轻松的而不是大爆炸的方式来填充字段。另外,因为列是新添加的,所以可以将数据库迁移与实际使用它的代码发布分离开来。因此在实际发布之前的几周，你仍可对数据库模式进行更改。使用这种方法需要注意的是，你需要持续运行这个后台作业，直到你部署好将使用它的新代码。即使使用所有历史记录填充列，也可能一直在生成新记录。在部署填充新字段的新代码之前，你的两个字段将继续分离。正因为如此，在你逐步完成最终的生产版本时必须运行这个后台迁移任务，以确保新字段被完整地迁移。

第三种选择确实是两全其美。你可以更改数据库模式，同时发布仍然查询旧列的代码。不过你的新代码会做一些额外的工作。它开始使用新列，而不是从旧列读取。当需要查找一个记录时，它首先检查新的文本列。如果该列为 NULL，应用程序逻辑会告诉它检查旧列并读取其值。现在你的代码已经有了值，然后它将该值插入新的文本列字段中并继续它的正常操作。我在图 8.4 中概述了它的流程。

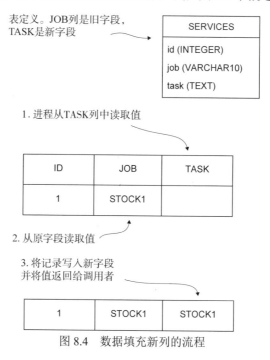

图 8.4　数据填充新列的流程

这个模式允许你在读取记录时填充它们。因为现在你可能需要经历额外的读和写操作，所以这会给请求增加一点延迟。该模式还允许你维护数据库模式的两个版本，同时能够减少对表的写入次数，而不只是进行一次大的修改。同样，这对于非常大的表很有帮助。

现在已经填充了新列，使用新列的代码也经过了实战检验，已经成为应用程序常规逻辑的一部分。你不再需要旧的列，因此可以安排在即将发布的版本中删除该列。最后一个完整检查是确保为所有记录填充了新的文本列。如果没有，可以运行一个后台作业或批量 SELECT/INSERT 语句来获取最后几条零散的记录。完成之后，可以运行带有 DROP COLUMN 语句的数据库迁移，在确保能够回滚的同时完成迁移。

这确实向你的发布过程中添加了步骤。如图 8.5 所示，现在讨论的数据模式更改至少需要两次发布——第一次引入新列，第二次删除旧列。这起初听起来可能很麻烦，但实际上并非如此。你所付出的努力是值得的，因为你知道可以回滚你的应用程序，而不必担心丢失数据或突然使你的数据与旧版本的应用程序服务器不兼容。

了解如何回滚应用程序部署并确保这些回滚是安全、快速和可靠的对于消除部署过程中的恐惧大有帮助。我已经给了你一些高层次的例子，它们能使回滚变得安全，但这绝不是可以实现安全回滚的唯一方式。不管你用什么方法，目标都是一样的。可以通过使用特性标志等方式来降低部署的风险。要打造快速、轻松回滚的能力。

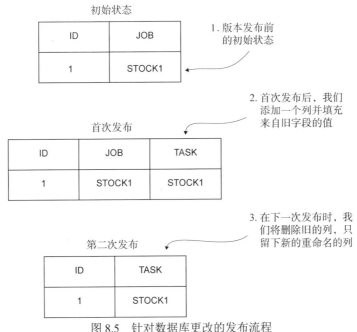

图 8.5　针对数据库更改的发布流程

2. 数据库版本管理

我看到人们常常忽略的是，数据库也应该有一个与之相关联的版本(就像你创建的任何其他制品一样)。版本控制是隐式的，这意味着无论你是否主动跟踪它，它都会发生。如果你不相信，可以尝试用两种不同的模式运行数据库及其对应的应用软件。如果数据库不是软件所匹配的版本，你就会遇到问题。

数据库版本控制的关键是知道为了使数据库达到当前的状态而执行的所有 SQL 语句。任何工程师都应该能够运行一系列命令，将数据库表模式更改到与预期匹配的特定版本。能够从头开始重新创建数据库可为测试提供很大的灵活性，为实验生成更小的数据集，以及为修改模式提供清晰可见的路径。Flyway(https://flywaydb.org)等工具允许你管理数据库并为执行模式更改回滚提供结构。因为把 SQL 语句当作代码，所以这就提供了一个简单的方式，可以将模式更改纳入开发评审过程中。通过数据库迁移，你知道你的数据库在整个软件生命周期(从本地开发一直到产品的推出)中保持一致。因为它是通过自动化执行而不是生产的复制和粘贴来完成的，所以可以确信它的执行是一致的。

Flyway 并不是唯一的选择。大多数流行的 Web 框架(如 Django 和 Ruby on Rails)都已经有了处理数据库迁移的内置机制。无论你使用什么工具，都要尽量避免手动执行数据库模式更改。这也将有助于简化部署过程。现在无论你执行什么语句，你的数据库模式都以统一的方式执行和回滚。

> **IOTech 部署：特性标志和数据库更改**
>
> Marcus 知道，如果性能指标不好，他的代码可能需要回滚。问题是，他的新代码需要一个新的数据列以及该列上的索引。要使用不同数据类型的新列替换现有列。立即删除旧有列意味着，如果特性标志被关闭，旧的代码将不再工作。Marcus 需要同时维护新列和旧列，直到他觉得可以将新特性作为代码库的永久执行路径为止。
>
> 特性标志允许他进行应用程序切换。当特性标志打开时，代码将检查该值是否已经存储在新字段中。如果是，则代码检索并使用该值。如果否，代码将从旧字段读取必要的输入数据，将其转换为新的数据类型并存储它。这使得 Marcus 可同时支持这两个版本。

8.7 创建部署制品

在许多组织中，部署需要将一堆文件从一个位置复制到另一个位置。每组文件可能需要复制到不同的目录。方法说明如下。

(1) 将./java/classes/*复制到/opt/app_data/libs。

(2) 更新/etc/init.d/start_worker_app.sh 并将/opt/app_data/libs 添加到 CLASSPATH 变量中。

(3) 重新启动应用服务器。

如果遗漏了这些任务中的任何一个，部署都可能会失败。此外，我们很难知道这些任务是否按顺序执行。将大型文件夹复制到另一台服务器有可能会出错，这就是部署制品可以发挥作用的地方。本节讨论创建一个能够代表你正在部署的代码的制品的价值，以及背后的原因和好处。

如果你合并了代码并通过了所有自动化测试和检查，那么在该过程的最后会产生某种制品。该制品通常是一段可部署的代码，常见的例子是 WAR 文件。但是即使使用 WAR 文件，仍然需要先安装组件；因为由应用程序服务器运行代码，所以 WAR 文件需要应用程序服务器作为前置部署的一部分。部署 WAR 文件后，需要重新加载或重启 Tomcat，甚至清除一些缓存。当你有类似 Java 的东西来生成制品时，这是最理想的情况。但是像 Ruby 或 Python 这样的解释型语言呢？这些打包过程是什么样的？如何基于部署目的打包它们？这就是我在下一节中将重点讨论的内容。

我尝试将尽可能多的应用程序打包在一起。对我来说，可以把安装脚本和代码捆绑在一起是一件很棒的事情。可以做一些简单的处理，例如将安装代码和所有源代码压缩到一个文件中并将其作为可部署制品发布。现在，即使你对部署过程知之甚少，也可以将 ZIP 文件复制到服务器上，解压缩并运行 install.sh 脚本或其他任何脚本。这是对许多部署过程的改进。但我更愿意更进一步，使用操作系统的包管理系统。

8.7.1 利用包管理

让我总是感到惊讶的是：人们打包部署软件的所有定制方法常常忽视包管理方法。每个操作系统都有一些管理安装在其上的各种软件的方法。基于 Red Hat 的 Linux 系统有 RPM(https://rpm.org)，基于 Debian 的系统有 DEB(https://wiki.debian.org/PackageManagement)，基于 Windows 的系统有 NuGet(https://docs.microsoft.com/en-us/nuget/what-is-nuget)，macOS 有 Homebrew(https://brew.sh)。所有这些包管理器都有一些共同之处。

- 它们将包安装脚本与要部署的实际源代码结合起来。
- 它们拥有关于如何定义对其他包的依赖关系的规范。
- 它们会处理依赖包的安装。
- 它们为管理员提供一种查询哪些包已经安装的机制。
- 它们处理它们安装的软件的删除。

这些特性被那些试图手动打包应用软件的人低估了。通过分解应用程序安装过程，可知它基本上需要根据应用程序以某种顺序依赖的方式执行以下操作。

- 删除不必要的或冲突的文件。
- 安装应用程序所依赖但不直接提供的任何软件。
- 执行任何安装前的任务，例如创建用户或目录。
- 将所有文件复制到适当的文件位置。
- 执行任何安装后的任务，例如启动/重新启动任何依赖的服务。

操作系统包管理工具允许你将所有这些任务合并到一个文件中。除此之外，如果你运行自己的存储库服务器，包管理系统还将提供用于获取适当版本的软件的工具。如果打包得当，你的部署过程可以像下面这样简单。

```
yum install -y funco-website-1.0.15.centos.x86_64
```

这条命令可以处理所有依赖项、安装后脚本和重启。它还可以确保你的部署过程是一致的，因为它将在每个安装上执行完全相同的步骤。另一个好处是，如果你的代码依赖于第三方库，那么就不再依赖于 Internet 来确保这些包是可用的。它们可以作为包的一部分存储在 RPM 中，因此不必担心编译过程的更改或传递依赖项得不到满足。可以在所有环境中获得完全相同的代码和部署。我将介绍一个简单的例子。

FunCo 网站部署

在这个例子中，我将使用一个 Linux 网站。之所以选择 Linux，是因为我可以专门使用一个名为 FPM 的工具(https://github.com/jordansissel/fpm)。该工具的设计目的是提供一个用于生成多个包格式类型的单一接口。DEB、RPM 和 Brew 包都有自己的格式来定义包的构建过程。FPM 创建了一个通用格式，然后允许你通过命令行标记来生成下列类型的包。

- RPM
- DEB
- Solaris
- FreeBSD
- TAR
- 目录扩展
- Mac OS X .pkg 文件
- Pacman(Arch Linux)

现在，我们大多数人都没有在单一环境中运行所有这些操作系统的问题。就我个人而言，我发现 FPM 的强大之处在于我只需要学习一个单一的界面。如果我的下一个工作是 Debian 应用商店，我不需要学习创建 DEB 的 Debian 语法。我可以只使用 FPM，然后输出 Debian 文件。

无论你使用哪种服务器，你都希望在某种专用的构建服务器上设置包构建过程，最好是连接到持续集成(CI)服务器。这将把部署包的创建过程视为正常开发和测试工作流程的一部分。很多 CI 服务器都有插件架构，可以扩展 CI 服务器的功能。CI 服务器社区通常就是为各种制品存储库开发插件。这些插件自动管理制品文件，在软件成功构建后将其复制到存储库服务器。这个特性在大多数 CI 服务器流水线中被大量使用。

当用 FPM 创建一个包时，我喜欢将我的项目划分成 5 个文件：
- 预安装脚本；
- 安装后脚本；
- 预卸载脚本；
- 卸载后脚本；
- 包构建脚本。

预安装/后安装/卸载脚本是你希望在安装这一部分时执行的不同命令。这允许你设置和删除安装之前需要的任何文件、目录或配置。例如，在我自己的一个 FPM 项目中，我有一个预安装脚本，用于设置应用程序所需的任何用户。代码清单 8.2 突出显示了该脚本。

代码清单 8.2　Web 应用程序的预安装脚本

```
#!/bin/bash

#Check if the application user exists        如果用户不存在，就
/bin/getent passwd webhost > /dev/null       创建它
if [[ $? -ne 0 ]]; then
    #Create the user
    /sbin/useradd -d /home/webhost -m -s /bin/bash webhost
fi
#Recheck if user application user exists     确保用户被创建或
/bin/getent passwd webhost > /dev/null       失败
exit $?
```

这是一个非常简单的示例，但它允许我们在包安装之前编写需要进行的所有设置。我们软件的安装非常依赖于用户的存在。它可能被删除了，可能是一个新的服务器，也可能是一个与许多其他应用程序共存的新应用程序。这里的逻辑消除了由另一个进程或工具在包安装之外创建用户的依赖关系。可以通过前面提到的 4 个文件进行此操作，以确保在安装和卸载期间能正确处理准备和清理工作。

> **配置管理与部署制品**
>
> 使用配置管理的公司会产生分歧。例如，什么时候让部署制品处理诸如用户创建或目录创建之类的事情，什么时候让配置管理处理这些事情？这主要取决于你的配置管理策略。
>
> 许多组织和公司的选择是将配置管理用于更通用的实现服务器。配置管理不构建计费应用程序服务器；它只是构建一个运行 Tomcat、Spring Boot、WebLogic 或你正在使用的任何工具的通用应用程序服务器。这种情况下，让包管理软件来处理用户和目录创建的那些小细节是有意义的，因为配置管理策略试图摆脱自己

作为"计费"服务器的身份。相反，它是一个基本的 Tomcat 服务器，可以运行任意数量的应用程序，因此配置管理软件不能关心计费应用程序的细节。这是将更多的责任放入部署制品的完美用例。

但是，如果你的配置管理策略更关注于创建不同的服务器实现，那么你可能更喜欢将所有应用程序的设置放在配置管理中。对于计费应用服务器来说，不断加强文件目录权限是非常重要的。要让你的配置管理软件意识到这是一个计费服务器，从而允许它强制执行必要的目录权限。使用配置管理可以实现更严格和定期执行的应用服务器配置。如果配置管理负责处理所有的配置，那么你就不会因手动配置更改而在应用程序服务器之间产生偏差，因为正确的配置会定期被重新应用。当然，这给你的配置管理工具带来了更大的压力，因为它现在必须管理代理节点上的更多资源。

这里没有正确或错误的答案，但我想让你的配置管理策略来决定这种应用程序设置逻辑应该存在于何处。

执行完预安装和安装后脚本之后，可以查看实际的构建脚本。这是将需要的所有文件放到制作包的服务器位置的过程。你可能有需要放在特定位置的 WAR 文件或者需要从代码存储库中获取的 Python 代码。

我习惯为构建建立一个临时文件位置，例如在/home/build/temp_build 中。如果你使用 CI 服务器，那么这个临时目录会是 CI 服务器为你创建的一个特殊目录，用于将你与其他构建隔离开来，然后把目录/home/build/temp_build 当作目标系统上的根目录。这允许我以模仿输出的方式构建我的包。图 8.6 显示了在将所有必需的文件放到构建服务器上之后的系统目录。

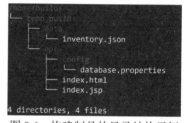

图 8.6　构建制品的目录结构示例

你也许会担心这些目录的位置，因为在实际运行的系统上安装包时，不希望它们位于/home/build/temp_build 之下。通过使用 FPM 命令，可以为所有安装路径指定一个前缀。这意味着/home/build/temp_build 文件夹中的路径将被视为相对路径。当你构建包并指定标志-prefix=/时，包系统将忽略完整路径并从根目录开始安装所有东西。因此，在安装包的目标系统上，/home/build/temp_build/opt 被安装为/opt。

下载完所有文件和包后，还可以使用 FPM 命令行实用程序添加包依赖项。可以多次使用-depends 标志来指定要安装的不同包。最棒的是，在安装包时，如果依赖项不存在，它们将从配置的包存储库中获取并在安装包之前安装到系统上。最终的 FPM 命令类似于代码清单 8.3。

代码清单 8.3 FPM 命令示例

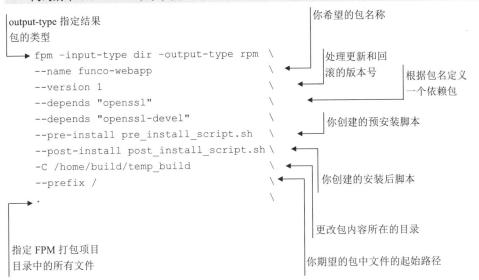

命令有点冗长,但结果文件是有价值的。现在,你的应用程序已经被编写成一个文件,并且围绕它建立了一个丰富、健壮的生态系统。使用操作系统的打包系统会带来很多功能。你还得到一个不会因环境而改变的制品。说到这一点,我还应该讨论另一个部分:配置文件。

> **IOTech 部署:打包软件**
>
> Marcus 知道在接下来的几个月里将会进行多次部署。对于运维团队来说,这是一个很大的压力。他们通常要遵循一系列关于如何部署软件的书面说明。它很容易出错,编写起来很烦琐,维护起来更麻烦,而且每次都可能得到不同的结果。
>
> Marcus 决定使用 Linux 系统的包管理工具。它允许他在包中嵌入大量的预处理和后处理步骤。运维团队已经非常熟悉它,因为他们使用包管理软件来安装许多其他依赖项,而这些依赖项是 Marcus 的代码所依赖的。
>
> 尽管团队没有很多华丽的编排软件管理部署过程,但将其转换为 RPM 允许 Marcus 将包含命令和屏幕截图的 7 页部署文档精简为 1 页左右。运维团队仍然需要手动执行包安装,以及在每个服务器上进行协调,但它是一项受欢迎的改进。他们以往通常会为每个服务器执行 7 页的文档。它并不完美,但是包管理工具显著减少了步骤的数量,使它更不容易出错,并且在必要时以令人难于置信的速度进行部署和回滚。

8.7.2 包中的配置文件

你可能对打包的想法很感兴趣,但如何处理从一个环境到另一个环境的配置文件呢？这些通常是数据库连接字符串、缓存服务器位置，甚至是环境中的其他服务器。这并不是你必须打包在一起的东西，因为必须针对每个环境配置它。以下几个选项可以处理这个问题。

- 通过键/值存储进行动态配置；
- 配置管理修改；
- 配置文件链接。

也许存在更多的解决方案，但这些是我看到和使用的最常见的模式。

1. 通过键/值存储进行动态配置

近年来出现了大量的键/值存储。键/值存储是存储键数组的数据库，每个键对应一个单独的值。该值可以用任意多种方式表示数据，但数据被视为单个单元。键将映射到一个值，而不管该值有多复杂。许多键/值存储都可以通过 HTTP 接口访问，这使得它们成为存储配置信息的好工具，因为它们易于访问。流行的键/值存储有 HashiCorp 的 Consul(www.consul.io)、开源的 etcd(https://github.com/etcd-io/etcd) 和 Amazon 的 DynamoDB(https://aws.amazon.com/dynamodb/)。

我所见过的一种模式是，应用程序被设计为可以确定有关自身的最小信息位(仅够知道在哪里找到它的键/值存储，以及它应该从键/值存储请求什么配置)。图 8.7 说明了这个过程。

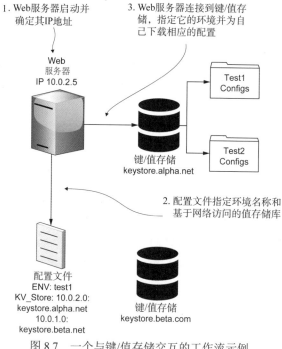

图 8.7　一个与键/值存储交互的工作流示例

这允许服务器加载这些值并引导自己开始服务于流量。这可以是数据库配置选项，也可以是应用程序的线程池设置。在键/值存储中以纯文本存储敏感信息时要注意。

这种方法的缺点是键/值存储进入了应用程序过程的关键路径。如果它由于任何原因关闭了，你就无法获得启动应用程序所需的配置。它还为本地开发创建了额外的依赖，会导致要么需要在本地设置上存储键/值，要么使用不同的代码路径(一个用于本地开发，另一个用于其他正在运行的配置)。然而，下一个选项可以兼顾这两个方面。

2. 配置管理修改

如果你在你的环境中使用配置管理，那么还有另一种选择，即用配置管理替换 RPM 包安装的必要配置文件。实际上，可以将配置管理命令作为安装后脚本的一部分执行，以确保配置文件符合必要的适当设置。这允许软件工程师为他们的本地开发过程指定正常的默认值，并且将这些文件签入源代码，与此同时也为运维支持工程师提供了用适合生产的配置或设置替换这些文件的能力。

如果你仍然对使用键/值存储方法感兴趣，那我使用的另一种方法是让配置管理根据键/值存储中的值替换应用程序的配置文件。应用程序不再从键/值存储读取，而是继续从本地配置文件读取。你的配置管理从键/值存储中读取配置设置并将值插入配置文件中的适当位置。如果你的配置管理在持续执行模式下运行，那么通过更新键/值存储并让应用程序重新启动或重新加载其配置文件，就可以实现对整个队列的配置文件进行更改。

如果你没有足够的带宽或者不希望修改你的应用程序来支持键/值存储配置方法，那么这是一个很好的选择。它还有一个额外的好处，允许你在配置管理工具中指定默认值。即使键/值存储不可用，应用程序服务器上的配置文件仍然保留，可为应用程序提供支持。

3. 配置文件链接

还有一种选择是将配置文件链接为包安装过程的一部分。这由运维工程师主导，为包的安装路径之外的服务器提供配置文件。如果一个包安装在 /opt/apps 中，那么配置文件应该位于 /opt/configs 或 /opt/apps 之外的其他地方。无论文件存储在哪里，它们都应该是已知的、定义良好的位置和路径。

当你的包安装好后，作为安装后脚本的一部分，它应该在包内的文件和包外的文件之间创建符号链接。这允许你单独管理配置，但同样不会改变开发过程，因为应用程序仍然从相同的位置读取配置。操作系统对应用程序透明地处理符号链接。运维工程人员可以根据服务器所在的环境更新配置文件。你甚至可以再次使用配置管理在安装目录之外创建这些文件。

这并不是管理配置文件仅有的 3 个选项，但希望它们能给你足够的启迪，选择最适合你和你的应用程序的方法。

> **为什么应该使用配置管理**
>
> 配置管理在组织中变得越来越普遍，但在它成为普遍存在之前，还有一段路要走。基于这一点，我想强调你可能希望重点关注配置管理的一些原因。
>
> 首先，这是在整个环境中保持配置一致性的几种方法之一。配置管理去掉了维护服务器的手动配置部分。当需要提供值时，每个配置管理工具都提供数据查找功能。这意味着可以根据条件轻松设置不同的值。你可以根据服务器上的可用内存来决定分配多少内存给 JVM。或者，你可以将服务器分到不同的类别中并根据这些类别分配值。
>
> 配置管理还允许你将这些配置提交到源代码存储库。这使你的基础设施能够访问发生在源代码上的所有开发工作流。同行评审、受监管的审批和可审计的历史记录只是通过源代码控制管理你的配置所提供的众多价值的一部分。
>
> 我最喜欢的配置管理特性之一是远程命令执行。有些工具比其他工具能更好地处理这一点，但当需要跨一系列服务器执行命令时，远程执行为你提供了一致性的强大力量。这些工具提供了强大的目标语法，因此可以指定具体想要执行命令的节点，以及批处理和定时需求。你可以指定希望跨所有作业处理节点重新启动服务，但是希望服务器以 5 个批次的方式重新启动，每个批次之间需要等待 15 分钟。
>
> 如果想迁移到 DevOps 工作流，那么通过某种形式的配置管理来管理服务器是非常必要的。

8.8 自动化部署流水线

现在你已经有了某些类型的部署制品，可以开始将所有这些部件组合在一起，形成你的部署流水线。如第 5 章所述，你应该已经建立了一套自动化测试作为测试工作流的一部分。最后，你应该生成某种构建制品。现在，构建制品完成后，可以将其打包为部署制品的一部分。部署制品将参照向客户交付代码所需的设置说明来打包构建制品。可以将这些东西联系在一起，以产生最终的交付机制，使部署制品跨队列部署。正如我一直强调的那样，这一切都需要尽可能地自动化。

你的架构对于如何进行自动化工作流程有着巨大的影响，但基本步骤几乎总是相同的。

(1) 执行必要的步骤，如数据库模式更改。
(2) 将一个节点置于服务之外，使其不再执行工作。

(3) 将软件包部署到节点。
(4) 确认部署成功完成。
(5) 将该节点恢复服务。
(6) 移动到下一个节点。

根据你的部署能力，步骤可能略有不同。例如，如果要启动所有新服务器，可以在所有新服务器上执行这些步骤，然后让所有新服务器同时联机，而不是单独联机。我在本章前面已经谈到了队列回滚，因此在这里不再重复。如果你没有利用队列回滚的优势，那么将需要看看这 6 个步骤。

安全地安装新应用程序

假设你有一个基本的 Web 应用程序，前端有一个负载均衡器，后端有一组 Web 服务器，这是一个常见的设置。首先，你需要从负载均衡器池中删除节点。有几种方法可以实现这一点。如果够幸运，可以使用 API 访问负载均衡器并可以直接调用它来从池中删除节点。

另一种选择是简单地安装一个基于主机的防火墙规则，在部署期间阻止来自负载均衡器的流量。你可以阻止 443 端口上的所有流量访问该节点，但有几个值得注意的例外。这将在负载均衡器上创建类似的故障条件，以便从池中删除节点。也许还有很多其他方法可以做到这一点，但请记住，你没有 API 访问并不意味着你就无法实现你的目标。

现在你的节点已经从负载均衡器中移除，可以开始部署到这些节点。如果使用的是包管理器，那么这与使用包管理系统的更新命令一样简单，如 yum update funco-webserver。这将由 YUM 包管理系统处理并负责卸载代码的前一个版本和安装代码的新版本，同时执行包中指定的任何预定义的卸载和安装命令。

安装包之后，就可以运行验证过程。我更喜欢尝试从节点以某种方式获取站点。这与直接向相关节点或节点组发送 curl 命令一样简单，可绕过负载均衡器。此时，你只需要验证部署是否成功完成，而不必验证发布是否良好。你要确保在将节点添加回负载平衡器池时，它能够为请求提供服务。我通常依赖于一个简单的任务，即验证登录页面是否加载。随着时间的推移，它会变得更加复杂，但是要知道，即使是简单的检查也比没有检查要好得多。接受渐进式改进将使你快速前进；同时，当你获得更多关于你将遇到的失败类型的信息时，将仍然留有改进的空间。

现在你已经验证了包的安装，并且服务正在运行，可以撤销从池中删除节点所采取的任何步骤。在移动到池中的下一个节点之前，要验证你的应用程序已被添加回池并响应流量，可以通过检查应用服务器的 Web 日志或访问负载均衡器的 API(如果负载均衡器有并且可以访问它)来实现这一点。一旦添加了它，你就可以继续下一个。无论你如何验证服务器是否处于活动状态，它都应该是自动化的并将其整合到部署过程中。如果自动化无法确定部署的状态，那么大多数情况下，停止该进程是明智的。自动化是否应该立即执行回滚在很大程度上取决于你的环境和回滚过程。理想情况下，如果可以避免，你永远不会希望自动程序让应用程序处于损坏状态。

部署是该流程自动化难题的最后一个部分。现在无论是手动回归测试还是自动化测试套件的一部分，有了特性标志，你就可以根据发布过程的验证来启用和禁用功能。而且有了特性标志，你就可以禁用新功能，而不必完全回滚应用程序。如果你确实必须回滚，包管理过程可使回滚变得简单一些。你可以使用 yum downgrade 命令将应用程序安装回滚为以前的版本。根据你指定的依赖项，如果你有特定的版本需求，那可能还需要降低你的依赖项。但很多情况下，简单地降低你的应用程序包即可。这些活动的组合为你提供了所需的安全性，从而减少了对部署过程的担忧。恐惧通常是导致你的发布节奏比你通常想要的慢的主要原因。

另一个重要的注意事项是，这些步骤和阶段的封装不需要同时进行。首先可以通过进行自动化测试在流水线上取得进展，然后通过打包部署制品进行改进，最后转向自动化部署过程。不必一步到位。可以慢慢来，不断改进你今天所做的事情。随着时间的推移，你会成功。记住，永远不要满足于现状。

8.9 小结

- 恐惧是较慢发布节奏的主要驱动力。
- 当风险降低时，恐惧就会减少；当人们能快速且充分理解状态时，恐惧就会减少。
- 准生产环境永远不会和生产完全一样，你必须做相应的计划。
- 使用操作系统的包管理是创建部署制品的一种很好的方式。
- 数据库更改应该始终是追加的，并且需要两次发布。在第一个版本中添加一个新列，在第二个版本中删除旧列。
- 采用增量方法来自动化部署流水线。

第 9 章

浪费一次完美的事故

本章内容
- 进行无指责的事后剖析
- 分析事故中人们的心智模型
- 生成系统改进措施

因发生意外事件或计划外事件而对系统造成不利影响的情况被称为事故。有些公司只有在描述大型灾难事件时才会用到"事故"这个词。然而，如果你赋予这个词更宽泛的定义，当事故发生时，你就可以借机增加团队的学习机会。

如前文所述，DevOps 的核心是持续改进。在 DevOps 组织中，增量式的改进是一种胜利。但是，推动持续改进的动力是持续学习(了解新技术、现有技术、团队如何运作、团队如何沟通，以及所有这些如何相互联系从而形成工程部门这样的人技系统)。

最佳的学习实践不是从正确中学习，而是从错误中学习。当一切正常时，你对系统的了解与系统的实际情况往往是一致的。假设你有一辆带有 15 加仑油箱的汽车。出于某种原因，你认为你的油箱是 30 加仑的，你习惯于每用掉 10 加仑汽油就去加满油箱。如果你持续按照这样的方法做，那你对你的油箱容量的认知永远不会与其只有 15 加仑容量的现实冲突。很可能经过几百次的旅程，你仍然不了解实际情况。然而，一旦你开车跑一次长途，就会在用完那 15 加仑汽油时遇到问题，这时你会意识到自己的做法多么愚蠢。有了这条新发现的信息，你便可以立即开始采取适当的预防措施。

现在，可以基于这条信息做些事情。你可以深入了解你的汽车为什么用完 15 加仑汽油时就没油了，或者你调整为每次用掉 5 加仑汽油就去加油。你会惊讶于选择后者的组织非常多。

很多组织不愿在以下两个问题上费神,即为什么系统会发生问题以及如何能对其改进。事故是验证你对系统的理解是否符合实际情况的一种有效方式。不去深究这两个问题,就是在浪费事故带来的精华。没能从事故中汲取教训,就需要在将来做更多的工作去弥补。

人们不会自然而然地从系统故障中吸取教训。通常,他们需要被安排离开手头工作,以一种有组织的、结构化的方式去做这件事。这一流程有多种叫法,如事后报告、事故报告和回顾。但是,我更愿意使用"事后剖析"一词。

定义 事后剖析是团队分析事故原因的过程,通常采用的方法是召开所有利益相关方和事故处理参与人员参加的会议。

在本章中,我将讨论事后剖析的过程和结构,以及如何就工程师已实施措施的决策原因提出更深刻、更犀利的问题来理解你的系统。

9.1 好的事后剖析的组成部分

每当发生严重事故时,人们会开始互相指责的游戏。人们试图与问题保持距离,设置信息障碍,并且通常只会为自己开脱。如果你发现组织中出现了这种情况,那么很可能处在一种指责和惩罚的文化中:人们对事故的反应是要找到应该对"错误"负责的人,并且确保对他们进行惩罚、羞辱,同时适当地旁观。

随后,你还会堆砌更多的流程,以确保有人批准造成事故的那类工作。每个人都会带着满足来忘记这个事故,觉得这样的问题从此不会再发生。然而,悲剧往往会重演。

互相指责是没用的,因为在这个过程中,人往往被识别为问题本身。人们给出的辩解包括如果能给当事人提供更好的培训、如果可以将这个变更通知到更多的当事人、如果有人遵循了规程、如果错误的指令没有被输入。需要说明的是,这些都可能是出错的理由,但并未触及该项活动(或缺失该项活动)造成灾难性失败的核心原因。

让我们以失败的培训为例。如果工程师因为没有经过适当的培训而犯了一个错误,你应该问自己:为什么他没有接受培训?他本应在哪里获得培训?他是否没有足够的时间接受培训?如果他没有受过培训,为什么给了他系统权限,让他可以在系统中进行他尚不能胜任的操作?

另一个思路是讨论系统与个人的问题。如果你的培训课程设计不当,指责这位工程师并不能解决问题,因为下一批员工可能会遇到同样的问题。允许不合格的人执行危险的操作或许表明你所在的组织非常缺乏系统性和安全性控制。如果放任不管，你的组织中将继续出现有可能犯同样错误的员工。

要摆脱指责游戏，你必须开始考虑你的系统、流程、文档以及人们对系统的了解，这些都有可能导致事故。一旦事后剖析变成报复性行为，没有人会愿意参与，你们将失去持续学习和成长的机会。

指责文化的另一个副作用是缺乏透明度。没有人会自愿因犯错而接受惩罚。很有可能他们已经因为这样的问题在自责。当犯错与常常伴随指责式事后剖析的公开羞辱被结合起来时，人们会隐瞒有关事故的信息和特定细节。

设想一个因为工程师输入错误指令而造成的事故。工程师知道，如果他承认这个错误，将会受到某种惩罚。如果他知道这个惩罚是什么，他会选择对他知道的信息缄口不言，并且很有可能在人们花费大量实际尝试找到产生事故的原因之前，他都会一直保持沉默。

报复和指责的文化会使员工变得不真实。缺乏坦率性妨碍了人们从事故中学习的能力，同时也混淆了事实。反之，无指责的文化(所有的员工都不会受惩罚)会创造一个更有利于协作和学习的环境。在无指责文化之下，人们会把注意力从避免被指责转移到如何解决导致事故的问题和差距上。

无指责的文化不会在一夜之间形成。创建这样的文化需要组织中的同事和领导者付出大量的精力。在这样的文化里，人们不会被指责，因此他们会开始开诚布公地讨论错误以及造成错误的环境。你可以试着做第一个示弱并且和大家分享你的错误的人，借此转变所在组织的文化。

9.1.1 创建心智模型

想要搞清楚事故是如何发生的，关键是要先了解人们对系统和流程的看法。当你使用系统或成为系统的一部分时，你会对它产生一个心智模型。这个模型反映了你对系统表现和操作方式的理解。

定义 心智模型解释的是人们对事物运行方式的思考过程。它会详细说明人们对组件之间的关系以及一个组件的行为如何影响其他组件的理解。一个人的心智模型往往是不正确的或不完整的。

除非你绝对是这个系统的专家，否则可以假设你的模型与实际的系统间是有差距的。例如，关于软件工程师和他们假设的生产环境的样子。工程师知道生产环境中有一个 Web 服务器、一个数据库服务器和一个缓存服务器。他们之所以知道这些，是因为这些组件是他们在编码过程和开发环境中经常接触的。

他们不知道的是那些可以保证该应用处理生产级流量的基础设施。数据库服务器可能有多个只读副本，Web 服务器之前可能有负载均衡器，负载均衡器之前可能有防火墙。图 9.1 显示了工程师的心智模型与实际系统之间的对比。

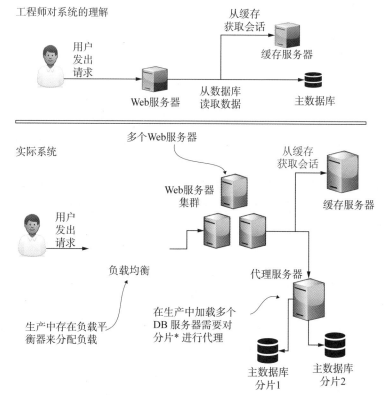

*数据库分片允许你将一个逻辑数据库划分为多个服务器；对于负载较大的数据库非常有用

图 9.1 工程师的心智模型(上图)与现实(下图)

重要的是，不仅要在计算机系统中识别这种差异，还要在流程中进行识别。期望与现实之间的鸿沟是事故和失败的温床。以事后剖析为契机，可以更新每个人心中与失败相关联的系统的模型。

9.1.2 遵循 24 小时规则

24 小时规则很简单：如果你的环境中发生事故，应该在 24 小时之内开展事后剖析。这样做的原因有两个。

首先，从事故发生到事故被记录下来的过程中，随着时间的流逝，事故的细节会渐渐变得模糊不清。记忆变得模糊，细节被遗忘。而对于事故本身来说，细微的差别会产生非常不一样的结果。你是在这个错误发生之前还是发生之后重启了服务器？Sandra 首先执行了她的修复程序还是 Brian 的修复程序？在服务第一次崩溃时 Frank 执行备份了吗？那代表着什么？或许所有这些小细节对你分析有什么操作可解决系统问题并没有太大的意义，但当你想要了解为什么事故发生以及可以从中学习到什么时，细节显得尤为重要。

在24 小时内进行复盘的另一个原因是要确保你充分利用失败背后的情绪和能

量。如果你曾差点发生车祸，那马上会变得特别警觉。这种警惕和紧绷会持续一段时间，但迟早你会重拾旧习惯。不久之后，警惕感就消失了，你又开始接电话不用免提或在等红灯时打字回短信。

现在想象如果可以使用那段时间的高度警觉来增强安全意识，并且在你的汽车中设置一些措施用于防止自己做那些糟糕的破坏性的事情。这就是你应该利用 24 小时规则做的事情：抓住发现事故的那个时刻并将其用于有益的地方。

事故发生时，由于其偏离了正确的轨道，抑或是某人面临压力或将接受惩罚，组织中会弥漫着压抑的能量。但是，随着时间的流逝，紧迫感会渐渐消失。因此，最好在事故发生的 24 小时内将后续跟进的措施安排好。

最后，在 24 小时内进行事后剖析有助于确保创建事后剖析文档。创建文档后，它们可以被广泛地分发给其他人以了解事故的情况，并且可以作为对未来工程师的教学工具。需要再次强调，事故中包含大量信息，因此能够把事故详细地记录下来对于培训即将上岗的工程师大有帮助(或将事故用作有趣的面试问题抛给应聘的工程师们)。

9.1.3 制定事后剖析规则

就像对任何会议一样，我们都应该制定一些规则以确保成功的事后剖析。重要的是，你需要在开始事后剖析会议之前先带领大家详细了解这些规则。这些规则旨在营造协作和开放的氛围。

参会人需要坦诚地承认自己在知识或对系统了解上的差距。因为种种原因，团队成员在坦白自己缺少专业知识时会感到不适。公司文化可能倾向于淘汰那些哪怕只是表现出一丝一毫缺乏完整专业知识的员工。公司文化还可能追求不切实际的完美，这样会导致那些犯错的团队成员和对某个主题不是专家的员工缺乏信心。

通常，团队成员们常常出于自身原因感到不自信。这些负面的情绪和经历阻碍了团队的学习和理解。你需要尽力尝试制止这些情绪。这就是规矩和准则的目标。

- 永远不要直接批评一个人。要关注于行动和行为。
- 假设每个人基于当时能够获取的信息已经做到了最好。
- 需要知道，现在事实看起来似乎很清楚，但在当时可能是模糊的。
- 指责系统，而不是人员。
- 记住，最终目标是弄清导致事故的所有因素。

这些规则有助于人们将重点放在讨论目的(即优化系统)上，并且有望使团队摆脱指责游戏。会议主持人需要保证人们始终遵守这些规则。如果有人违反规则，哪怕只是一次，也会向其他参与者发出信号，让他们觉得事后剖析会议就像任何其他会议一样，是在帮助管理层找到卡脖子的问题。

9.2 事故

凌晨 1:29，监控系统检测到其中一项后台工作队列已超过其配置的阈值。Shawn 是值班运维工程师，当时睡得很香，直到他在 1:30 左右收到了一个报告。警报显示"后台工作队列值异常高"。当 Shawn 阅读该报告时，他觉得这听起来更像是一种状态汇报，而不是实际的问题。根据警报的内容，他认为在警报解除前没有任何风险。他确认了警报并选择延后 30 分钟，期待那时警报会被解除。

30 分钟后，警报页面再次出现，并且现在队列变得更大。Shawn 不太确定警报涉及的队列。他知道几个后台处理作业不在这些工作队列中，但每个作业应该都在不同的队列处理。他决定重新启动自己所知道的报告队列作业，看是否能解决问题。然而问题没有解决。有两个队列仍在报告极大的队列规模。通过与历史图表进行比对，他确认这些队列的数据异常高。

此时，Shawn 决定需要通知一名值班的开发工程师。他找到了存储负责人联系方式的列表。令他沮丧的是，值班工程师没有登记电话号码，只有电子邮件地址。列表中没有列出在主要值班人员无法联络时应与谁联系。Shawn 没有随机拨打列表上的电话号码，他选择将该问题汇报给自己的经理以求指导。他的经理登录并协助进行故障排除，但很快发现问题超出了他对系统的了解，于是决定将这个问题升级给总工程师。

总工程师接听了电话并在线开始调查。consumer_daemon 是一个后台程序，负责处理 Shawn 之前确定的两个队列。总工程师发现，consumer_daemon 已经有几个小时没有运行。随着更多任务加入，队列持续扩大，然而由于 consumer_daemon 没有在运行，任务没有被处理。工程师重启了 consumer_daemon，任务处理开始恢复。45 分钟之内，系统恢复了正常。

9.3 开展事后剖析

进行事后剖析会议可能会有点麻烦。通常，想要让事后剖析充分产生价值需要动用到多种技能。你不需要成为事后剖析活动的代言人，但你会发现，扩展参加事后剖析的人群以增加不同的观点会更有价值。

9.3.1 选择参与事后剖析的人员

我将从介绍一些应该参加事后剖析会议的技术角色开始本小节。但无论如何，都不要将事后剖析视为纯粹的技术性活动。很多情况与事故发生时的决策问题有关。即使是不直接为事故负责，利益相关者还是会对了解发生了什么感兴趣并会问"我们如何防止这种情况再次发生"。

参会人邀请名单上应该都是与解决事故直接相关的人员。如果他们全权参与解决工作，我建议他们都要参加。但除此之外，其他人也可以参加，特别是通常会被忽视的人员。

1. 项目经理

项目经理通常会对周围发生的事故感兴趣。首先，他们几乎总是在共享负责日常运行生产环境的技术资源。在掌握第一手资料的同时了解基本的技术问题对评估其他项目的影响是有帮助的。

项目经理还可以传达事故对现有项目和资源的影响。了解事故对其他工作的影响有助于你理解事故的连锁反应。通常，项目经理的时间表上总是排满了解决问题相关的紧急事件。那种紧急的感觉可能导致功能、产品或任务被匆忙地完成，这会为事故的发生创造条件。

2. 业务利益相关者

业务利益相关者们可能无法完全理解在事后剖析会议上用到的所有技术术语，但他们会关注到一些细节，这些细节可为将来如何进行事故善后带来一些启示。这些人善于将技术细节翻译成对业务的意义并且评估事故对业务成果的影响。

例如一个在星期二晚上 9 点发生的事故，因为那个时间段用户活动相对较少，所以这似乎看起来是一个低影响的事件。但业务人员会告诉你，这个特定的星期二要做月底结算。由于停机，分析师无法完成他们的结账工作，因此账单会延迟发出。这意味着应收账款将被延迟，可能导致现金流问题。这听起来有点夸大其辞，但却与事故可能造成的事实情况相距不远。将业务利益相关者纳入会议中有助于为事故管理过程提供背景信息和透明度。

3. 人力资源

根据经验，这一类别的人群非常有趣。我不推荐邀请人力资源同事参加所有的事后剖析会议，但如果我知道导致事故的原因之一是资源和人员，那一定会邀请他们。

如果邀请人力资源代表来倾听事故的处理进展，并且所有痛点仅是因为没有足够的员工，那么结果可能令人惊奇。要聪明地选择你的战斗，反正我此前通过邀请一位人力资源的同事参加事后剖析会议，得到了额外的人手，因为在会上，他得知：我们无法解决问题是因为值班轮换人手不够，一个关键成员在事故发生时睡着了，原因是前一天晚上他在加班进行项目迁移。

9.3.2 整理时间线

事故的时间线是一个记录事故过程中的一系列事件的文档。如果每个人都认同这些事件的发生以及发生的顺序和时间，那么事后剖析将会进行得更加顺利。

无论谁进行事后剖析，都应尝试在会议之前整理好大致的时间线，作为会议讨论的基础。如果你必须在会议开始时制作时间线，那么会花费大量的时间做这件事，因为每个人都必须强迫自己尽全力想起发生了什么事。如果事后剖析会议组织者创建了一个起始点，则可以给事故的所有当事人提供一个提示。随着这个提示，人们会更容易记起更小更复杂的细节。

1. 详述时间轴上的每个事件

作为事后剖析的组织者，时间轴上的每个事件都应包含以下信息：

- 执行了什么动作或事件？
- 由谁执行的？
- 什么时间执行的？

对执行的动作或事件的描述应该是清晰且简洁的。动作或事件的细节应避免有任何感情色彩、评论或动机。它应该是纯粹的事实。例如，"付款服务已通过服务控制面板重新启动"就是一个清晰的事实陈述。

一个不好的例子是"对付款服务的重启是不正确的但不是故意为之的"。这会增加对这个动作的争论点。所谓不正确是按谁的标准评判的？这些标准在哪里沟通过？执行重新启动的人员没有参加过正确的培训吗？通过删除这些判断词，可以将讨论保持在正确的方向上，而不是纠结这个动作是怎样被定性的。这并不是说感情色彩不重要；它是重要的，并且我很快会讲到它。它只是对于流程中的当前部分是没有好处的。

谁执行了事件是另一个需要被记录的事实。在某些情况下，事件可能是由系统本身而非用户执行的。例如，如果操作或事件是"网络服务器内存不足并崩溃"，那么执行该操作的人将是服务器本身。

记录的详细程度取决于你。我通常只将"谁"描述为应用程序及其所属的应用程序组件。它可能是"付款网络服务器"。在某些情况下，你会希望再具体一些，例如"付款网络服务器主机10.0.2.55"，以便说明节点的详细信息，特别是如果相同类型的多个节点以不同方式表现这个情况造成了眼前的问题时。细节最终将取决于你正在处理的问题的性质。

如果"谁"在当前情况指的是一个人，则可以记下该人的姓名或角色。例如，可以记录 Norman Chan 或者可以简单地记录"系统工程师1"。使用角色的好处在于它可以防止人们感觉在事后剖析文件中被指责。如果有人本是无心之失，却被在文档中一遍又一遍地重复名字，多少有些惩罚的意味。

使用角色或职位名的另一个原因是可以持续保持条目的价值。这些文件将有望成为未来工程师们的参考记录。3年后的工程师可能不知道 Norman 是谁或他的工作角色或职能是什么。但知道系统工程师执行了什么指定的操作可以更清楚地了解当时变更的系统环境。鉴于事后剖析的记录,我可能询问 Norman 是否被授权执行他所采取的行动,但如果我看到"系统工程师 1"字样,则会对情况很清楚,因为我了解这个角色的权限、工作范围和职责。

最后,详细地记录事故时间对于确定事件何时发生是必要的,可确保整个团队充分理解事件的操作顺序。

我们要以这种方式详细地说明每一个事件,然后逐一浏览时间轴,和团队成员确认他们贡献的具体信息并确认没有遗漏其他活动。在会议前提前分发时间表可使人们有机会对其进行审核,这有助于加快整个过程,允许人们离线更新时间线,但如果你只能在会议中进行这个操作,也是可以的。现在,时间线已经建立,可以开始逐一浏览细节以搞清事实。

下面是关于如何记录 9.2 节所述事故的一个示例。
- 凌晨 1:29,监视系统检测到后台工作队列高于配置的阈值。
- 凌晨 1:30,系统向待命的运维工程师发出警报,提示他"工作处理队列处于高于阀值异常"。
- 凌晨 1:30,待命运维工程师确认了警报并暂停工作队列 30 分钟。

2. 添加事件上下文信息

建立了时间表后,可以开始为事件添加一些上下文。上下文提供了每个事件背后的附加细节和动机。通常,你只需要向人工执行的事件或动作添加上下文,但有时是系统做出的选择,而该选择需要提供明确的上下文信息。例如,如果系统进入紧急关闭模式,解释系统进入紧急关闭的原因是有益的,特别是在不清楚为什么必须采取如此极端操作的情况下。

事件的上下文应该表明一个人对发生情况的心智模型。理解心智模型将有助于解释为什么做出决定以及做出决定的潜在假设。记住要尊重事后剖析规则,避免基于某个个体对系统运行方式的理解或解释做出判断。你的目标是学习,但很可能一个人对此有误解导致很多人都会有误解。

看一下每一个事件,问一些关于这个决定背后动机的探索性问题。围绕探究问题的一些想法如下所示。
- 为什么感觉这是正确的行动?
- 是什么让你对系统中发生的事情做出了这样的解释?
- 你有没有考虑过其他行动,如果有,为什么要排除这些?
- 如果让其他人来做这个行动,他们如何知道你当时所知道的情况呢?

当提出这些问题时,你会注意到一些有趣的事情:他们并不假设这个人的行为是对还是错。

有时,在事后剖析过程中,可以从执行正确行动的人身上学到和从错误行动中学到的一样多的东西。例如,如果某人决定重新启动一项服务,而这正是解决事件的措施，那么有必要了解工程师所知道的导致他们采取该行动的原因。也许他们知道失败的任务是由这一服务控制的；也许他们也知道这项服务很容易剥离，有时只需要重新启动即可。

这很好，但接下来的问题是其他工程师如何获得同样的知识？如果他们真的有这种怀疑，他们如何证实呢？这纯粹是经验，还是有方法可以将这种经验公开在行动标准或仪表板上，让人们可以验证他们的处理建议？或者也许有一种方法可以创建告警机制来检测故障状态并通知工程师？即使有人采取了正确的行动，理解他们是如何做出正确行动的也是有价值的。

另一个来自真实事件的例子是作为部署流程的一部分，数据库语句运行时间很长。执行部署的工程师意识到它运行了很长时间并启动了故障排除过程。但是他如何知道这个命令会持续多久呢？在这个语境中，什么是"长时间"？当被问到这个问题时，是因为他已经在类生产环境部署中运行了相同的语句，并且对在先前花费的时间有了粗略的了解。但如果他不是执行产品部署的工程师呢？该上下文将会丢失，并且故障排除工作可能很久都不会开始。

得出这些假设是事后剖析过程的核心。你如何改进以共享这些人们多年来收集并在故障排除过程中严重依赖的专业知识？在前面的示例中，团队决定每当部署的数据库语句在类生产环境中运行时，都会对其进行计时并记录在数据库中。然后，当相同的部署在生产环境中运行时，在执行该语句之前，系统将告知部署工程师先前类生产中的运行时长，从而为该工程师提供一些关于应该花费多长时间的上下文。这是一个事件处理成功的例子，可了解它为什么是成功的并确保这种成功可以在未来重演。

在我们的事件中，一个例子可以是询问主要开发人员为什么选择重新启动 consumer_daemon。下面是在此场景中有可能出现的对话示例。

协调员："你为什么决定重新启动 consumer_daemon？"

总工程师(PE)："嗯，当我登录系统时，我发现其中一个存在问题的队列与 consumer_daemon 有相对应的命名约定。"

协调员："那么所有的队列都遵循命名约定？"

总工程师(PE)："是的，队列是以结构化格式命名的，这样你就可以了解该队列的预期消费者是谁。我注意到格式建议使用 consumer_daemon。然后我查找了来自 consumer_daemon 的日志，发现没有日志，这是另一个提示。"

协调员："哦。那么，如果运维工程师知道要查看 consumer_daemon 日志，当它为空时，这是否就是一个信号呢？"

总工程师(PE)："嗯，不完全是。consumer_daemon 正在记录事件，但我希望看到一个特定的日志消息，看它是否正在工作。问题是，日志消息有点晦涩难懂。每当它处理消息时，都会报告名为 MappableEntityUpdateConsumer 的内部结构的更新。我认为，除了开发人员，没有人会把这种关联联系在一起。"

从这段对话中可以看到，开发人员的头脑中存在着对解决这个问题至关重要的特定知识。工程师或协调员通常不能获得或熟知这些信息。这种关于开发人员所采取的正确操作的来回讨论就是进行这些事后剖析的价值所在。

同样，理解某人为什么做出错误的决定也是有价值的。我们的目标是了解他们是如何从他们的角度来看待问题。理解这个看待问题的角度可以为问题提供必要的背景信息。

有一年，我扮成小说《美女与野兽》中的"野兽"去参加万圣节派对。当打扮成"美女"的妻子没有站在我旁边时，人们没有上下文，因此他们认为我是狼人。但当我的妻子站在我旁边的那一刻，他们立刻获取了缺失的背景，他们对我的装束的看法完全改变了。让我们看一下值班运维工程师和事后剖析协调员之间的对话，有关于他决定确认警报而不采取行动的背景。

协调员："当你第一次收到警报时，你确认并暂停该警报。这个决定是如何做出的？"

运维工程师："嗯，警报并没有显示出真正的问题。上面只说任务队列都排满了。但这种情况发生的原因有很多。另外，当时是深夜，我知道我们在晚上做了很多后台处理。该工作被转储到各种队列中并进行处理。我想这可能只是当晚后台的任务队列比往常更多而已。"

这段对话揭示了运维工程师的一些观点。如果没有这样的背景，我们可能会认为是因为工程师太累了，无法处理这个问题，或者只是按照通常的处理方式试图避免处理它。但在对话中，很明显这位工程师有一个完全合理的理由来暂停警报。也许应该更好地设计警报消息，从业务角度指出潜在影响，而不是仅传达系统的一般状态。此错误会导致额外浪费 30 分钟的故障排除时间并进一步增加需要处理的事项，从而潜在地增加恢复时间。

与系统的实际行为方式相比，人们对系统行为方式的看法有瑕疵的情况并不少见。这可以追溯到前面介绍的心智模型的概念。让我们从对话中添加更多上下文。

协调员："你有没有想过重新启动 consumer_daemon？"

运维工程师："想过也算没想过。我没有特别想到要重启 consumer_daemon，但我认为我已经重启了我该重启的服务。"

协调员："你能更详细地解释一下吗？"

运维工程师："我用来重新启动服务的命令提供了可以重新启动的 Sidekiq 服务列表，并按队列列出它们。consumer_daemon 是队列之一。我不知道的是，consumer_daemon 并不是专门的 Sidekiq 进程。因此，当我重新启动所有 Sidekiq 进程时，consumer_daemon 被省略了，因为它不能与所有其他后台进程一起在

Sidekiq 中运行。此外，我没有意识到 consumer_daemon 不只是一个队列，还是负责处理该队列的进程的名称。"

这一背景突显了运维工程师对系统的心智模型存在的缺陷，并且表明他用来重启服务的命令也是延长宕机的错误所在。

图 9.2 显示了他对系统的期望与实际情况的对比。你将注意到，在工程师的心智模型中，consumer_daemon 从 p2_queue 进行处理，而实际上它从 cd_queue 进行处理。心智模型中的另一个缺陷是，工程师假设通用的重新启动命令也会重新启动 consumer_daemon，但实际情况是可以看到有一个特定的 consumer_daemon 重新启动命令。

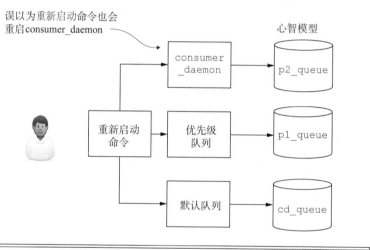

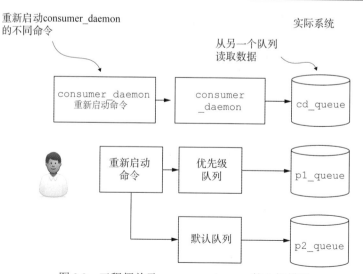

图 9.2　工程师关于 consumer_daemon 的心智模型

由于命令的分组方式，工程师推断出一些不正确的假设，但又无法知道这些假设是错误的。这会将我们引向一个变更项目，以在帮助文档中修复重新启动服务的话术。

给事物命名的方式会影响人们的心智模型。如果你有一个电灯开关，在该电灯开关上方有红色粗体字母写着"火警"字样，这会改变你对电灯开关功能的理解。当有人要求你"关掉所有的灯"时，你很可能会跳过这个灯开关，因为它的标签改变了你对它做什么的理解。系统的心智模型也会受到大致相同的影响。在事后剖析过程中，识别并纠正这些错误是一个关键的关注领域。

9.3.3 定义和跟进行动事项

事后剖析有助于围绕事故创建更多的背景和知识。但大多数事后剖析都应该产生一系列需要执行的行动事项。如果工程师因为缺乏对系统某一部分的可见性而做出了糟糕的决策，那么创建这种可见性将是一个非常有用的行动事项。

事后剖析中行动事项的另一个好处是，它们可以展示改善和提高系统可靠性。仅是对所发生事情进行解读的事后剖析无法展示采取积极主动的措施来更好地处理未来可能发生的问题。

行动事项应该明确定义并以"谁将在何时做什么"的格式组织起来。如果一个行动事项没有这3个关键部分，那么它就是不完整的。我见过许多组织未能在后续事项上取得具体进展，因为任务的定义过于宽松。例如"我们将为订单处理实现额外的指标"，对我来说，这听起来不像什么可以执行的事项。"我们"并没有被真正定义，虽然订单处理的额外指标听起来像是一个崇高的目标，但任务没有日期的事实意味着它没有优先级。当谈到从事后剖析中产出的行动事项时，随着时间的推移，这项任务的紧迫性会逐渐消退。

1. 行动事项负责人

获得团队对行动事项的承诺是一项艰巨的任务。大多数人不会无所事事地寻找额外的工作做。当事件发生时，要让个人致力于完成一项工作是一个挑战，特别是当这项工作并不容易时。要求某人创建新的仪表板是一回事，但要求某人重新设计工作队列系统的功能则是一项艰巨的任务。

你在这些项目上取得进展的最佳途径是把它们当作不同的要求来对待。行动事项要分为短期目标和长期目标。短期目标应该是那些可以在合理的时间内完成的任务，而且应该提升优先级。根据不同团队的工作量，合理显然是一个不断变化的目标，但团队代表应该能够对什么是现实的和什么是不现实的给出一些建议。长期目标是那些需要付出很大努力并需要领导层以某种形式确定优先顺序的事项。长期目标应该足够详细，以便与领导层讨论其范围和时间承诺。你需要确保在笔记中记录以下内容：

- 需要执行的工作的详细说明。
- 粗略估计团队需要多长时间才能完成工作。
- 决策者需要负责确定工作优先级。

一旦你的清单被分成短期和长期目标，就可以先对短期事项做出承诺。如前所述，每个事项都应该有一个具体的所有者，即要执行任务并为该行动事项指定截止日期的人。记住要考虑到，这是在某人已有的工作量基础上添加的新的、计划外的工作。在未来有个截止日期总比根本没有要好。当团队成员承诺日期时，提供一定的灵活度和理解。每个人的假设都是这些事情需要立即完成，虽然这是首选的结果，但在 5 周内完成工作总比没有约定截止日期并停滞在那里要好。

在你的短期行动清单填好之后，就转向长期目标。短期目标可直接转换为行动事项，而长期目标则有更多的中间步骤。由于长期行动事项的范围较广，因此不可能直接为其分配所有者和截止日期。但如果你让其保持原样，这件事不会有任何进展。

行动事项的所有者负责致力于促成事项的完成，而非仅创建一个行动事项等待其完成。谁来负责通过优先级排序流程提交工作项？到什么时间？行动事项的所有者将通过优先级排序过程处理请求的后续工作，直到团队安排好并进行最终解决问题。

现在你应该拥有了一份完整的行动事项清单以及关于长期目标的详细信息。表 9.1 是相关信息示例。

表 9.1　事后剖析报告中的行动事项清单

行动事项	负责人	截止日期
更新重新启动脚本以包括 consumer_daemon	Jeff Smith	2021 年 4 月 3 日下班之前
请求 consumer_daemon 的详细日志记录	Jeff Smith	2021 年 4 月 1 日下班之前
长期目标	预估的时间	决策者
consumer_daemon 的日志记录不足。它需要重写日志记录模块	2～3 周	Blue 团队的管理人员

2. 跟进行动事项

把某人的名字放在行动事项中并不能保证事项的负责人能及时完成任务。每个人都会被其他竞争事务占用大量的时间，行动事项总是会延时。然而，作为事后剖析的组织者，要持续推动行动事项完成。

在事后剖析期间，团队应该遵循整个小组更新的节奏。在你所使用的工作跟踪系统中，为每个行动事项分配一个工单可以很好地发挥作用。该系统有助于使行动事项的工作对每个人都可见并为大家提供一种自己检查状态的方法。

然后，事后剖析协调员应按照商定的频率向事后剖析小组发送最新信息。协调员还应该联系错过约定交付日期的团队成员，协商新的日期。

如果某个事项的截止日期已过期，则不应让该事项继续保留在未完成行动事项列表中。如果某个行动事项在商定的日期前没有完成，则协调员和行动事项所有者应协商该任务的新截止日期。让任务截止日期保持最新有助于使他们重视这件事，至少相对于一个人的待办事项清单中的其他事项而言是这样。

不能低估跟踪事后剖析行动事项完成程度的重要性。这些类型的行动事项总是卷入日常活动的旋风中并迅速掉落在优先级层级后面。后续行动有助于维持这些行动事项的正常运转，有时仅是为了不收到那些唠叨的电子邮件。

如果你未能在某事项上取得进展，则有必要记录未完成该事项所带来的风险。例如，修复较差查询性能的行动事项似乎从未确定优先级或取得进展，那么可以将其作为事件的一部分记录为可接受的风险。这样一来，你至少可以向团队表明，这个问题被认为不够重要(或者重复发生的可能性很低)，与团队的其他时间要求相比不值得花时间去完成。但重要的是，这一点必须被记录在事件中，这样每个人都同意并承认风险是团队可以接受的。

这并不总是意味着失败。有时接受风险是正确的商业决策。如果失败有1%的可能性发生，但需要团队付出巨大的努力，那么接受风险是一个完全合理的选择。但团队经常会因为谁来决定应该接受风险而犹豫不决。正确的沟通和团队共识必须是接受风险决策中的一部分。

9.3.4 记录事后剖析

把你的事后剖析结果写下来有很大的价值。它们是与直接事后剖析团队以外的人沟通的书面记录，也是未来遇到类似问题的工程师的历史记录。你应该预料到组织中事后剖析报告的受众的技能会较为混杂。你在写报告时应该考虑到其他工程师，因此要准备好提供低阶的细节。但是，如果你适当地组织文档，就有办法为技术不如工程师的人提供高阶的概述。

保持事后剖析文件结构的一致性有助于保持事后剖析的质量。如果文档遵循一定的模板，则模板可以作为你需要提供的信息的提示。当你浏览事后剖析文档时，文档中的信息应随着你浏览的深入而变得越详细。

1. 事故总况

事后剖析文件的第一部分应包含事故总况。你应该列出以下关键事项：
- 事故的开始日期和时间；
- 事故的解决日期和时间；
- 事故的总持续时间；

- 受影响的系统。

这份清单不需要以散文形式写成。它可以在页面顶部以项目列表的形式显示。将此信息放在最上面，使你在寻求有关事故的一般帮助时轻松地找到它。一旦你不再考虑事故的具体细节，那可能希望在查找总体信息时搜索此文档。

更好的解决方案是将此信息添加到某种可报告的工具或数据库中。像 Excel 文档这样简单的东西可以使汇总大量数据变得更容易。数据库将提供最大的灵活性，但在本节中，我将重点介绍基本的纸质文档。

2. 事故摘要

事故摘要是正式的、结构化的事故报告应该包含的部分。这一部分应该提供事故高层级的细节以及不会太深入细节的上下文。可将此视为执行报告摘要：非技术人员仍可阅读并了解事故的总体影响、事故期间的用户体会(如果有)，以及事故最终是如何解决的。如果可能，目标是将事故总结保持在两到三段之内。

3. 事故详情

事故详情是事后剖析报告中最详细的部分。这一部分的目标受众主要是其他工程师。它应该提供在事后剖析会议期间创建的事件时间线的详细过程。详细的报告不仅应该包含采取特定操作的所有决策过程，还应该提供任何支持文档，如图形、图表、警报或屏幕截图。这有助于阅读者了解参与事故解决的工程师的经历和所见所闻。在屏幕截图中提供注释也非常有用。在图 9.3 中，可以看到用红色大箭头指出图表中的问题如何为与事故相关的数据提供上下文。

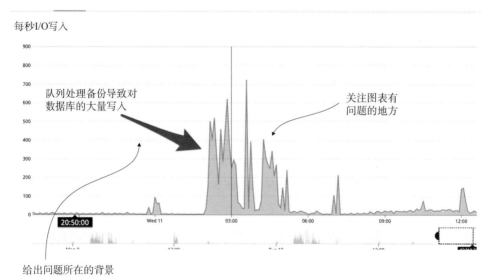

图 9.3　事后剖析中的图形注释

即使详情部分是为其他工程师所写，它也不应该假定工程师的经验水平或知识水平。在解释事故的关键技术方面时，有必要介绍导致问题的底层技术。这不必是详尽的，但这应该足以让工程师在高层次上理解正在发生的事情，或者至少提供足够的背景以便他们可以开始自己研究它。

例如，如果所报告的事故与过多的数据库锁有关，则需要简要说明数据库锁的工作原理，以便让读者对事后剖析文档有更清晰的了解。以下是实际事后剖析报告中的一个示例，它说明了你会如何深入了解问题的详细信息。

在生产环境中有许多查询在执行，而这些查询通常不会在部署期间运行。其中一个查询是一个长时间运行的事务，它已经运行了一段时间。这个长时间运行的事务在 auth_users 表上持有读锁定(遗憾的是，我们无法在事故的故障排除阶段捕获查询。我们确认它来自 Sidekiq 节点)。

事务和锁定

当一个事务运行时，数据库将在表被访问时进行锁定。所有查询都将生成某种锁。一个简单的 SELECT 查询将在该查询的生存期内生成一个读锁定。但是，当查询在事务内执行时，这种情况会发生变化。当在事务内进行查询时，它获取的锁将在事务的整个生命周期内保持。以下面这个无意义的事务为例。

```
BEGIN TRANSACTION
SELECT COUNT(*) from auth_users;
SELECT COUNT(*) from direct_delivery_items;


COMMIT
```

auth_users 表在 direct_delivery_items 查询执行的整个过程中都有一个读锁定。考虑到 direct_delivery_items 的大小，锁定持续时间会超过 10 分钟(即使从应用程序的角度看不需要锁)。这基本上就是操作中断当天的情况。一个长时间运行的查询在 auth_users 上有一个读锁定，这阻止了 ALTER TABLE 语句获取锁。

4. 识别和处理问题

关于识别和处理问题的这一部分应该强调团队已确定为需要改进的领域。要考虑到人们的心智模型有处理不正确的所有地方。也许记录在案的处理事故的过程遗漏了一个步骤；或者处理过程没有考虑到特定的故障场景。它可以是一些简单的事情(如如何管理事故)，或者一些更具体的技术问题(如数据库故障转移是如何执行的)。

这一部分不是关于定义和划分责任，而是关于找出导致失败的关键领域。我们只需要在项目列表中指出这些事项并围绕它们提供一些细节。

5. 行动事项

最后一个部分应该只是一个事项列表，上面列出从事后剖析会议中取出的未完成的行动事项。事项列表应该详细说明所有行动事项的组成部分：谁将在何时做什么。

9.3.5 分享事后剖析

一旦事后剖析完成，最后要做的就是与工程组织的其他人员分享。你必须有一个存放所有事后剖析的地方。可以将这些事后剖析按照合理的方式分组归类，但应该有一个位置可以找到所有事后剖析和分类资料。在某种程度上很难对事后剖析进行分类，因为系统故障很少是孤立的。它们可能会对整个平台产生连锁反应，因此一个子系统的故障会导致其他子系统的故障。

许多文档系统使用元数据或标签来帮助对信息进行分类。标签充当搜索引擎中通常使用的附加信息。通过使用标签，可以找到与同一主题相关的不同文档类型，而不管文档的名称或标题是什么。如果你正在使用的文档系统允许将标签或其他形式的元数据添加到文档中，那么最好不要创建类别或层次结构，而是使用元数据选项来详细说明文档。这允许你使用多个关键字来标记文档，因此如果文档确实与多个系统或部门相关，你只需要为每个受影响的领域添加一个标签即可。

同样可取的是，你的文档应遵循命名约定。根据你所在组织的不同，定义会有所不同，但我强烈建议文档名称的第一个组成部分是事件发生的日期。例如，可以将事后剖析命名为"01-01-2019-部署期间数据库锁定过多"。这给出了事件的简要总结，同时日期使人们可以相对轻松地查找特定事件以找到正确的文档。

最后，当共享事后剖析时，如果可能，尽量避免限制对文档的访问。为达到交流的目的，你希望这些信息被广泛阅读，这样每个人都能理解这些事后剖析的期望。把文件只提供给选定的一群人会发出错误的信号，即只有那些选定的人才负责撰写事后剖析报告。

9.4 小结

- 指责式的事后剖析是无效的。
- 理解工程师有关系统的心智模型，以便更好地理解决策。
- 行动事项应定义为"谁将在何时做什么"。
- 编写事后文档时应针对不同受众在不同部分记录相应的内容。
- 要有一个中心位置，用于与团队共享所有事后剖析。

第10章

信息囤积

> **本章内容**
> - 识别信息囤积
> - 使用闪电演讲保持参与度
> - 组织午餐学习
> - 将博客及写作当成一种沟通方式
> - 利用外部活动和团体增进知识共享

除非有意干预，否则信息往往会围绕关键人物聚集。这使得这些关键人物非常重要，但同时也负担沉重。当关键人物不在办公室或没有空闲时，流程和项目就会陷入停滞。我把这个反模式称为"信息囤积"。当信息共享还未能在整个组织中得到养成，团队成员开始从关键人员的话题领域抽离时，通常就会出现这种状况。

在本书中，我一直在讨论员工之间的协作以及赋予员工成功所需能力的价值。但赋能不只是关于访问限制和权限，它还深入到通过知识和觉知来赋能的实践中。

许多人认为组织内部的知识是理所当然的，但你对某一主题的知识掌握得越多，其中的复杂和微妙就越明显。从外部看，部署听起来就是一个简单的核心活动；但外行看热闹，内行看门道，如果你深入研究部署过程，就会开始意识到所有那些原先模糊不清的细小步骤。

信息共享的行为本质上没有什么不同。从外部看，为唤醒人们并让他们参与到自身以外的领域，让信息可被获取似乎是唯一需要做的事情。可惜，事实并非如此，知识共享不只是把信息放入一个维基页面这么简单。

信息囤积是企业面临的普遍困扰。当信息被隔离在组织的某个特定区域时就会发生这种情况。虽然知识集中未必是坏事，但团队会围绕这些知识设置人为障碍。

很多时候，这并非是有意识的选择，而是几个看似互不相干的决策的结果。谁有文档服务器的访问权限？文档是写给谁看的？使用什么术语让知识可以从外部被发现？这些无关痛痒的细小决定聚集在一起形成了屏障。

这些屏障打乱了信息流动，会影响工作效率并阻碍工作人员掌握与自身专业领域相近的领域。在极端糟糕的情况下，信息囤积会造成无人关注整体，每个人都只想着自己那一亩三分地。

你可能想知道这一切与 DevOps 有什么关系。如何共享信息始终是你如何进行团队沟通以及如何区分责任和所有权的蓝图。DevOps要去打破部门筒仓，但那些存在于汇报层级中的部门墙同样存在于我们的言语和思想中。对团队信息的囤积和保护保持敏感有助于建立同理心。自我反思将使你能够独立做出更好的选择，并且使你能够将这些选择融入团队的文化基因中。这一直是DevOps 的核心理念。

在本章中，我将介绍信息囤积的概念、信息囤积是如何发生的，以及如何通过几乎任何组织都可采用的结构化活动和仪式来摆脱信息囤积。

10.1 理解信息囤积的发生机制

系统所有者很容易被视为邪恶的独裁者：他们不希望自己领地之外的人了解自己所负责管理的系统是如何运作的。我不想假装组织中不存在这类的恶棍，但根据我的经验，他们远比你想象的要少得多。

因此，如果不是某个恶棍坐在后端办公室里囤积所有的维基文档，你不禁会发问，究竟是什么导致了这些信息筒仓？实际是组织结构、激励机制、优先事项和价值观相互作用，导致文档库中只有一堆空的文件目录。

我首先想说的是存在两种主要的信息囤积类型(对它们进行区分非常重要)：有意囤积和无意囤积。有意囤积是大多数人所熟知的：一个经理或工程师认定信息就是金钱并决定为了自身的利益而囤积信息。我在本书的稍后部分会谈及这些囤积者，但即使是有意囤积者，他们的行为也是组织影响与不良激励相结合的结果。无意囤积者非常有趣，因为他们往往都没有意识到自己在囤积信息。如果能够认识到自己正在囤积信息，然后采取行动纠正这种行为以使工程师更高效，则这种觉知和纠偏会很有价值。

10.2 识别无意囤积者

Jonah 现在已经在一个项目上工作了两周左右。该项目将发布一种新的方法以便让环境自行注册到第三方的服务。然而，这只是一个概念验证项目，只有当这个工具被证明有用时，才会进入正式的项目状态。

如同大多数成功的概念验证项目一样，该工具一经发布就极具价值，以至于无法关闭。因此，为了让应用程序以正常方式运行，大量疯狂的变更涌现出来。架构和代码的变更每周都在发生，应用程序的样貌似乎也经常变化。由于项目极不稳定，文档一直被推迟，直到工具达到某个定义不清的"稳定"指标。

一旦这些变更最终可以稳定下来，团队就会转向另一个项目，而现在所需补充的文档数量多到让人感觉难以完成。一张要求编写文档的工单进入待办事项列表，从此就被束之高阁。

你可能会觉得这个故事似曾相识或会有所触动，有些人甚至会谴责 Jonah 在没有适当编写文档的情况下就创造了一些东西。但 Jonah 在这里既是为害者，又是受害者。组织的结构和激励方式使得 Jonah 的行为会与组织的设计和结构的表征完全保持一致。在 Jonah 的所有任务中，文档的重要性低于其他任务的重要性。Jonah 在不知不觉中成了一个无意囤积者。

这一场景在组织中较为常见，但往往不被视为信息囤积，因为对于所有希望的信息，Jonah 都非常乐于提供。但事实依旧是，Jonah 成了你所接收信息的把关者。

不仅如此，你所得到的数据都是以 Jonah 自己的视角筛选过的。他自行决定哪些信息对你的询问重要和哪些不重要。如果 Jonah 觉得一个额外的组件对你正在做的事情不重要，他可能不会提及。这并不是要把 Jonah 塑造成反派角色，而是人们事实上在面对提问、场景或难题时会产生不同的观点。

这甚至还没有开始触及对于这一主题相关的提问 Jonah 是否有空回答的问题。如果他正在度假呢？或者正在开会呢？Jonah 是否有空决定了别人能否获取存储在他大脑中的信息，这几乎从来都不是好事。这就引出了第一个无意的囤积行为：文档不受重视。

10.2.1 文档不受重视

我想具体说明自己是如何定义"重视"的。每个人都认为自己重视文档，但事实并非如此。人们认为文档很重要，但这与真正重视文档有很大不同。人们认为厕纸很重要，但直到某天厕纸突然变成稀缺品时，才开始真正重视它。

这里还有另一个例子说明公司如何重视某些文档而忽略其他一些文档。你是否曾经在没有任何文档的情况下推出过一项服务、应用或产品？大多数人应该有过这样的经历。在这样的组织中，文档可能很重要。公司不会阻止你提供产品的文档，甚至会鼓励你这样做。但到了紧要关头，如果产品需要发布，是绝对不会因缺少文档而延迟部署的。

作为对照，你可以试着去提交一份缺少详细交易记录的费用支出报告，看这个报告能有多大进展。事实上这一点都行不通。你可能会说，在费用支出方面，公司面临被欺诈、为不存在的费用支出付款以及其他类型的财务违规风险。但我认为，对于应用程序、技术产品和代码变更，缺少文档的风险同样很大。

文档的价值根植于行动，而不是空谈。要在组织中重视文档，系统必须就位。如果你想跳过文档，那就自问文档是否真的有价值。如果文档没有价值，那就没关系。如果一个组织认为文档没有价值，那么很难打破这种不良的文档习惯。

何时编写文档

团队中存在的一个很大的文档问题是确定何时编写。鉴于维护文档的费用和开销，因此对于实际编写的文档要慎重和要有选择，我认为这一点很重要。

在工程方面，实现细节不太需要记录于所有的书面文档中。这些细节容易过时，在某些情况下还有潜在的危险。组织中最危险的事情之一就是过时的、高度详细的文档。基于过时的信息所做出的决策会对项目产生连锁反应。编写关于动机、背景和策略的文档远比包括具体的实施细节要好得多。

在工程环境中，通常需要权衡代码设计。在决定对象层级结构时，有时没有所谓正确的选择。记录所选层级结构的策略以及选择过程中所做的权衡不仅可以为现有的设计策略提供背景信息，而且还可以影响未来的实施选择，即便是原始作者早已离开。

高阶的设计文档也有助于巩固阅读者心中对系统的想法。应当避免过于详细地描述具体软件实现或服务器数量之类的内容，因为这些细节会随着时间的推移而改变。与其在文档中详细说明在前端和后端服务器之间有 3 台运行 5.2 版本的 ActiveMQ 服务器，不如将其概要地标记为"消息总线"。对于高阶设计而言，这样做既可以传达目的，又不会给阅读者带来不必要的细节。文档越是具体，与其相关的受众就越少。

文档并非真正的最终目标，最终目标是信息共享。如果可以通过不同的方式获得同样质量的信息共享，那么绝对值得跳过成堆的书面文档，转而使用一些更容易管理或生成的东西。文档的价值必须超过产生文档的机会成本。

定义 机会成本是指选择一项而非另一项活动或行动时的潜在损失。如果一个开发人员不得不花一周时间编写文档，则机会成本是该开发人员如果不编写文档而本可取得的一周的编码进度。

如果让开发人员继续进行下一个项目比编写文档对组织更有价值，那么我认为这是一个不错的选择。事实上，大多数工程师一直在做这样的选择。他们打算稍后再回来处理文档，但实际很少再回来。不优先处理文档是一种选择，但关于何时做出选择，你必须真实地面对自己并尝试为真正的目标(即共享信息)提出替代方案。本章稍后将讨论书面文档之外的方法。

文档并不是导致团队迟早会囤积信息的唯一障碍。开发人员和架构师设计系统的方式可能会通过复杂的网络导致信息囤积。例如，我的团队的部署自动化非常有用且功能强大，但同时也非常混乱，以至于其他团队完全无法理解，更无法对其做出贡献。事实上，我的团队充当了开发过程中一项最重要功能的把控者。

> **文档的感知价值**
>
> 在职业生涯中，我发现一个有趣的现象，人们往往会根据自己在文档生产消费链条中的位置来评估其重要性。当需要别人创建文档时，文档会变得必不可少；但当需要自己编写文档时，突然间文档就变得无足轻重。
>
> 这是非常重要的一课，关于共情以及你该如何设身处地为他人着想。与其苛责别人没有编写文档，不如回想自己项目中经历的各种因素和时间压力，并且尝试从理解而非指责的角度来应对这种情况。

10.2.2 抽象与混乱

如果你在设计一个复杂的系统，当你尝试去解决问题时，通常值得花时间处理抽象层次。

定义 抽象是指将某一事物独立于与其交互的各种关联和实现，使之更易使用和交互。举个现实世界的例子，无论产自哪家制造商，所有汽车都有油门踏板、刹车和方向盘。这种对用户的呈现是与汽车发动机内部的转向、制动和加速的详细实现分开处理的。

抽象层有助于隐藏通常需要了解的大量复杂细节。以接单系统为例，一个订单必须被完成并递送给客户；这可以是一个提货订单，也可以是一个送货订单。如果没有抽象，订单系统既需要了解提货订单的工作流程，也需要了解送货订单的工作流程。订单系统需要了解运输细节、递送费用和一长串的其他信息。如此多的数据给订单系统带来了极大负担和复杂性。

但如果把代码分成订单系统和递送系统两部分，那么订单系统可以完全不去了解订单是如何交付给客户的，只需要记录一些关键信息，然后将这些数据传递给递送服务。递送服务会知道订单递送的详情，但无须了解订单的实际接收和处理方式，因为它只是从上游接收一个订单，然后需要完成递送。

如图 10.1 所示在上半部分，你将看到订单系统必须关注递送机制，并且实现提货订单或是送货订单的履行。在下半部分的抽象模型中，订单系统只与递送系统交互。递送的细节通过抽象层进行处理，以保护订单系统不受具体细节影响。

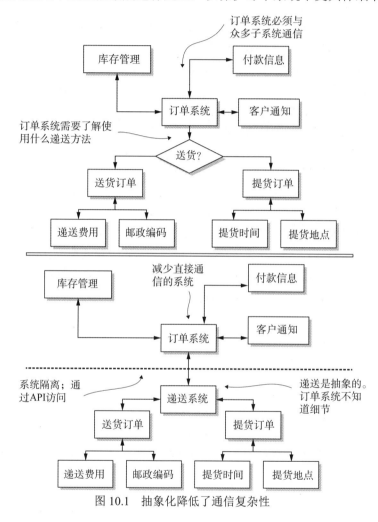

图 10.1 抽象化降低了通信复杂性

涉及管理系统的复杂性时，这种抽象非常有用。然而，问题会发生在订单团队需要了解递送团队流程的实现细节时。因为这些小组创建的系统允许他们相互隔离，文档的价值被进一步贬低：所有需要的人都在团队中，并且非常熟悉这些信息。递送团队并非有意囤积信息，而是认为该文档的真正受众只有他们自己；其他人只需要提供订单和递送类型，然后递送团队会帮你搞定一切。

但是，如果订单团队想做一个变更，并且需要确保该变更不会影响递送团队，又会怎样？或者如果订单团队遇到问题，需要了解递送服务的功能，以作为其故障排除工作的一部分？这种意外的信息孤岛会导致问题，因为递送团队对潜在的普通信息请求已习以为常。订单团队需要或想要了解与他们交互的系统如何运行的原因有很多。这些信息通常是高度情景化的，这意味着他们需要了解系统，以便处理特定的请求或问题。

这种抽象的另一个问题是，它突然在团队之间建立起一道防火墙，这往往会滋生不良行为。想一想你的房子，我相信，有时你家会处于一种过于无序、混乱、令人不忍直视的状态，那时你绝对不愿接待访客。

正如只有住在房子里的人才会看到其中的杂乱无序，同样的事情也会发生在代码身上。这种情况会带来迷惑——事情的运作方式是怎样的或是为什么事情会以这样的方式运作。也许你的团队遇到开发时间不足的问题，为了赶工走了捷径；也许你的代码缺少注释，因此丢失了上下文。你的团队可能会接受这种情况，因为你们都知道这样做的背景和机会成本。

但对于其他团队而言，如果没有这种上下文，你的代码看起来就像一个模糊而又复杂的噩梦。现在，无论何时有人看这段代码，都需要先解释这段代码，以确保他们不会对特定的基础片段做出错误的假设。这就是为什么抽象化可能很好，也可能会导致混淆，进而导致意外的信息囤积。随着时间的推移，特殊情况、一次性的客户请求和错误修复场景不断涌现，这些变更未经慎重考虑和适当重构就被融入解决方案，问题会进一步恶化。

10.2.3 访问限制

出于这样或那样的原因，往往会有一些信息，团队认为不应该被团队之外的人看到。这在运维团队中很常见，例如他们的配置文件中可能散落着密码和其他敏感信息。

假设你的 Wiki 上有一个项目空间。项目文件夹中包含有敏感信息，因此团队决定保护该文件夹，只有他们自己才能访问。然而，随着时间的推移，不断有数据被添加到该文件夹，越来越多的信息被置于防护墙之后。这堵墙现在已经远超其预设边界，它在保护高度敏感信息的同时也屏蔽了其他团队需要的非常常规的信息。

访问限制的初衷是好的，但如果没有被仔细监控，则会迅速演变为过度保护的极权状态。这种情况下，人们可分为两种类型：少数人面对"一扇上锁的门"时会变得充满探索精神，他们决定去请求许可或四处打探消息；而大多数人会认为门后的东西不是给他们准备的，他们会继续自己的工作，不认为门后的东西能够帮到自己。更糟糕的是，这种习得性行为会在组织中自我复制。

我并不是说保护敏感信息不重要，这是毋庸置疑的。但是，在决定将某些东西放在一个高度安全的文件夹区域之前，你需要评估是否真的有必要将其放在 Wiki

的锁定区域中。

> **工单系统的权限**
>
> 这有点离题，但我认为在工单管理系统中提及本地访问限制的重要性时应该特别慎重。在很多工单工具中，安全模型允许团队级别的工作流程和权限，但往往这些项目的管理仍以集中的方式存在。当一个团队没有能力快速处理对其项目以及后续工单、报告和过滤器的访问请求时，就会浪费很多时间。
>
> 如果工具支持项目或部门级别的访问控制，那么管理该项目的团队应该有能力管理这些控制和工作流程。这可以减少周转时间并有助于应对那些影响团队效率的限制。

10.2.4 评估把关者行为

前面的内容并未列举出所有无意囤积信息的方式，但列出的这些方式是最常见的，其初衷往往也是最有益的。你可以试着查看别人在获取你拥有的信息时所经历的关卡，以评估你囤积信息的可能性。是否有其他方法来获取你的团队可以提供的信息？人们一般是在寻求你的学科专业技术，还是在寻求更为普遍的相关支持信息？是否已有这方面的文档，但人们只是没有必备的访问权限？

这并不意味着你需要为每一条信息随时准备某种形式的文档，但你应该考虑如何在将来让每一个请求更自助。关注团队信息是如何被请求和提取的这件事需要长期坚持。如果留心去观察无意囤积信息的迹象，你会很快发现自己的不足和可改进项。后面将介绍改进文档的具体方法。

10.3 有效进行沟通

谈到信息共享，一个常见的错误是，认为所有人天生就知道如何有效地进行知识传递。无论采用什么媒介来共享信息，构建知识交流的方式都是一项核心技能。如果你有自己喜欢并且行之有效的信息沟通方式，我绝不会要求你放弃，请继续使用对你有效的方式。但是，如果你发现自己难以将想法组织成内聚的信息，本节将提供最佳实现方法的指导。

如果你曾经有过一个糟糕的老师，你就知道在拥有知识和传递知识之间存在巨大的鸿沟。科学家和心理学家已经识别出适合人类的4种主要学习方法：视觉、听觉、读写和动觉(动手)活动。许多人喜欢一种类型胜过另外的一种，与此同时很多人在混合使用所有类型时学习最为高效。

记住，在学习方面，不是每个人都会采用或喜欢与你相同的风格。然而，无论选择何种风格，传达信息仍然要遵循结构化的方法，以优化人们对所选主题的处理方式。

我建议遵循下面的沟通步骤。

(1) 明确主题。
(2) 明确受众。
(3) 勾勒要点。
(4) 以行动号召结尾。

10.3.1 明确主题

主题明确是沟通的第一步。如果你决定做一个关于电视的演讲，可讲的话题有很多。你要谈论传送电视的技术？还是无数的电视娱乐节目？或者电视产生的社会影响？尽管围绕着同一个话题，这些主题却大相径庭。

你必须把注意力集中在你的主题上，以便于借此组织其余的内容。明确主题将帮助你快速识别什么在交流范围之内，以及哪些超出了范围。

在考虑明确主题时，也要尽量着眼于你想要在交流中传达什么。如果以创建最全面的计费文档为目标，就必须做好了解该过程每一细节的准备。但如果只是想让人们更清楚地了解团队在计费周期中是如何互动的，那么把文档限制在这一特定的主题区域将有助于保持正确的方向。

10.3.2 明确受众

一旦明确了主题，就要考虑打算向谁沟通。每一次沟通都要有目标受众。想一想你曾经观察过的一切。为有效地传达信息，你必须对接收信息的人做出一定的假设。

正是这些假设明确了你的受众是谁以及你需要深入沟通的详细程度。如果你的受众是工程师，可以在沟通中使用"编译器"这个词，而不需要详细解释；如果你的受众是五年级的学生，那需要改变你的语言，并且在使用"编译器"这个词之前定义什么是编译器。明确你的受众是设计文档时经常被忽略的关键步骤。

当受众明确后，你还可以考虑如何帮助那些核心受众群体以外的人理解交流内容。或许你在没有定义的情况下使用了"编译器"这个词，但可在你的文档特定上下文以外的地方创建一个指向其他文档的超链接，更详细地描述什么是编译器。

10.3.3 勾勒要点

一旦明确了主题，选好了受众，接下来就是构建要点。要点是你想要传达主题的主要领域。它们可分为两个阵营：核心要点和修饰内容。核心要点是你全力以赴要去传达的信息，是理解主题的关键。修饰内容是有助于增进理解的内容，但对传递当前的主题不那么重要。如果你要写一篇关于电视对社会影响的文章，电视技术就没那么重要，可被视为修饰内容。这样进行区分的目的是为了随着沟通的进行，你的关注点可以保持明确并能在必要时对内容进行适度删减。

10.3.4 提出行动号召

最后，以行动号召结尾。受众接收到信息后应该做什么？接下来的步骤是什么？

你的行动号召可以是与他们分享更多信息以进一步研究某个主题，或者要求他们填写一份调查表，抑或是请他们回到自己的团队后使用此次沟通中学到的技能。总之，结束沟通时一定要采用某种形式的行动号召激发受众继续前进。

这只是组织沟通的其中一种方法。再次申明，如果你已经有了适合自己的有效方法，则坚持继续使用。但是，如果你发现自己在如何有效沟通这方面遇到麻烦，那么遵循这种模式可以帮助你组织信息沟通。

10.4 让你的知识可以被发现

就像信息囤积是无意一样，知识共享的过程同样需要小心谨慎。知识库是收集公司相关知识的地方，包括掌握在员工手里的信息、数据和文档等。其形式可以是维基、SharePoint 站点，甚至只是一个共享网盘上的文件夹。

然而，管理这些知识库并为知识库结构设置指导方针是格外需要关注的问题。文档和知识转移只是知识管理领域的额外任务，虽然每个人都期望其能成为日常工作的一部分，但事实的真相是，如果没有明确的方向和优先级，它们往往会输给团队对工程师们提出的诸多其他要求。

这些众所周知的问题需要进行一番结构性调整，才能使知识共享成为组织的优先事项。与此同时，我将给出一些技巧，告诉你如何能够促进你和同事之间的知识共享。这一切都始于仪式和习惯。

10.4.1 组织你的知识库

公司面临的最大问题之一是，不仅要创建好的文档，还需要在创建之后进行查找。维基页面和知识库往往杂乱无章，导致我们搜索信息所花费的时间比真正从中学习的时间还要多。

知识库的结构化往往对知识发现帮助不大。知识发现并非知识检索。假设你正在查找有关计费流程的信息，但不知道去哪里查。在文档库中靠自己去找到这些信息就是知识发现，不需要任何人的帮助，你就能发现这些信息。这与知识检索截然不同，后者是你已经知道知识库中存在这个文档，只需要从中检索(即便如此，知识检索也并非总是件容易的事)。

但是，可以采取一些小措施来确保你的文档库可以进行知识发现。
- 使用通用词汇。
- 创建具有层次结构的文档，链接到一个主文件。
- 围绕主题而非部门构建文档。

1. 使用通用词汇

我曾经遇到过这样的情况，两个人就同一个流程讨论了 10 分钟，却完全没有意识到他们讨论的是同一个流程。人们对一个系统的行为有不同的心智模型，这已经足够有挑战性，但当人们对同一个系统或流程有不同的叫法时，这会变得更加困难。

给事物命名是计算机科学中最困难的任务之一。但是，有效地传递名称是什么并确保每个人都坚持使用这个名称会带来巨大的回报。在我居住的芝加哥，每条高速公路都有两个名称：一个是实际的州际路线名称，另一个是城市赋予的荣誉名称。Dan Ryan 高速公路也被称为 I-90/I-94，但在某些时候简称为 I-94。当你向芝加哥以外的人描述这一道路时，可能会令人思维混乱，因为人们不知道 I-94、I-90/I-94 和 Dan Ryan 高速公路都指的是同一条公路。

为业务流程、服务、系统和工具创建通用的词汇和命名策略并不是为了帮助已在公司工作了 15 年的老员工，而是为了帮助组织中的新员工快速了解公司的内部运作，避免就试图去弄清楚两个不同名称的事情是否就是指同一件事而浪费时间。

> **注意项目名称**
> 当一个团队在开发新产品时，通常会使用创建产品的项目名称来指代该产品。这是沟通不畅的一个常见原因，因为团队在项目完成很久以后提及该产品时仍使用项目名称而非产品名称。这可能会给不知道项目名称的人带来诸多困惑。

2. 创建文档层次结构

当公司执行一个组织流程时，例如运行月底结算，该流程仅在运行完成时才有用。如果应收账款没有完成，运营团队是否按时执行月末结账就变得毫无意义。这是一个完整的流程，需要协调多个团队和部门才能交付最终结果。

然而，如果从文档角度看，可能会认为这些流程是凭空存在的。在许多组织中，没有一份完整的文档可以从头到尾地突出全部流程。相反，每个部门各自分裂成自己的小组，然后仅针对自己的特定领域或重点来编写文档。

如果可以从各部分衍生出完整的文档，以这样的方式构建跨部门的文档也是可以接受的，但事实并非如此。如果流程跨越部门或团队之间的边界，那么流程中各个步骤之间的文档链接几乎不存在。如果够幸运，你可能会收到别人顺手发过来的流程引用，即便如此，你甚至都无法保证各个团队以相同的名称来称呼该流程。更令人沮丧的是，尽管我们已经有了维基百科这样一个几乎完美的真实示范，文档的情况还是很糟糕。

维基百科之所以成为一个了不起的工具，不仅因其可用的海量内容，还在于其文档的结构。维基百科的内容始于一个主页面，该页面是这一主题的主要入口。不管词条有多复杂，这篇主文为所有被链接的文章设定了基调。

以"民主"(https://en.wikipedia.org/wiki/Democracy)这样一个宽泛的词条为例，该词条以描述文档结构的目录作为开始(见图 10.2)。

图 10.2　良好的文件结构既支持细分话题又便于导航至相关主题

这篇文档有很多章节，触及民主这个主题的方方面面。像"历史"这一广泛而又极其复杂的话题依然会在主文中讨论，而讨论民主的完整历史很自然地本身就成为一篇文章。但因为历史对研究民主的人来说是一个非常重要的组成部分，所以会在民主的主文中引用。而一篇更为详尽的关于民主历史的文章被适时地链接到主文中，如图 10.3 所示。

仅靠一个简单的链接就可以引导读者发现与民主相关的信息。让我们回到前面虚构的月底结账的例子，研究如何在文档中应用类似的原则。结账流程有多个步骤，由不同的部门处理。

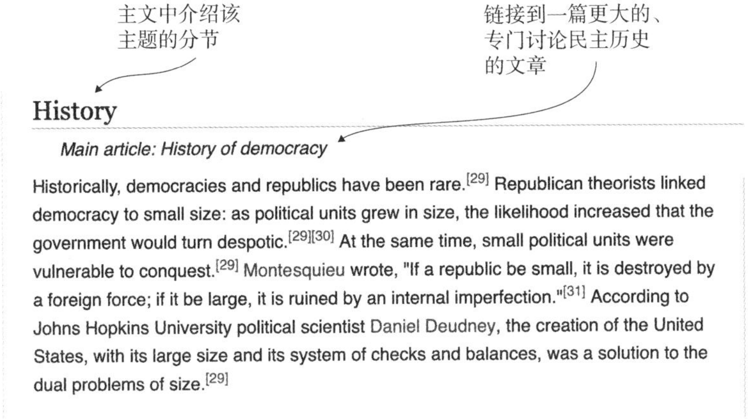

第 10 章 信息囤积

> 主文中介绍该主题的分节
>
> 链接到一篇更大的、专门讨论民主历史的文章

History

Main article: History of democracy

Historically, democracies and republics have been rare.[29] Republican theorists linked democracy to small size: as political units grew in size, the likelihood increased that the government would turn despotic.[29][30] At the same time, small political units were vulnerable to conquest.[29] Montesquieu wrote, "If a republic be small, it is destroyed by a foreign force; if it be large, it is ruined by an internal imperfection."[31] According to Johns Hopkins University political scientist Daniel Deudney, the creation of the United States, with its large size and its system of checks and balances, was a solution to the dual problems of size.[29]

图 10.3 较大文档中具有更详细专题链接的分节

- 对账(应收账款);
- 信贷申请(业务运营);
- 新服务注册(销售);
- 结账(财务);
- 计费作业执行(IT 运维);
- 发票交付(设施/IT 运维)。

每个部门的步骤都迥然不同,但这些步骤中的任何一个都无法真正孤立地进行,同时依旧可以达到发送正确账单的预期效果。当一切正常时,团队成员可能永远不需要跨越部门界限。但当出现问题时,了解整个流程突然变得非常重要。如果有人抱怨说他们没有收到账单,问题可能发生在流程的以下几个地方。

- 账单是邮寄的吗?或者是应该通过电子方式投递?
- 计费作业是否已产生账单?
- 如果信用额度足以使账单金额为 0,计费作业是否还会生成账单?

当处理计费流程中的异常路径时,你会意识到这些步骤是多么错综复杂以及其中一个步骤对另一个的影响有多大。在计费作业之前的流程中找到些许信息可能有助于正研究计费作业的工程师更加精确、清晰地研究他们的任务与其他任务之间究竟是如何交互的。也许工程师完全不知道信贷如何申请和在什么情况下申请。此时少许的文档就能起到很大的帮助作用。

在计费流程的主文件中引用文档(即使是顺带的引用)能让人们更容易地找到那些他们甚至都没意识到正在错过的信息。作为一名工程师,如果我不知道存在授信流程,怎么会想到在文档中查找?这就是为流程创建主文件的威力,它可以将读者引向拥有更详尽信息的各领域。

主文件应该专注在一个流程、应用或系统上,如果需要,可以为任意具体部门的信息提供跳点。文档应基于一个层次结构,该层次结构可以追溯到其所涵盖的主文件；主文件应主题明确、简明扼要。将所有文件都连接到一个部门或团队的主文件是低效的，因为其他人会认为此文件属于某个团队，也就不会再出力。但是，当组织有一个名为"计费"的单一文件并且所有与计费相关的文件都链接到该文件时，就会产生一种强烈的公共所有权意识。图 10.4 是计费文档的示例结构。

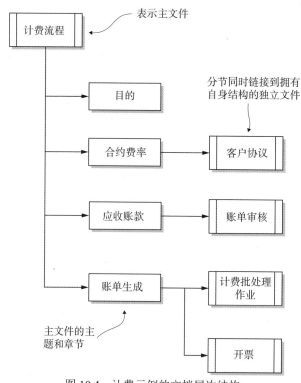

图 10.4　计费示例的文档层次结构

采用主文件方法的另一个优点是能够得到更多的关注。文件过时的原因之一就是，注意到不一致之处并采取措施进行纠正的人太少。提到文档，必须考虑帕累托原理，也被称为二八定律。帕累托原理指出，对于大多数事件，80%的效果来自 20%的起因。因此如果有 10 个人在处理一份维基文件，那么该文件 80%的工作将来自其中的两个人。

定义　帕累托原理指出，对于大多数事件，80%的效果来自 20%的起因。

帕累托原理在很多情况下都是成立的。考虑到这一原理，最大化查看一份文档并与之交互的人数是有意义的，这可以进一步增加那 20%的人员规模。

主文件策略的确需要更多的协调和管理，以确保人们遵守该策略。事实上，维基和文档库如此无效的原因通常就是缺乏协调。

3. 围绕主题而非部门构建

创建主文件时，要围绕主题而非部门来构建。如果围绕部门构建，信息就会分散在不同的团队和领域。尽管团队特定的文档(如策略、程序和会议制品)可能有价值，但大多数情况下，文档与流程更广泛的连接会使得团队外部人员感兴趣。

运维组可能有一个概述平台网络架构的文档和一个关键应用服务的服务器拓扑。这似乎是 IT 运维才特别感兴趣的东西，但将其放在 IT 运维空间会是一个错误。IT 运维组织以外的人会出于各种原因对网络拓扑感兴趣。也许他们正在排查当前应用程序的延迟故障并试图了解从应用程序服务器到达数据库服务器需要发生多少次网络跳转；也许他们想知道两个相互通信的服务是否处在同一个网络。

以一种使人们可逐步发现的方式来创建文档要求拥有一个清晰的通向该文档的路径。相对于悬挂在特定团队主页的孤零零的文件，一个链接到相关主题的文件被发现的概率要大得多。当一个文件与其他具有相同或相似上下文的文件放置在一起时，它就有了更多被逐步发现的机会。

10.4.2 建立学习仪式

仪式是在组织中重复进行的活动和事件。它们是文化建设的重要组成部分，本书稍后部分将更深入地探讨仪式与文化之间的关系，目前请先把仪式看成组织内部重复的过程、活动或事件。有些仪式可能是好的，有些可能是坏的，有些可能仅是为了存在而存在。然而，当涉及学习和知识共享时，你将要创造的不仅是有价值的仪式，而且是文化中自我维持的一部分。

不过，在深入探讨这些仪式之前，我认为有必要讨论另一个结构性原因，即仅采用"更多文档"的方法是行不通的。组织中的大多数主题都有行业专家(SME)，即精通某一特定领域或主题专业知识的人员。行业专家的难题在于专业知识的复制。如果某个特定主题只有一位行业专家，所有的信息和请求都会流经该行业专家。他们会被与其专业知识相关的请求所消耗，处理这些请求所需的时间超出了他们的日常工作范围，还将他们推入更多的项目，超出个人的实际支持能力。这种模式对他们的时间提出了更多的要求，解决方案通常是进行某种形式的"知识转移"，但这些转移通常定义不清，优先级不高，而且结构不完善。

定义 知识转移是指一个人或组织就某一特定主题向另一个人或组织传授或培训的过程。知识转移的目的是在整个组织中分发信息，以确保在员工流失或员工工作职能发生变化时，用户仍能获得这些信息。

培训或人员教育行为的本身也是对行业专家时间的另一种需求。最终，行业专家现实中的日常任务开始出现，执行知识转移的能力被放弃。图 10.5 说明了这种对行业专家需求的恶性循环。

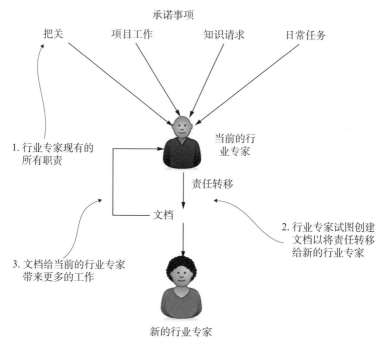

图10.5　对文档的需求导致文档编写时间的不足

考虑到这个循环，你必须承认仅增加文档需求并不能解决问题。我们还必须优先考虑文档，这意味着为取得进展，不得不降低其他任务的优先级。可能有一些无须在书面文档上耗费大量时间即可促进知识转移的方法。不同的人有不同的优势，对一些人来说容易的事可能对另一些人来说并不那么容易。下面讨论其他一些可以创造知识共享机会的方法，但我们也要意识到这对团队成员提出了更高的要求。

1. 午餐学习

食物是人类之间的黏合剂。通过将食物与学习结合起来，你就有机会向更广泛的受众分享信息。午餐学习是指在午餐休息时间有人向众多听众进行有组织的演讲。主题应聚焦于特定领域，而不要试图针对一个主题进行全面的教育。午餐学习的目的是在一个高阶主题上培养并激发大众的兴趣。还记得帕累托法则吗？通过午餐学习，你就是在寻找可能愿意成为20%的那些人，他们将帮助共享和生成这个主题的知识。

将活动安排在午餐时间有助于提高参与度，因为大多数人的午餐时间都差不多。在大多数办公室，午餐时间通常没有会议。午餐学习的另一个好处是，员工远程参加这项活动也很容易。其他类型的知识传递仪式很难远程完成，主要是因为这些仪式缺乏有效组织。但是，就像前面概述的模型一样，午餐学习的演讲形式以及关注主题的结构使其成为共享信息的绝佳方法。

在安排午餐学习时，留出足够的时间提问是很重要的。与听众的互动是活动成功的关键。可以通过创造一个安全的提问氛围来鼓励提问。一定要在午餐学习时突出主题的复杂性，因为已经说明了难度，那么听众在不理解主题的某个组成部分时也会感觉自在。

如果演讲者一遍又一遍地说这太简单了，人们可能不愿意承认自己的困惑。你已经花了 20 分钟的时间来谈论这个内容有多简单，因此与会者宁愿沉浸在自己的无知中，也不愿去冒险，当着一屋子人的面让自己看起来像个傻瓜。当收到听众的提问时，要想办法表扬他们，如"好问题""我没想到这个""哦，好极了"。这些肯定的话语会让人们在不完全理解主题的情况下感到舒服。

你会经常发现一个问题会引发更多的问题，很快一堆被压抑的困惑雪片般地向你涌来。这是个很好的迹象，值得庆贺。它说明人们对演讲内容很感兴趣并想知道更多。

最后，要在午餐学习的结尾提出某种行动号召。想一想你希望听众用你提供的信息做什么。只是一般的认识？你在寻找对项目的贡献吗？或者你希望分享系统的即时支持？思考你希望从人群中得到什么并在演讲的最后提出具体的请求。你的行动号召至少应该表达以下内容。

- 你正在寻求什么帮助。
- 如何响应行动号召。例如，发送电子邮件、访问网站或联系演讲人。
- 行动号召的最后期限。即使你的行动号召没有时间限制，最好也要设定一个时间表，让人们对其产生紧迫感。如果没有这个时间表，即便是人们确实有意响应号召，也会不可避免地拖延。

2. 闪电演讲

有时，组织 20 或 30 分钟的演讲对一些人来说实在太长。当有一个定义好的时间窗口需要填补时，寻找足够的内容可能会让你不知所措。作为一名公开演讲者，我可以告诉你，我最害怕的一些时刻就是担心没有足够的内容来填满规定的时间段。这正是闪电演讲真正的发光时刻。

闪电演讲是针对某一特定主题的简短而高度聚焦的演讲。它通常持续 5~10 分钟，但有必要的话也可以更短，以方便传递想法或内容。闪电演讲并不适合复杂的主题，但可以作为一个很好的机制让初学者切入主题，或者作为一个浓缩的教学阶段。闪电演讲通常可分为以下几类：

- 有关完成一项任务的技术分享；
- 对一个大的主题进行高阶概述；
- 介绍一项新技术。

说到技术分享，这是技术团队经常使用的。我见过很多人的演讲，他们尝试展示自己的开发工作流程(例如,他们使用什么工具以及他们如何利用这些工具提高迭代周期的速度和效率)。我想每个组织都有这样的技术奇才,似乎能够只用大多数其他工程师一半的时间就能完成工作。他们的开发环境设置是怎样的?他们使用什么 IDE?他们怎样做到如此快速的迭代测试?闪电演讲是探讨其中的一些主题并向听众分享行业技巧和窍门的绝佳方式。

广义的高阶概述也是适合进行闪电演讲的一个很好话题。有时,工程师可能正在与一个他们不太了解的流程或组织一起工作。例如,当我开始进入广告技术行业时,一个 5 分钟的快速演讲对我非常有帮助,可让我对这个行业的结构、参与者以及资金流向有广泛的了解。

虽然闪电演讲没有回答我所有的问题,但那从来都不是它的目标。闪电演讲的目标是让与会者对主题有一个初步的了解并掌握足够的信息,以便可以就此提出睿智的问题。如果我现在请你问我 4 个关于天体物理学的问题,你可能会有点结巴。但如果我给你一本 5 分钟可看完的入门书,它介绍了什么是天体物理学,你就可能轻松地提出 4 个问题。这就是闪电演讲的目标。

介绍新技术是闪电演讲的另一重要用途。每个组织都有一小群人在试验一项新技术或者一项大多数人并不经常接触的老技术。对于那些对所讨论的技术好奇但从未有机会使用或接触的人来说,一次 5 分钟的快速演示是极具价值的。如果闪电演讲以某种方式精心组织,能够说明新技术试图解决的问题以及为什么现有的技术不能胜任这项任务,那也有助于获得对该技术的支持。再一次强调,通过组织信息了解你想要传达什么并围绕这一点来构建你的闪电演讲至关重要。

因为闪电演讲时间很短而且极度聚焦,所以所有闪电演讲的最后一张幻灯片都应该将人们链接到更多的主题相关信息。请记住,这是对材料的介绍。向人们指出额外的资源以让他们继续学习之旅非常重要。当需要寻找相关主题的更多信息时,由于你相对于听众来说是行业专家,因此有义务为听众指出正确的方向。

3. 主办外部活动

业界倾向于关注 FANG(即 Facebook、Apple、Netflix 和 Google)公司以及他们解决问题的方式。但说实话,读这本书的大多数人并没有遇到 FANG 正在面临的挑战。我们大多数人都在一遍又一遍地解决同样的问题。

这种重复性工作的浪费一开始可能会让你感到沮丧,但从某些方面来说,这确实是一件好事。这意味着在某个地方,某个和你类似的组织对你遇到的问题已经有了一个可行的解决方案,可以重复利用。这就是主办外部活动的好处。

在全球每个角落,技术世界几乎都被会议、聚会和网络活动所环绕。在 meetup.com 的搜索框中输入 DevOps 这个词,就会看到遍布世界各地的聚会。不要把搜索范围局限于 DevOps 上,因为有很多团体专注于技术的不同方面,如数据库聚会组、Kubernetes 俱乐部和编码训练营等。

邀请这些团体进入你的空间是一个很好的学习方式。你的团队成员可能在工作生活之外有很多紧迫的职责，这使得他们很难接触到周围的技术社区。但如果把社区带到你的工作场所，那么突然之间他们与组织外部人员建立联系、进行交流和学习就变得容易很多。这些团体中的大多数总是在寻找会议举办场地。

只需要 20 个披萨和一些苏打水，你创造的不仅是一次招聘机会，而且还是一次你所有员工的学习机会。想一想公司派员工参加的那些大型会议，大多数与会者会告诉你，会议最有价值的部分就是走廊交流会——在会议间隙和晚上的社交活动中发生的有机对话。在这些非正式场合中，不管会议议程如何，你都可以聚集到自己的小组中，讨论对你来说重要的话题。主办技术社交活动可让你营造出这种走廊交流会的氛围，而不必让 20 个工程师真的乘飞机参加会议。

我强烈建议你查看自己所在的地区是否有这样的活动，联系一些这样的团体并向他们提供场地。如果你创造了一个向组织外团体学习的氛围，那么通过其他方式，个人也可以在公司内部共享这些信息。也许在一次技术社交活动之后，你就有了一群人就他们通过技术社交对话所了解到的信息进行一系列的闪电演讲。这是一种不可思议的未开发资源，有着巨大的优势，而且花费极少。

4. 博客

我已经谈了很多关于人们可以创建的各种演讲风格，但如果人们不是演讲型的人呢？很多人在听众面前会一言不发，他们不喜欢面对人群，或者就是讨厌制作幻灯片。博客是一个经常被忽视的、在组织内共享信息的工具。博客和单纯地编写内部文档有什么区别？

这两者实际上密切相关。在我看来，博客和正式内部文档之间的区别不大，主要在于作者的心态。对于一份正式的文档，商务角色在精神上开始占据主导地位。你的文笔可能会变得无谓的僵硬、刻板、正式。这种向商务语调的转移让一些人编写文档非常困难，因为感觉就像在起草合同。但博客通常不那么正式和结构化，并且允许在写作过程中有一点创造性的自由。如果在没有文档和非正式写作产生的文档之间选择，我每次都会选择非正式写作。博客文章仍然应该遵循前文概述的指导理念，以确保进行有效的沟通，但不像正式的书面文档那样存在僵硬的格式要求。

以博客风格的格式写作还有一个好处，即团队成员更容易订阅。大多数博客软件都支持订阅某位作者或某个主题的博客文章，在有新的发帖时向订阅者发送电子邮件。或者如果你还在使用 RSS 阅读器，订阅 RSS 源也是一个流行的选择。博客文章按时间的先后顺序排列，这也非常有帮助，因为博客通常被视为发生在一个时间点的事项。当在维基或其他正式文档库中查看文档时，你可能会自然而然地认为这些文档是最新的，因为其隐含意图就是成为一份正在被使用的文档。而一篇博客文章通常会被视为一种即时编写的文档，会受到当时一些信息的影响。举个例子，如果你看到一篇写于 2004 年的关于唐纳德·特朗普的博客文章，写的都是他总统任期之外的背景，你不会感到惊讶。但如果你在唐纳德·特朗普的维基百科页面没有看到提及他的总统任期，你就会有些迷惑。这就是人们对博客与正式文档那种无声的预期。我可能会毫不犹豫地按照维基页面的命令进行操作，但如果那是一篇博客文章，我会去确认发帖的年代，以考虑命令是否仍然有效。

对于那些不想创建演示文稿以及那些不愿受限于正式文档条条框框的人来说，博客可以是一个很棒的途径。

记住要专注于你想要的文档产出效果。你的目标是让组织拥有持续运营所需的知识(即使面对员工请假或员工流失)。不要纠结于知识共享的形式或格式。除非有像来自审计师这样的外部强制要求，否则应该鼓励通过任何可行的方法进行信息共享。

10.5 有效使用聊天工具

在大多数组织中，聊天工具几乎无处不在。如果你的公司没有正式的聊天客户端，那么很可能你的团队会临时使用一个非正式的聊天软件。因为有许多提供免费解决方案的聊天工具，一小部分员工很容易就能决定去使用聊天软件，而无论是否得到公司的支持。

如果使用得当，聊天工具可以作为团队之间共享信息很棒的一种方法。但如果没有适当的规则和明确的公司制度，由此带来的生产力提升将很快被猫咪图片和纸杯蛋糕食谱所吞噬。

10.5.1 建立公司制度

每个公司使用聊天工具的方式似乎都略有不同。有些公司会因为并非每一次决议都出现在某个聊天记录中而感到焦虑，而另一些公司则有一个收益平衡点，在此以后聊天对话将转为实体会议。如何对待聊天没有对错，但了解组织应该如何行事非常重要。有时，这种文化会自然演变，并且可能因团队而异。但有时，你需要针对人们应该如何参与聊天而制定一些硬性规定。以下是一些有助于保持聊天可控的建议规则。

1. 使用面向主题的短期聊天频道

使用聊天工具来协调和讨论想法的一大好处就是可以搜索。这对新员工来说是一个非常好的理解决策背景的工具，甚至对那些已经忘记一些细节的老员工而言同样如此。即便拥有强大的搜索功能，由于人们经常在聊天中使用"数据库故障切换"一词，如果你想在某次真的数据库故障切换发生将近 3 年以后搜索相关细节信息，那几乎是不可能的。

这就是我喜欢使用小型短期聊天频道的地方。当你在讨论一个在被跟踪的问题时，它特别有用，而无论你使用何种工作跟踪系统。如果你在使用工作跟踪系统，可以工单号来命名聊天频道。这将更为清楚地标识对话。有了工单号，可以通过聊天搜索查找到围绕该问题的实时对话，通过提交消息引用的工单找到与此工单相关的代码提交，通过工单系统本身查找到此工单与其他项目的关系。

如果你所做的工作与工单无关，那为聊天频道起一个描述性的名字可以更容易进行搜索。搜索"数据库故障切换"时，你可能会在标签为"综合"的聊天频道中得到 200 次匹配结果，但在一个名为 database_failure_20180203 的频道只得到一次匹配结果，而且很有可能会与你要查找的信息更为相关。即使不那么相关，可能读起来也会非常有趣。

创建独立频道还有另一个好处，它可以让围绕主题的对话的结束变得很明显。在一个更通用的聊天频道中，你会注意到一些对话往往会在几个小时甚至几天后重新恢复。那些对话中会有其他的对话，与你关心的问题交织在一起。当你有一个目的唯一的单独聊天频道时，控制在聊天时不可避免的闲聊就变得容易很多。

一旦对话结束且任务完成或问题得到解决，就把聊天频道存档。这将有助于将你的聊天频道列表保持在一个可管理的水平。

2. 使用线程功能

现在很多聊天工具都开始提供线程功能。这允许你在一个消息头下折叠许多消息，防止聊天应用程序的主时间线被污染并将特定的对话分组集中在一起。与创建一个单独的聊天频道不同的是，聊天保留在主频道中，这样其他可能有兴趣加入对话的人可以快速发现并参与其中。

线程在大型团队中特别有用，在这些团队中，可能会同时发生多个对话。当一个小组正在讨论一个对象模型设计时，同一聊天频道中的另一个小组可以交流最近的互联网热点。

做好线程化参与的关键是知道何时开启一个线程。最好的时间是在一开始，尤其是当你知道要征求反馈意见时。用"讨论新对象模型的线程"这样显而易见的话题开始你的线程消息，然后在你的第一个消息中，可以阐明问题和你要试图解决什么。这给所有人提供了一个明确的信号，即他们应该在线程上而非对普通的聊天做出响应。这也方便将来进行搜索(假设你能记住线程名称)。

3. 定期更新状态

每个聊天应用都允许你更新当前状态。要尽可能多地使用这个功能，让描述信息准确地反映正在进行的事情。当我处于请勿打扰模式时，我有一个名为"低头工作"的状态。在我需要一个不被打扰的时间段进行深度思考时，这个状态非常有用。我可以设置这个状态，关闭通知并在那段时间内集中精力工作。

你的状态免除了你不能随时待命的内疚感。如果有紧急情况，人们还是会找到聊天之外的方式联系你，因此不要觉得自己让别人失望了。你只是必须对自己的时间负责。

4. 限制频道广播消息的使用

当用户不知道需要向谁提问时，他们有时会进入一个频道，然后进行频道范围的通知或广播，通常是通过@here、@all 或@channel，具体取决于使用的工具。要尽量劝阻这种行为。这就相当于在现实世界中走进会议，要求每个人马上回答你的问题。

能够在消息中呼唤用户以引起关注是一种有用的工具，可以帮助人们管理需要引起注意的对话。但如果使用@here、@all 和@channel 这类别名，每个人都会收到一个通知，告诉他们有一条消息正在等着他们。就像嘈杂的警报一样，随着时间的推移，通常人们会变得对通知不再敏感。

在一些工具中，可以控制谁可以使用这些别名。尽量将其限制在少数几个人身上并明确规定应该何时使用。

10.5.2 超越聊天

一旦习惯了在聊天工具中工作，你会很快意识到使用聊天协作工具的更大好处，尤其是在执行和自动化方面。当你将聊天工具当成一种自动化的命令行工具时，就开启了一个极其强大的领域。

1. 聊天机器人的好处

像 Hubot(https://hubot.github.com/)这样的工具允许你将聊天工具作为自动化框架的接口。这体现在几个层面上的增强。首先，人们与系统交互的地点和方式被打开了。以我目前在 Centro 公司的环境为例，我在购买食品杂货的同时就能通过手机启动数据库恢复。聊天界面通常在各种类型的设备上都是一致的，支持你执行各种类型的命令，而在以前这些命令通常需要你登录到计算机才能执行。

另一个好处是这些命令及其输出都发生在一个聊天频道中，与同一聊天频道的所有参与者一起。这增加了补救和故障排除工作的可视化。因此，经常在某个事件管理类型的场景中，你同意一个行动步骤，然后有人在他们的终端上执行命令，只有他们能够看到输出，除非他们专门共享终端窗口。但有了 Hubot 这样的工具，聊天频道中的所有人不仅能看到被执行的命令(为了可重复性)，还能看到命令产生的输出和围绕该输出的对话(用于共享学习)。

作为事后分析跟进的一部分，当你需要进行情景复盘时，聊天机器人也是一个极好的工具。对话、行动和结果都被整齐地打包在一个页面中。无需更多的对话来辨别哪些命令以什么顺序被执行。所有这一切都在聊天频道中，以整洁的时间线展露无遗。

2. 使用聊天机器人分担职责

聊天机器人的另一个优势是可以帮助分担职责。如前面几章所述，访问限制通常会限制更广泛的受众使用工具和自动化。即使某些东西已经高度自动化，用户也需要登录到生产服务器上执行命令。有了像聊天机器人这样的工具，界面和自动化就分开了，可让更多的人能够使用这些工具。

你仍然需要做尽职调查，以确保命令在执行时或被错误执行时无害。但正如我前面指出的，这些是你构建任何自动化的实际要求。一些用户可能没有像运维团队一样拥有一套许可权限，而聊天机器人支持你与这些用户分担某些任务的责任。

聊天机器人的话题广泛而又深远，远超本书的范围。但如果你的组织习惯于聊天和通过聊天工作，你可能会考虑使用聊天机器人来自动化更多的工作流程。正如我前面提到的，Hubot 是一个很好的起点，因为它可以帮你处理很多聊天组件。另一个值得关注的选择是 StackStorm(https://stackstorm.com/)。StackStorm 在聊天自动化方面投入了大量工作，并且将其构建成一套相对简单的工具，以便于你开始做自己的自动化。StackStorm 还包括一个精巧的工作流引擎，允许你几乎不用编程就可以将一系列步骤绑定到自动化计划中。

10.6 小结

- 允许不同类型的行业专家以不同的形式进行知识共享。
- 建立学习仪式作为标准书面文档的一种替代方案。
- 围绕文档库建立结构，使信息检索更为容易。
- 信息的把关者可能会造成意外的信息囤积。

第 11 章

法 令 文 化

本章内容
- 理解文化的组成部分
- 探索文化如何影响行为
- 创造新的文化行为来推动变革
- 雇用符合文化的人才
- 结构化面试

当一个组织的文化由挂在大厅里的冗长的声明或标语定义，但未以任何其他有形的方式在组织内部存在时，就会出现"法令文化"这种反模式。一种文化必须经过培养、发展壮大，并且在员工行为中展现出来，而不只是停留在口头上。

几乎每次面试，我们都会被问到一个问题"公司文化是什么样的"。这个问题的突出性揭示了公司文化的重要和分量。但从面试官那里得到的答案并不总是真实的或经得起论证的。文化应该是深深扎根于员工心中的句子和口号，甚至不会质疑它们的本意或它们是否真实。

如果你看到本章的标题，心想"我们公司已经有了乒乓球桌和啤酒阀门；我们已经把文化固化了"，那你应该把本章读两遍。其实文化不只是办公室聚会的有趣活动和休息室提供的各种零食。

2000 年，《财富》杂志评选安然(Enron)为 "美国 100 家最佳工作公司"之一(http://mng.bz/emmJ)，文化和令人惊叹的员工数被视为其成功的主要原因。但很快，大家发现安然的实际文化与其宣称的文化截然不同，贪婪助长了从高层到基层员工的组织腐败。虽然团队获得的额外津贴可能意味着一个充满爱心的、员工为先的环境，但指导公司的道德方针是腐败的。2001 年 12 月，安然公司因美国历史上最大的财务会计丑闻申请破产。

文化已经成为商界领袖的困扰。关于文化最著名的谚语之一来自管理大师彼得·德鲁克，"文化会把战略当作早餐吃掉"。当公司进行招聘时，有一种几乎不健康的执念，即确保候选人符合组织的文化。

为什么文化在 DevOps 组织中如此重要呢？因为文化决定了如何完成工作。它允许一些行为，同时对其他行为有严苛的要求。如果公司文化的重点是产出而不是质量，即使是那些注重质量的员工也会为跟上团队步伐，被迫放弃他们的原则。

糟糕的文化最终会导致糟糕的结果。一个拥有良好、强大文化的公司不会在金融丑闻中崩溃。一个充满恐惧和报复性文化的公司不会有一个开放和协作的工作环境；相反，会有地盘之争和边界建造者。

在 DevOps 社区，文化被用来创造更理想的工作环境，让团队朝着共同的目标前进；文化被用来产生更好的结果。要做到这些，重要的是要理解到底什么是文化、它如何适应组织，以及一种糟糕的文化如何拖慢团队。文化不是一成不变的，但改变文化需要付出努力并有意识地打破现状。

本章分为两部分。在前半部分，讨论公司文化背后的组织架构以及可以如何影响文化。在后半部分，重点转向招聘。招聘是维持文化和保持文化稳定的重要组成部分。许多技术组织在面试中过于关注算法，以至于未评估软技能集合以及候选人是否具备使公司长盛不衰所需的人文素质。一个糟糕的招聘可能会破坏你开始建立的文化。

11.1　文化的本质

文化被定义为一套共同的价值观、仪式和信仰，将一群人与另一群人区分开来。这个宏观定义涵盖了所有类型的文化，从团队到整个公司，再到整个国家。价值观、仪式和潜在的假设是可以用来识别和改变组织内部文化的 3 个抓手。

11.1.1　文化价值观

文化价值观是对组织治理和行为方式至关重要的原则和标准。文化价值观有时被概括在公司使命的陈述中，作为其指导原则的一部分。无论在哪里展现，它们都应该成为公司所强调理念的书面证明。例如，安然的 4 个核心价值观：

- 尊重
- 诚信
- 沟通
- 卓越

这些价值观并不完全是富于表现力的，但它们给你一种感觉，即安然公司声称关心的是组织及其员工的行为。

然而，文化价值观并不会凭空存在。价值观只是没有具体行动的宣言，文化规范是将文化价值观带入有形事物的活动。

定义 文化规范是表露潜在价值观的行为和活动。它是一个群体为实施其价值观而制定的规则或行动。例如，带薪探亲假的文化规范表现出来的是支持家庭的文化价值观。

当你想到文化规范时，应该映射到组织旨在引发期望行为的规则或准则。例如，你的公司可能重视员工的健康和福利。这方面的文化规范会是一个报销员工健身房会员费用的项目。通过消除加入健身房的财务障碍，公司希望鼓励获取健身房会员资格并使用，从而促进员工健康。

如果想确保公司价值观不只是一个宣言，那识别文化规范是一个重要的过程。没有文化规范的文化价值观只是空洞的陈词滥调。

11.1.2 文化仪式

文化仪式是组织内进行的特定礼仪或行动。例如，在我工作的公司里，有一种文化仪式是在新员工入职时，向整个技术团队发送一封介绍性的电子邮件。电子邮件包括员工的首选姓名、在组织中的角色、工位、以前的工作经历、大学学历、一张照片和关于员工的4件有趣的事情(由员工提供)。

这个仪式达成了两件事：首先，有助于新员工感到受欢迎；其次，也给了老员工一个简单的机会来介绍自己并发起一次对话。介绍性邮件中有趣的事情这部分给出的提示有助于避免最初几分钟寻找话题的尴尬。

文化仪式也可以包含在一个更大的公司流程框架中，譬如许多开发组织实践的敏捷软件开发方法。

定义 敏捷方法是需求和解决方案随着时间推移演变，通过跨职能团队协作进行软件开发的一种方式。

敏捷方法中充满了有助于支持敏捷工作和协作风格的仪式。最常遇到的仪式是站立会议。站立会议仪式背后的想法是提供一个与团队成员频繁碰头的场所，以便于讨论当前的工作安排。团队成员讲述他们昨天做了什么、今天计划做什么，以及任何阻碍他们完成工作的问题。仪式是在所有成员都站着的情况下进行的，以鼓励所有人聚焦于会议，防止漫无边际的信息更新。如果你曾经参加过站立会议，一定知道它对于喜欢和众人说话的人来讲，从来不会是障碍。

仪式反映了一个群体的文化价值观。周一办公室瑜伽课的文化仪式展示出员工福利的价值观。没有仪式，很难让一群人围绕一个中心主题或想法聚在一起。仪式也可以作为一种新流程的灌输，就像新员工邮件的例子。对于员工，这种仪式可以作为一种简单地、有指导性地向新事物的过渡。对需要轮换值班工作的团队，新员工的第一次值班换班也可以作为一种庆祝仪式，标志着新员工过渡期的结束。

在整个组织中，会发生各种形态和大小的仪式。有些是庆祝活动，有些是动力保持者，有些是传承仪式。理解组织中的仪式是重要的，要确保它们促进组织需要的信仰或价值观。

你可能无法在组织层面设置文化，但有很多机会在更微观的层级调整文化。想一想在一个小团队中设定的文化仪式和规范，例如像需求拉动、单元测试以及自动化那么小的实践。这些都是团队中存在的仪式和规范，它们可能不会在组织中执行，但你可以在自己的影响范围内帮助其执行。即使像团队会议这样简单的事情，也会影响团队成员如何看待组织文化。

每周一次的状态同步会议很容易迅速演变成同龄人之间的定期抱怨会议，因为发泄是办公室里最喜欢的消遣。但当这开始影响团队成员对组织的长期观点以及组织有什么能力或没有什么能力时，要变得谨慎些。你需要认识到，团队中发生的无论多小的事情仍然是文化的一个方面，不要错过这样的机会。

11.1.3 潜在假设

团队的潜在假设是组织能力的最大限制因素。如果你曾经讨论过公司工作方式的重大变革，总会发现有人说"这在这里是行不通的"。那句话表达出一个潜在假设。

员工觉得组织的某些方面(无论是人才、能力还是政府法规)阻止了公司的变革。如果公司里有足够多的人相信这一点，随着人们被这种心态所束缚，这种假设就会变成事实。这种假设的示例如下：

- 因为客户原因，公司不可能每周发布两次。
- 敏捷软件开发在这里永远不会奏效，因为组织架构不合适。
- 我们没有办法在不停机的情况下部署软件。
- 我们的过程太复杂，无法自动化。

这只是几个例子，但我相信可以在这个列表中添加更多。潜在假设创造了一种对问题不闻不问的文化，更好的做事方式远远超出了可能性范围，以至于即使尝试也是愚蠢的。

潜在假设不一定总是负面的。在一个拥有强大文化的公司里，员工自带的假设是使公司变得强大的原因的一部分，譬如下列假设。

- 管理层会支持一个经过充分推理和论证的想法。
- 如有必要，我有权做出改变。
- 组织不会接受手动流程。
- 如果没有人在解决某个问题，领导层不会意识到这一点。

可以思考这些对立假设会引发的行为差异。组织的潜在假设会塑造出特定框架性问题，譬如被消极的假设拖累，打破这种模式并提出创新解决方案会变得非常困难。

理解了文化的这 3 个组成部分(文化价值观、文化仪式和潜在假设)，就掌握了文化形成的基础。不管是好的还是坏的文化，都会在组织中传播，覆盖每个角落。如果你希望改变文化，那么了解文化如何被分享是一个重要的方面。

11.2 文化如何影响行为

在前一节中，我论述了可以用来改变公司文化的 3 个抓手。但是，文化是如何影响员工的表现和行为的呢？这 3 个领域(价值观/规范、仪式和潜在假设)会创建一个影响任何处于这种文化中的人的预期范围。一个组织会通过文化创造一套积极或消极的预期行为，我将用一个例子来说明。

Justin 刚刚加入一家名为 Web Capital 的金融机构开发团队。该公司在自动化、测试和环境可复制性方面投入了大量资金。Justin 来自一家没有太多的自动化或测试覆盖的公司，在那里许多工作都是手动完成。在之前这家公司，甚至连代码评审都是可有可无的。

Justin 拿到了第一个个人编码任务。需求是创建一个新功能，能让客户向 Web Capital 的其他账户持有人进行定期转账。当 Justin 向团队提交他的第一个代码变更时，他们对其进行评审并立即进行了评论，因为这不符合他们的标准。

- 该变更没有自动化测试。
- 该功能依赖一个手动执行的数据库变更来设置数据。
- 不会生成日志消息。

Justin 以前从未使用过自动化测试，也从未创建过自动化的、可重复的数据库变更。Web Capital 的其他团队成员坚决捍卫自己的价值观。通过额外的指导和培训，Justin 做出适当的更改，重新提交变更并获得快速批准。

这是文化如何影响行为的一个例子。如果不是评审者坚持 Justin 要符合团队的文化规范，他会很容易地把不符合标准的变更放进流水线里。其他人可能会在两、三个星期后遇到它并把它作为提交类似的低于规范的变更的理由。最终，这会不断复制并侵蚀价值观及其支持的规范。但团队的文化及其规范的执行创造了一种符合的水准，使团队整体的标准保持不变。

这个例子强调了文化如何成为团队和组织之间的黏合剂。它可以强制高标准，也可以允许低标准。在 2018 年致股东的一封信中，Amazon 首席执行官 Jeff Bezos 提到"高标准具有可传授性"(http://mng.bz/pzzP)。它们不是某种人们有或没有的内在品质。标准的传授需要纪律且需要一种会毫无保留接受的文化。

在 Google，没有人会提交一个没有自动化测试的代码更改。Google 为什么和你们公司不一样？因为他们能做和不能做的事情贯穿在他们的文化中。不需要让管理 400 名工程师的人员纯粹地规定什么是可接受的和什么是不可接受的，只需要仔细考虑与希望的团队运作方式相反的事情。但在做到这一点之前，必须搞清楚你和你的团队真正关心的是什么。

11.3 如何改变文化

识别文化的组成部分可为所有任务的本源做好准备，即改变组织文化。首先要做的是建立有能力达成这件事的潜在假设。文化往往只有一种引发变化的因素。

这种改变可能开始很小，只是在团队内部，但当你了解到文化是如何传播后，就可以影响更广泛的受众。你有没有在一个人离开公司或组织后让人们评论他的离开让文化发生了多大的变化？"Quintez 离开公司后就不再有趣了"是一个人可以对群体产生影响力的证明。因此，要改变一种文化，理解文化是如何通过社会群体传播的很重要。

11.3.1 分享文化

当提到一种文化时，你会联想到属于这种文化的人之间的共性。语言可能是文化分享的最大组成部分之一，因为它是文化交流的基础。

可以用语言分享故事和想法。通过语言，可以组织和建立机构来推进理想文化。在不同的机构中，可以建立和传达仪式，把仪式作为共同信仰和价值观的表达形式。语言是所有文化表达形式的核心。

1. 通过语言分享文化

当你在工作中与同事交谈时，说的话及说话的方式揭示了你工作的环境和你对它的看法。通过语言和跟同事交谈的方式，可以快速评估哪些团队跟你合作得好和哪些团队不能，以及你对每个团队的尊重程度。

语言不管是好是坏，都会在团队中传播，因为团队成员会模仿团队中其他人的行为。如果你总是说数据库管理员的坏话，那么不久你周围的人也会对数据库管理员有负面的看法。我们很容易想象语言的负面影响，但也可以用它产生积极的影响。

正如语言能传播负面情绪一样，它也能传播积极的互动和影响。举个基本的例子，想一想简单的短语"我不知道"。能够坦率说出如此简单的话可以传达出团队或组织文化中的许多价值观或规范。

首先，从表面上看，这种表态传达了一种对事情的接受度，即不总是有答案。

这减轻了团队成员的巨大心理负担，尤其是在技术领域，他们总是有一种想知道工作中任何事情的冲动。能够说出"我不知道"拒绝了这种不切实际的技术无所不知的信条。

远离了需要知道一切的压力，能够说出"我不知道"暴露出一种在工作环境中难得一见的人的脆弱性。这种脆弱性让团队成员变得人性化，他们都是凡人，充满错误、偏见和误导性假设。这种脆弱性会让你和他人逐渐产生一种坦诚的感觉。突然间，像技能差距这样的担忧可以解释为对他们的单纯评论，而不是对某人是否与其地位和头衔相当的指责。对一些人来说，这听起来可能过于戏剧性，但许多人都赞同这一点。

通过像"我不知道"这样的一个简单短语，我们探索了一种文化是如何通过语言来共享的。随着一个短语的转换，语言可以传达出潜在的价值观。NBC 的电视节目 *New Amsterdam* 讲述了一位年轻聪明的医生 Max Goodwin 的故事，他要负责扭转新阿姆斯特丹医院的颓势。Goodwin 博士打算将医院的重点放在患者关怀上，他的意图是让医院的所有员工能够专注于客户关怀。

New Amsterdam 作为一个节目，使用了大量的语言来强调 Goodwin 的基本价值观，即授权和病人至上。他在节目中的招牌用语是"我能帮什么忙"。每当一名工作人员或病人带着一个问题来找 Goodwin，他的第一反应几乎总是"我能帮什么忙"。类似于"我不知道"的回答，这句话很能说明一个组织的文化。

首先，它强调了尽管 Goodwin 博士的职位相对较高，但他很容易接近并在那里提供帮助服务和解决员工诉求。如果你知道当你把一个问题带到老板的办公室时，他会很可靠地提供帮助，你感觉被赋予的力量会有多大？

其次，Goodwin 的方法将问题直接留给了他的员工。他没有直接减轻他们的问题或负担，这仍然是他们要解决的问题。但他确实提供了自己作为领导者的经验和影响力，帮助他们获得自己解决问题所需的资源。这是语言和使用语言的方式如何有助于建立文化但也使它传播的另一个例子(可以想象，一旦其他角色也开始使用这个短语，就会促使文化的传播)。

语言是文化进步的催化剂，因为它是社会结构的基石。通过语言，可以使用故事和知识来帮助巩固想法和抽象概念。

2. 通过故事分享文化

人类从一开始就以这样或那样的方式讲述故事。人类更认同故事而不是平铺直叙，这能让我们将无数的创意和概念提炼成一种易于复制和吸引人的形式。组织中的故事往往缺乏娱乐因素，但它们依然能起到类似作用。

我去过的每家公司都会有几个在那里呆了相当长时间的人，他们是许多知识的守护者。他们可以用一个故事描述组织如何进入特定状态以解释任何情况。变更管理流程可能源于一个特定的系统中断，每次讲这个，都会让它流传更广。

这触及了我们如何通过故事传播文化的核心。例如，想一想公司发生的停机事件。这些故事不只是民间传说，人们还用这些故事为当前的行为辩解。我记得工作过的一家公司有一个戏剧性的故事，一位开发人员曾经在应用程序中实现了一个缓存层，随后因为缓存层并没有像预期的那样工作，导致了长时间的停机(缓存失效目前仍然非常棘手)。

这个故事流传开来，直到每个人都害怕缓存层并将其从解决方案工具箱中移除。由于人们试图绕过这一缺陷，因此这一移除导致了组织中的许多争执。当工作的最佳工具也是最令人害怕的工具并被禁止时，反而加剧了痛苦。

快乐的故事可以成为公司文化的基石，赋予公司目标并塑造解决问题的态度。许多科技公司都是从硅谷的某个车库起家的，因此这类故事听起来就像是一个老掉牙的比喻。但是对于从这些故事中衍生出来的公司来说，这类故事在文化建设过程中起到了指导原则的作用。团队形容自己是好斗的、有创造力的、实验性的、"不择手段"的玩家(与规模更大、资源更丰富的竞争对手战斗的黑马)。

一些公司将这种文化带到了它的适用域之外。公司起源故事点燃了他们的文化。这是如此有影响力，以至于即使是在公司内产生的故事，也为公司扩张型增长产生了持久的影响。故事在吸引人们方面是有力的，可让人们去理解、共情并致力于更高的目标。因此，故事是传播公司文化的完美方法。

3. 通过仪式分享文化

如果回想你在家庭养育中的积极经历，它很可能围绕着某种仪式。假日聚餐、一年一度的暑假、生日聚会庆祝活动甚至家庭电影之夜都是家庭内部发生的仪式。

同样的仪式在公司内部发生，是公司与员工分享价值观的重要组成部分。本章前面提到的 Centro 公司的新员工邮件是 Centro 公司表达员工舒适和归属感的一个例子。而技术团队经常通过代码评审和其他开发实践来展示他们的价值观。

一个好的技术组织对复杂性有一种有益的尊重，这种尊重会转化为一种价值观，而且通过结对编程的仪式传达这种价值观。在结对编程中，两个开发人员对同一段代码并肩工作。在同一个工作站上，一个人写代码，而另一个人在第一个人输入代码时检查每一行代码。这种工作方式允许一个人专注于编写代码的实际行为，而另一个人作为观察者和整个过程的导航者。双方频繁地交换角色，以便让对方充分理解正在编写的代码。

随着人们形成自己的时间表、节奏和交流方式，这个过程变成了一种仪式。仪式注入了合作、沟通和建设性反馈的价值观。如果在一个结对编程是必不可少的环境中工作，你不仅不能逃避仪式，还会被组织的文化规范所强迫。

一个团队通常不允许其成员连续违反该团队的文化规范。可以通过反馈、群体社会压力，有时甚至是惩罚，让团队成员积极参与群体仪式。仪式隐藏的力量之一是它们灌输的从众能力。但这种力量也是双向的。你的仪式是产生正面效应还是放大负面效应？因此一定要培养那些团队所向往的积极文化影响的仪式。

语言、故事和仪式是文化传播的三种主要方式，无所谓好坏。现在知道了文化在组织中传播的3种主要方式，可以了解如何将文化转变成一种你会引以为豪的文化。

11.3.2 一个人可以改变一种文化

假设你在为一个同事举行告别聚会。她在这家公司已经工作了好几年，在整个组织中都很受尊敬。每个人都在聚会上停下来，祝她下次大冒险好运。这些聚会总是挤满了同事，他们都有着一致的看法，那就是要是没有那个高水平的人，这个地方永远不会和之前一样了。我喜欢把这些人描述成文化领袖。

定义 文化领袖是体现组织文化价值观的员工。不管他们在组织中的级别如何，他们都被视为公司中有影响力的人。他们通常被视作团队有感染力的领导者。

文化领袖有能力彻底改变团队或部门的组织方式或运作方式。如何让这成为可能？一个人真的能塑造整个组织的氛围吗？

当一个"聪明的混蛋"(指有才但行为失格或行事不符合公司文化的人)离开公司时，没有人会对他们留下的情感空洞感到心烦意乱。这个"聪明的混蛋"可能是信息和知识的源泉，但他们同体现公司价值观的员工相比，并不能分享同样的温暖。一个"聪明的混蛋"提交5000行代码所花的时间和一个文化领袖花在鼓励辩论、指导年轻工程师和不贬低团队工作却能推动团队做得更好等方面的时间是很难做定量比较的。但不管是文化领袖还是"聪明的混蛋"，请相信一个人可以改变一种文化(不管是好是坏)。

文化领袖

在公司里很容易发现文化领袖，因为他们体现了公司提倡的文化价值观。在重视合作和导师制的团队中，可以在会议上发现文化领袖。他们讨论想法，权衡不同方案利弊并征求不同意见。

与文化领袖共事是一种乐趣，因为他们试图摆脱琐碎的争论，而这些争论长期困扰着许多其他的跨职能关系。文化领袖有能力通过他们的思考、自我的释放和对更大目标的关注来改变团队、部门或组织。

是聪明的混蛋还是糟糕的文化领袖

很容易假设文化领袖总是某个值得钦佩的人。但如果公司没有强大的、积极的价值观，文化领袖可能会迅速变成某个体现文化消极方面的人。

在一个重视个人努力并表现出"赢家通吃"世界观的团队中，你会发现文化领袖因某人愚蠢的错误而斥责他们。但错误总是被以判断者的经验来看待，而不是以犯错者的视角。这种环境下是没有共情的。

你的公司有很多"聪明的混蛋"吗？如果是这样，那么要检查招聘实践是什么样的，以及是什么吸引了"聪明的混蛋"这种人格类型加入公司。但这需要确定你是在区分一个"聪明的混蛋"，还是一套糟糕的文化价值观和规范。

文化领袖也可能简单地代表公司糟糕的文化规范。有很多聪明的混蛋和一套糟糕的文化规范是两个不同的问题，有不同的解决方案。聪明的混蛋需要被雇用和解雇；修复不良的文化规范是本章的主题。

每个组织至少应该有一个文化领袖，甚至可能是你。如果你想改变文化，没有比让一个受人尊敬的文化领袖和你一起倡导改变更好的礼物了。一个人足以改变公司文化。

这似乎是一项艰巨的任务，但只要人们知道变革的方向和它将带来什么，文化变革就可以被激发。如果你觉得公司需要文化转变，你可能并不孤单。你的同事(一直到公司总裁)都会觉得有些地方不对劲。如果你不是在最高管理层，那你可能比高管团队对什么是错误的有更好的看法，让你更有能力引领所需的变化。

首先，你应该检查公司的核心价值观。如果不知道这些价值观是什么，那向人力资源部要一份公司的使命和价值观说明。这份说明将是你未来所有变革和决策的基础。然而，请记住，这些是公司声明的价值观，而不一定是他们的实际价值观。

但是，当有了既定的价值观后，将活动与既定的价值观进行比较和对比就变得容易得多，也更有说服力。密切关注组织如何处理说辞和现实的不一致可以让你更加了解公司真正的价值观。

11.3.3 检查公司的价值观

在开始之前，你必须对公司的价值观有很深的理解。当开始一次文化变革的旅程时，公司价值观将成为你行动的盾牌。如果公司已经确定这些核心价值观很重要，那么表达这些价值观的流程和活动的组建就很难被反驳。如果公司重视社区服务,组织一次公司郊游并在当地食品储藏室做志愿者应该会得到广泛的支持。

以我的公司为例，我将按如下方式列出公司的价值观。

- 合作
- 坦诚公开的对话
- 全体员工的健康
- 成为社区的一部分

有了这些价值观，就可以开始思考如何通过语言和仪式在公司内部建立文化规范。从语言开始是最简单的方法，因为它不需要其他人的大量支持。只要你的文化领袖还在，你就有很大的机会做出改变。

通过改变语言来支持公司价值观会对团队成员产生巨大的影响。想一想前面关于电视节目 New Amstendam 的例子。"我能帮什么忙"是一种语言，它有助于影响团队成员的心态。在这个例子中，同一个短语非常有帮助，可将它与协作价值观联系起来。坦诚公开的对话是一种价值观，人们可以从语言的变化中受益。

坦诚的对话通常不会在团队中发生，因为人们害怕侮辱或伤害到正在与他们交谈的人。与团队成员关系不好会极大地影响你从工作中获得的快乐。许多人选择避免冲突。这可能导致组织瘫痪，因为人们相互之间没有艰难的对话，也没有如何产生更好结果、更好设计和更好产品的严格辩论。引发这种文化变革可能很简单，只需要围绕坦诚对话改变语言即可。一个例子是使用承认反馈来自观点的语言，而不是绝对真理。下面举个例子。

Kiara 是一名开发人员，他一直在为公司开发一款新的软件，该软件将在未来几天发布。Chin 是一名运维工程师，负责搭建软件发布的所有基础设施。Chin 坚持认为，在应用程序发布之前，团队应该进行详尽的性能测试。评估了软件需求的 Kiara 认为，现在对软件进行性能测试所需的精力与他们通过立即发布获得的有价值的用户反馈相比差距太大。Chin 担心应用程序设计和所需的基础设施可能无法支持任何超出 Kiara 预测的增长。

双方都提出了有价值的观点，Kiara 通过几个方面与 Chin 交流。例如，Kiara 谈到这个话题时说："我们现在不需要进行性能测试。不会有那么多用户，最好能马上得到用户的反馈。"从 Chin 的角度看，这不是真正的对话。使用的语言是绝对化的。如果一切都是公认的事实，那么 Chin 的论点在哪里？

Kiara 对待这个问题的态度就好像所陈述的一切都是普遍真理一样。但她只是谈到了自己的观点，所有这些观点都受到她所处的环境影响而被过滤并有所倾向。

这种对话方式助长了团队之间的冲突。当与其他团队互动时，你希望使用以下语言。

- 明确地将确凿的事实与从该事实中得出的观点或看法分开。
- 使用能开诚布公辩论的措辞。
- 确立行动的最终目标。

Kiara 的一个更好的陈述版本可能是："我们已经做了一些最终用户调查，数据显示我们只会得到大约 50 个用户。从我的角度看，我认为应用程序应该很容易支持 50 个用户，如果我们能有更多用户，我认为这是一个值得冒的风险。公司为这一解决方案下了很大的长期赌注，但我们需要首先确保满足客户的需求。"大声说出这个版本需要 Kiara 花费 20 秒或更多时间，但这能把 Chin 从一个沮丧的处境带到一个辩论的姿态。

现在，Chin 了解了被询问内容的背景，以及为什么现在可能不需要性能测试。在第一个版本中，Chin 不确定性能测试何时变得重要。要等到什么时候？Kiara 只是不喜欢额外的工作吗？很多推理都需要 Chin 去弥补和填充。如果你不提供信息的原因或背景，信息的接收者会自己填充，但他们用来做填充物的东西可能不太准确。

这是简单交流的一个普通例子，但是当这种模式复制时，在整个组织中可以触发进行更开放、更诚实的对话。这会改变文化，会支持所要表达的价值观。随着交流方式的改变，我们可以开始考虑如何将语言与仪式结合起来，成为我们采用的文化规范的驱动力。

11.3.4 创造仪式

记得之前我说过文化规范是文化的强制执行者，文化规范会受到交流方式和群体参与仪式的影响。

如果你问某人9月25日有什么计划，他可能会很困惑。但如果你问某人在7月4日有什么计划，他会立即理解背景——因为这是美国人共同文化的一部分，这种文化有烧烤、烟火以及与朋友和家人共度独立日的仪式。

可以利用仪式力量在团队成员中创造出一套共同的行为。在一个组织的背景下，实际上有两种类型的仪式：社交的和流程的。社交仪式是你熟悉的。它发生在社会氛围中，关系是主要的动力。社交仪式的例子包括共同进餐、在办公室举行的年度节日聚会或下午茶。流程仪式根植于强迫完成一项任务，有时是为了支持一项更大的任务。流程仪式是像早晨站立会、变更批准委员会会议和绩效评估这样的事情。

当确定一个新的仪式时，需要问自己一系列的问题：

- 仪式的目标是什么？
- 你在创造什么样的仪式风格(社交的还是流程的)？
- 仪式的预期输出是什么？
- 什么会触发仪式的执行？

确定仪式的最终目标可能是最重要的一步。是试图在团队中建立更好的关系吗？或者正试着让团队执行更好的代码评审？

仪式的最终目标会为你提供如何建立仪式所需的背景信息以及仪式的类型。在变更核准会议上，你不可能建立起更牢固的关系和社交连接。

接下来，你需要定义仪式的输出。输出将帮助你确定仪式的有效性。对于社交礼仪来说，输出的很可能是一些无形的东西，如学习同事的新知识。对于流程仪式，输出的有时可能是某种工件——一个完成的评审或者对代码的详细评论。

最后，你需要定义是什么触发了仪式。自发的仪式是一种永远不会以真正的一致性发生的仪式。任何不是由事件触发或提示的活动最终都会在某天的混乱中丢失。为仪式定义一个特定的触发器是很重要的。

触发器可以基于一个日期，如每月第二个星期五的快乐时光。它可能基于一个里程碑，如员工工作的第 100 天。当系统中发生事故而需要支持活动时，它可能会被启动。无论你决定什么，要确保为仪式选择一个触发器。我将给你举个例子。

用仪式拥抱失败

在 Web Capital，大家都讨厌接触缓存层代码，它是由迂回、过度工程化以及对系统实际约束的误解缠绕成的一团乱麻。问题是缓存层对系统的整体运行至关重要。许多对此做提交的人最终使这个系统宕机。这样一来，人们就不去触碰缓存层，他们只会绕开它编码。

新任工程经理 Sasha 想改变这一点。她决定创造一种庆祝失败和分享知识的仪式。她希望团队明白失败会发生，团队需要简单地以正确的方式处理它们。她的目标是理解失败发生的原因并努力减少失败再次发生的可能性。

她把这归类为一种流程仪式，但仍然想融入一些社交元素。每当由于代码变更而导致缓存层出现系统故障时，团队都会庆祝。她决定团队应该在仪式中找点乐趣。他们保留了一个挂图，用于计算自某个缓存层代码变更失败以来的天数。她为团队点了披萨，会议开放给任何想参加的人。导致系统宕机的开发人员就以下内容进行演示。

- 将变更意图与变更实际效果进行比较。
- 解释为什么参与变更的每个人都认为变更是可行的，表达在系统变更时他们的理解和心智模型。需要关注的关键因素是导致这一选择的不同方面。旧的文档、模糊或复杂的方法或者定义不明确的需求都是导致我们产生关于系统方面的心智模型的例子。
- 为什么变更会导致失败以及团队对系统的新认识。关注心智模型的问题以及这些东西是如何起作用的。
- 对所有需要变更的东西进行一次演练，以帮助人们为下一次变更更好地理解缓存层。

这个演示与之前定义的事后剖析过程非常吻合，但有时仪式在较小的范围内也是有用的，即使它没有造成停机或重大事故。这种缩小版的事后剖析仪式拥抱了失败的观念，承认失败是会发生的。

仪式灌输了一种组织安全感，即失败对一个人在公司的职业生涯并不致命。它表达了合作和坦诚对话的公司价值观。讨论不是围绕开发人员犯了一个错误，而是围绕他们怎么会犯这个错。原因不仅在于这个场景下的开发人员的不足，还在于运行的系统的不足。毕竟，失败不会凭空发生。

这个仪式创建的模板可以用来创建和产生一系列的行为和文化上的改变。它需要你深入思考自己的角色，以便完全理解你试图影响的行为范围。但一旦理解了那些行为，通过仪式产生的步骤将帮助我们踏上变革的旅程。

11.3.5 用仪式和语言改变文化规范

有了语言的改变和新的仪式，就可以开始使用这些工具作为文化规范的支柱。仅对这些事情进行定义是不够的；表达出什么时候文化规范有被违反也很重要。没有这一点，规范就不是真正的普遍原则(没有被整个团队承认)并会因此开始消亡。

没有人想成为团队中唯一被迫执行编码标准的人。如果没有人在意这个标准，那个特定的仪式或行为就会消亡。文化规范确实需要集体认同，但请记住，规范只不过是群体已经同意的价值观的表达而已。如果你的公司说它重视变更审批流程并围绕变更审批流程建立了一个仪式，那么从理论上说，违反该流程的人会被告知该行为违规。

在技术方面，我们还有一个额外的优势，那就是能够利用技术来执行我们的许多文化规范。如果自动化测试和代码审查有价值，那么可以把源代码管理工具配置为文化规范的执行者。也许你已经给源代码工具配置了规则，这样要是没有至少一人的同意以及一个成功通过测试的构建，就没有人可以合并代码提交。

通过强制代码被另一个人审查可强制合作的文化价值观；通过强制被审核的变更有成功的试运行可强制自动化测试的文化价值观。要尽可能多地使用工具，因为它们不仅执行规范，而且将这些规范告知新用户。

以代码检查为例。linting 是用于对代码进行检查和验证的过程，以确保其符合特定的风格标准。如果团队已经在可怕的制表符和空格的辩论中表明了立场，则不需要在代码审查期间人工提醒开发人员，而是可以配置 linting 工具，自动化地警示用户。在提交代码以供审查或与另一个团队成员讨论之前，开发人员已经确认代码与团队设置的文化规范一致。这只是可以使用自动化的许多想法之一。

但我们往往需要超越代码的比特和字节，在现实世界中执行规范。强制执行这些规范可以提醒团队成员遵守公司的文化期望。可以结合我们的语言技能和仪式，在人们违反文化规范时以一种健康的方式进行提醒。

我举个例子。Chad 是一名软件开发人员，他希望在应用程序中实现新的功能。为做到这一点，他选择了一个新的库，这个库在互联网上引起过很大的轰动。Chad 知道这很可能要经过代码架构审查团队审核，但他也知道这个过程需要的时间比他能接受的要更多。他跳过了它，让一些人在假定库已经通过代码架构审查团队审核的情况下批准代码提交。

当代码架构审查团队发现后，他们和 Chad 讨论这个问题。"嘿，Chad。我们注意到，在 7 月 8 日，你提交了一些带有新库的代码。然而，在我们看来，你可能已经跳过了架构审查过程。这个过程非常重要，因为它允许我们评估新技术并启动某些其他任务，如更新关于我们的依赖关系的文档、添加新的安全扫描等。你是否有提交到架构团队，而我错过了？如果你没有，以后能请你务必这么做吗？谢谢！"

当然，这种反应有点啰嗦，但是在交流中多花的 20 秒钟对于长期的行为改变会有巨大的好处。为进一步扩展这个例子，Chad 应该详述他自己对架构评审团队周转时间的失望。这在评价"为什么审查需要这么长时间"以及"对开发速度的影响"时可能会有附加价值。架构评审也不是凭空出现的。从某种意义上说，架构评审的周转时间缓慢会营造某种情境，使得 Chad 感到有压力而规避它。这并不一定是遗漏的借口，但它确实表明架构审查团队可能无法满足整个组织(也就是开发人员们)的需求。我举个现实世界的例子。

有一天，我的团队在我们的应用程序构建服务器上实施了新的警报。一个团队成员发现了一个到 Jenkins 子服务器的登录，这是不寻常的，因为团队几乎从来没有登录到这些服务器。经过检查，发现一个开发人员获得了 Jenkins 子服务器的 SSH 密钥。他偶尔会使用它登录并修复与 Jenkins 节点的连接。通常，这将由运维团队通过支持工单来执行，但是从看到该工单、排优先级到处理，可能需要一天或更长时间。

尽管开发人员不应该拥有 SSH 访问权限，但运维团队促成了让开发人员感到这是必要步骤的环境。在对问题的性质进行了一些讨论后，运维部门创建了开发人员可以访问的命令，这些命令将以安全可靠的方式执行需要的补救步骤。通过对话，团队能够进一步赋能开发人员，这引发了关于更高效工作方式的更深层次对话。

> **持续违反文化规范**
>
> 如果有一个不断违反文化规范的人，你可能会考虑对其施加某种影响。也许他们会失去直接提交代码的权限或者他们的代码提交会受到额外的审查。其实最好是能自动化发现库中的添加项，并且自动将代码架构审查团队添加到提交评审事件中。

11.4 符合文化的人才

人才对于 DevOps 转型和公司的整体成功至关重要。人才和文化紧密交织在一起，因为最终文化是由人才决定的。

无论从硬技能还是软技能的角度看，如果没有合适的人才，你就不能成功地建立 DevOps 文化。聪明的混蛋如果不能与团队合作，不会比慷慨激昂的运维工程师更高效，即使该工程师是一个不能把工作自动化的人。

发现和留住人才是 DevOps 旅程中最困难的障碍之一。招聘需要时间、精力、深思熟虑的方法和始终如一的心态。本节提供了一些关于如何寻找合适的人来充实团队的技巧和策略。

11.4.1 旧角色，新思维

正如我在前面几章所讨论的，DevOps 既是关于硬技能，也是关于思维模式的。你的团队必须开始考虑让系统上线和生产所需的全部费用，同时必须开始接纳以往属于其他小组职权范围所关心的一些事务。

运维需要考虑开发人员面临的痛苦，同时开发人员需要考虑他们的系统如何在生产中运行并对那些生产系统有共同拥有的观念。安全团队需要平衡业务需求，权衡业务风险，并且透过需要实现和维护它的团队视角来审视。同理心是赋予 DevOps 力量的核心影响力。

谚语 "你无法理解一个人，除非你穿上他的鞋走上一英里" 在 DevOps 的语境中很容易产生共鸣。团队目标或度量标准的定义方式会阻止同理心的形成，因为团队目标是相互独立的。但正如我将在第 12 章讨论的，可以通过一系列共同的目标来建立同理心。要是你在运维部门，而你被用与开发相似的目标来度量，就会更容易理解开发人员的挫败感。作为一名开发人员，在半夜因为一个流程出现问题被半夜呼叫时，会让你对定期处理这种事的运维人员产生共鸣。这种责任共担的方法是一种系统地建立同理心的方法。但通常，仅找到以前扮演过不同角色的人也同样有效，因为他们以前经历过这种场景，所以能对另一个团队产生同理心。

对另一个团队成员的工作感兴趣是团队准备采用新思维模式时的目标。正如我所概述的，这种兴趣可能来自共同的责任，也可能来自天生的好奇心或过去的经历。但开发人员必须关注运维侧的事物，运维人员必须对开发侧克服难关的兴趣有同感。对一些员工来说，这种兴趣可能已经存在，但对其他人来说，可能必须制定一些激励政策才能引发这种兴趣。

通过对话共担问题

通过对话和交谈创造同理心。对彼此的问题没有共同理解的团队成员通常不会进行大量的沟通。开始建立这种共鸣的一个简单方法是为团队聚在一起交流创造自然的互动。这可以是正式的定期知识分享会议，也可以是非正式的牛皮纸袋午餐会。在此类活动中，应共享的关键信息如下：

- 团队当前的阶段目标以及他们正试图完成的是什么；
- 团队当前遇到的痛点；
- 其他团队可以提供帮助的方面。

通过分享目标和痛点，让团队成员了解团队面临的挑战。这也为其他团队如何提供帮助创造了一个环境。如果发现一个团队正挣扎于定制化度量解决方案，而运维团队可能有必要的专业知识能帮助解决这个问题。这时，运维团队会认识到，他们没有做好工具的宣传工作，而这些工具可以帮助其他可能有同样问题的团队。

关键的一点是，这不是团队交换工作和分配额外任务的会议。这种会议的目的只是为了引起人们的注意。如果团队决定互相帮助,那就太好了,但应该提前告知本次会议仅为了信息传递的目的。

原因很简单:没有人希望会议导致更多的工作分配给他们。大多数团队已经在满负荷运转,有很多等着完成的积压工作。任何新的工作都需要以团队平时接受工作的方式来接受。目前这些互动的目标不是解决问题,而是让没有立即受到影响的团队成员产生共鸣。但同样,需要提前设定会议的期望目标,否则会很快看到参与度开始下降。

如果你不能让整个团队聚在一起,那么让单独几个团队成员聚在一起进行对话也是很有用的。通过激励来达成这一点可能会激发人们相互接触的兴趣。在Centro公司的办公室里,我们使用一个名为Donut (www.donut.com)的聊天机器人插件,它随机配对两个人,鼓励他们一起吃甜甜圈或喝咖啡。它以有规律的节奏进行配对,跟踪团队成员以确认他们已经见过面,并且报告已经成功发生的聚会数量。这是一个很好的工具,可以在团队成员之间产生互动,让他们了解其他团队面临的各种问题。我们还通过视频聊天在远程员工之间做到了这一点。

即使你的公司不使用聊天协作工具,线下复制这种功能也非常容易。一个技术要求很低的解决方案是把名字按团队放入不同的桶里,然后从每个团队桶中取出一个名字来组成一对,这也很有效。互动如何发生远不如它们发生的事实重要。在不同团队的成员之间建立互动是一种令人难以置信的工具,这样做可以产生同理心,激发对他人角色的好奇心。

在现有团队中产生共鸣只是这个过程的一部分。在某些时候,必须雇用新的团队成员。这个过程从来都不容易。

11.4.2 对高级工程师的痴迷

以我的经验,多数公司对高级工程师很痴迷。如果他们能负担得起,公司宁愿有一个有着丰富经验的人进来并在第一天就创造价值。高级工程师的需求量一直很大。

但你或者你的公司如何定义高级工程师呢?多年经验是一个典型的晴雨表,但它真的能提供你想要的定性数据吗?你可以找到一个同样事情做了15年的工程师。例如运维领域,你可能拥有一个有着20年经验的运维工程师。但是,其中有多少工作时间是使用先进方法(如配置管理)的呢?如果该工程师有20年的手动安装操作系统软件包的经验,那可能与持续3年使用配置管理软件做同样工作的人有很大不同,这取决于你在寻找什么样的人。

如果你要雇用一名高级工程师,那必须定义是什么让候选人更高级。有时可以是经验的多样性,加上在该领域的年数。你可能更看重多年的经验,因为这样的工程师已经看到过各种各样的问题。有15年经验的工程师很有可能比有5年经验的工程师看到过更广泛的问题。经验的定义哪个是正确的？

你必须问为什么需要这些年的经验以及时间是否是获得经验的好方法。如果你想接触到更多的问题，一个每6个月去一次不同客户场所的顾问可能会在3年内比在同一家公司10年的人产生更多的经验。但是，如果你正在寻找一个有经验的人来开发和维护一个系统并处理由此产生的所有问题，那么选择有多年经验的(尤其是在一家公司的)会显得更加明智。

底线是，你要定义高级别看起来是什么样的。这将使你扩大候选人范围，而不是用不关心的工作要求吓跑潜在的求职者。

一旦定义了高级别，下一个问题应该是挑战自己为什么需要高级别。如果是因为你需要一个技术领导者来指导团队的设计选择和决策，那这是一个坚实的理由。但是，如果你的团队已经有两、三个高级工程师，那更有可能是你倾向认为高级工程师会带给初级工程师更多的硬技能。

一份典型的工作描述有几个部分，通常采用项目符号列表的形式，其中之一是要求列出与这些技能相关的年数。但这里用词不当的是，多年的经验被等同为熟练程度。对于一些人和一些初学者来说，这可能是对的。但不可否认的是，许多申请人对这类工作有天生的本领。

他们可以在比其他人少得多的时间内掌握概念、理论和想法，并且将其转化为有用技能。他们对一项技术的经验几乎可以用狗的年龄来衡量。但根据你对工作的描述，你要么会漏掉申请人，要么会阻止他们申请。你可以花3~6个月的时间去寻找一个能满足所有选项的候选人，也可以花这些时间去寻找一个"狗的年龄"类型的候选人，他集中接触了某种技术或技能，能满足对这个角色的需求。

1. 去掉经验年数

试图去掉经验年数作为熟练程度的衡量标准可能具有挑战性。很容易想象，一个在大型的基于Linux基础设施的环境中有10年经验的运维工程师肯定已经处理过逻辑卷管理器、包管理、基本的文件系统导航等问题。但是我想说，如果这些技能从第一天起就很重要，那就在工作描述中单独列出来。一旦列出了这些技能，你会很快意识到，并不是所有技能都是第一天起就必不可少的技能。

如果工程师没有某种从第一天起就需要的技能，请不要焦虑。如果不是100%必要，工程师在工作中学习也没有错。工程师拥有(或者应该拥有)的最大技能之一就是学习能力。要把必备技能和通常不会培训的技能分开。这里举例说明人们可以如何向你证明这种水平。

例如，假设你有一项要求，其内容是"两到三年的 ActiveMQ 消息处理工作经验"。如果对它进行梳理，那你真正需要的是什么经验？一定要用 ActiveMQ 吗？真正的核心需求是他们有在异步环境中使用消息或事件总线的工作经验。这可以分解为更具体的项目列表。

- 最近在异步处理环境中工作的经验；
- 最近设计和实现工作队列及相关主题的经验；
- 设计重复数据消除算法以防止重复作业被处理的经验。

只要这些技能得到验证，那就不需要你最初寻找的两到三年经验。也许候选人在过去的一年里致力于一个专门研究这个问题领域的项目。这不仅让申请人有机会撰写简历来突出这一经历，还提供了充足的信息来源，使你可以在现场面试过程中就他们的经历提出问题。有人可能在一家使用消息总线的公司工作过，但他们与总线的交互很少。例如下列这个简历部分的内容。

DecisioTech 公司首席软件工程师：1999—2019 年
- 开发和维护主要的 Java 产品平台
- 使用 ActiveMQ 实现异步消息处理

这对于招聘团队来说很难分析。候选人是否在 ActiveMQ 实现上花了 20 年时间？或者他们只在前 9 个月做这些工作，以后再也没有接触过？这些问题肯定可以在面试过程中得到解决，但如果经验要求更明确，申请人可以更紧密地根据你的需求调整简历。不是每个申请人都会这样做，但这样做的那些人肯定会显现出来。这将有助于他们在众多的潜在申请者中脱颖而出。

高级工程师可以给你的团队带来裨益。高级别的定义并不总是一件容易的事情，但是一旦做到了，你就可以集中精力搜索你所需的特定技能，而不用在经验年数上作不成比例的权衡。

但有时，填补这个职位所需的时长会对团队产生影响，面试会占用相当多的团队精力。在某个时候，你可能会意识到高级工程师不是必需的，那你要多考虑初级工程师。

2. 雇用初级工程师

出于各种原因，初级工程师可以成为团队中极好的一员。首先，初级工程师更容易塑造成你的组织的工作风格。因为没有多年的工作经验，所以初级工程师很容易适应新的工作方式。当然，这是一把双刃剑，因为它假定你给下级安排的工作方式是好的。教一个初级工程师坏习惯和教他们好习惯一样容易。

雇用初级工程师也为更高级别的工程师提供了一个指导的机会。这是一种扩大高级工作人员责任范围的方式，而不用强迫他们担任管理角色。许多高级工程师希望保持技术性，但仍然希望在正式的组织架构中分享他们的专业知识。指导是给高级工程师这个机会的好方法，同时也给初级员工提供了一个学习的好机会。

初级工程师可以降低完成某些任务的成本。你通常不会以按小时计算的方式去计算一个工程师的投入，但这样做是有价值的。一个高级工程师如果做着初级工程师能做的工作，这会剥夺高级工程师所能做的贡献对组织的价值和水平。你永远不会希望餐馆的主厨也接受顾客的订单,因为主厨花在厨房的时间会更少,而在那里他们的时间更有价值。初级工程师给了你一个机会,可以卸下一些不太复杂但仍有价值的工作,而这些工作正在由高级工程师完成。这不是要把无聊的工作丢给初级工程师,而是要确保从高级别的员工那里得到最有价值的产出。

> **初级员工的学习曲线**
>
> 初级员工总是有一条学习曲线,这是以高级工程师的时间为代价的。据我所知,没有什么好的方法可以避免缴纳这种时间税。
>
> 但这一税收随着时间的推移而消失。此外,高级工程师获得宝贵的指导时间,被迫以新手的眼光看待系统。有时,这种不同的视角有助于解决问题。对于一个过去 5 年一直从事该工作的高级工程师来说,设计似乎是第二天性。但对于一个新手来说,这可能看起来过于烦琐或难以理解。被迫向不懂设计的人进行解释通常可导致今后对这种方法的重新思考。

不管雇用初级工程师还是高级工程师,面试都是一个令人生畏的过程。可以在面试中做一些事情来帮助完成这个过程。

11.4.3 面试候选人

面试过程对所有参与者来说都有点压力。团队成员被从日常活动中拉出来,必须承担起审问者的角色。典型的面试过程是评估一个人工作技能的最不自然的环境。有些候选人在压力下可能做得不好,紧张和焦虑会影响他们清晰思考的能力。

根据职能,这对从候选人收集信息可能是一件有益的事。如果他们申请的是运维职位,你要识别是否有人不能在高度管控、有时效性的情况下正常工作。如果职位是质量保证(QA)工程师,那要在一个高压的事件调查环境下正常工作的这种需求可能就不那么必要。

当设计面试时,应该考虑到这一点。如果高压场景是工作的一部分,就要能够在面试过程中模拟出来。如果没有,要确保面试过程尽可能地模仿传统的工作环境。

1. 面试小组

面试应该由多人进行,如果可能,要由不止一个团队进行。毫无疑问,为获得成功,职位的招聘工作应该横跨不同的群体和部门。如果面试小组中有这些群体的代表参与,在提供对候选人的看法时将非常有用。

每个小组应该有两个人去面试,因为从相同的背景中获得两种观点是有用的。例如希望两个开发人员从开发人员的背景进行面试,这样他们就可以交换意见;两个产品分析师可以交换意见,诸如此类。不是所有的领域都需要代表,但是纳入与非技术人员的互动是很重要的。

招聘经理应该是面试小组的一员，可以参加他们职能部门的面试，也可以单独面试。我发现招聘经理加入另一个小组更有效，这样他参加的面试就有其他人提供观点。例如，如果招聘经理自己进行面试，没有人会对他们的观察提出质疑或给出观点。如果求职者"看起来没有给出充分的回答"，对一个单独进行面试的招聘经理来说，没有人会对这一观察给出不同的观点。对同一次面试，两个人在交换意见时可能会有两种完全不同的解读。

尽量避免过长的面试过程。随着面试过程的拖长，候选人会开始疲劳，表现出与早期面试团队截然不同的个性。除非看到这种下降对正在填补的职位是有价值的，否则尽量把面试安排在一个上午或一个下午。如果面试需要午休，可能就显得时间太长。

确保与面试小组会面并了解每个小组将向候选人提出什么问题。让一些小组在问题上重叠可能是值得的，这样就可以看到答案是否因提问者而异。

在组建面试小组后，要查看面试问题的结构，这样能确保覆盖想要触及的所有领域。

2. 面试问题的构建

面试的设计应该围绕招聘的几个关键领域来引出答案。
- 组织价值观契合；
- 团队价值观契合；
- 技术能力。

这些类别同等重要。要是候选人不能与团队融合或者如果他持有与团队背道而驰的信念，仅因为技术而雇用这个人是没有价值的。如果雇员有一套与组织不匹配的价值观，当其他团队需要与雇员互动时，就会存在持续的矛盾，这可能会给你的团队带来坏名声。

我曾目睹过这种情况的发生。在此之前，我更多地关注招聘的技术层面，而没能足够关注组织和团队的契合度。结果是毒瘤蔓延至整个团队，整个团队士气低落，团队的势头不断受到冲击。我很幸运地让该雇员认识到了不一致并主动离开，但这种情况也很容易有一个令人遗憾的解决方案。

当看到这些类别时，应该首先列出希望看到能力得到展示的实际领域。如果你的组织价值观包括健康的冲突，那把它写下来，在每个领域下面创建一个技能列表。组织价值观列表的示例如下所示。

组织价值观
- 健康的冲突
- 跨部门协作
- 员工敬业度

有了这些价值观，可以开始设计问题，给候选人一个展示这些价值观的机会。可以询问候选人如何运用某项技能的具体例子。健康冲突的一个例子可能是"给我一个你和同事在某件非常重要的事情上有分歧的例子。你最终是如何解决的"。这给了候选人一个利用他们具体经验的机会，并且可向你展示他们如何处理情况的真实例子。

你也可以稍微修改一下这个问题，看他们会如何处理不同的结果。一个例子可能是"给我举一个你和一个同事在重要的事情上有分歧而没有选择你的解决方案的例子。你是怎么做出这个决定的，是什么让你接受了别人的解决方案"。这可让你看到候选人如何处理妥协。

可以对列出的每个类别中的每个条目重复此过程。将问题排除在是或否的答案范围之外，创建开放式问题。在你认为非常重要的问题上，可能要问一个以上的例子来确认这种行为在不同的场景中重复出现。

你还需要确保面试过程在候选人中尽可能相似。如果在每次面试中，你衡量的东西发生了变化，就很难正确地评估候选人。这就是为什么提前确定你的问题清单并尽可能遵循这些问题是很重要的。深入挖掘候选人的回答是完全可以的，但不要问候选人一个你不想问其他候选人的问题。如果第一个候选人的回答让你眼花缭乱，那会给你留下一个印象，即其他候选人不会有可能做出类似回答。

3. 识别激情

我见过的每一位伟大工程师的内心都是对技艺充满激情的。我从未遇到过有人能在自己的领域仅把技艺当成一份朝九晚五的工作却还能取得持续的成功。激情可以提高候选人的潜力上限，这是我在面试过程中要尽可能早地试图识别的东西。

激情是一种传达多于表达的东西。当候选人说他们对某事有热情时，要问他们如何表现出这种热情。他们看博客吗？在家捣鼓？他们有贡献的开源项目吗？激情会以不同的方式表现出来，但总是会表现出来。如果不是，激情无非是兴趣。可以询问你的候选人他们对什么非常热衷以及他们会如何展示这种激情。

4. 技术面试问题

软技能问题有它们的用武之地，但它们只是雇用工程师时的一部分。任何工程面试都必须有一定程度的技术评估。事实上，如果没有技术评估，一些候选人可能会对你的公司产生戒心。如果没有评估候选人的技术能力，那么你也就没有评估其他雇员。这可能向候选人表明，你所在组织的技术精通能力是低的。

当设计技术问题时，要尽量避免简单的对错答案。不要只评估候选人的记忆力。要能够测试他们如何思考和推理他们在新角色中将面临的问题类型。

向候选人询问数据库服务器的默认页面大小并不能锻炼他们的数据库调优知识，只能锻炼他们记忆事实的能力。但是，如果问他们"你会做什么来提高一个

第 11 章 法令文化

阅读量很大的数据库的性能"，那通过提到调整默认页面大小，会得到更多关于他们熟练程度的信息。要尽量避免晦涩难懂的记忆问题，而关注他们可能遇到的实际、真实的场景。

鼓励候选人大声说出对问题的仔细思考。比起让候选人在完全安静的情况下书写解决方案，你能从他们在完全空白的白板前的高谈阔论中了解到更多。解决方案对他们来说是自然产生的吗？他们以前解决过这个问题吗？为什么他们会做出这样的答案选择？听一个工程师把他们自己的点点滴滴连接起来可以让你更深入了解他们的经验。

我举个例子。DecisionTech 公司正在招聘一名新的系统架构师。技术评估中的一个问题是设计订单接收系统。一名候选人提出了一个相当令人印象深刻的实施方案，但它实际上只是他们以前工作的翻版。他没有完全理解或掌握做出的技术选择，只是回到他们熟悉的领域。与此同时，另一个候选人正在思考这个问题，尽管他不知道使用什么特定的技术，但他对他们试图解决的问题有着扎实的理解。

候选人："所以，我不确定在这里使用哪种技术。但是我知道，当一个新的订单到达时，我不想在 HTTP 请求响应生命周期中立即处理它。我宁愿这是一个单独的问题；这样的话，如果流程终止了，我们就不会失去订单。此外，这种方式允许我们将订单处理与订单接收分开。我们可以分别衡量这些问题。"

尽管这个候选人没有具体的答案，但是思考的过程还是很到位的。在现实世界中，他们永远不必当场提供技术选择。他们将有时间做研究，了解问题的范围并评估取舍。如果你在工作中给他们留有余地，那么在面试中给他们同样的余地是有意义的。

在进行技术评估时，另一件重要的事情是质疑候选人做出的选择。知道这个人在做出一个决定时是否有过取舍是值得的。质疑他们的选择也让你有第一手的机会去了解他们是如何接受反馈和批评的。

最后，在技术面试中，候选人应该能够使用与实际工作中相同或相似的工具。看到有人如何解决没有答案的问题可能比看到他们解决他们以前见过的问题更重要。

如果工程师不知道某个东西的正确语法，允许他们使用互联网找到答案比看着他们笨手笨脚地找出某个函数调用的位置参数更有效率。除非他们所工作的环境是一个互联网根本不能用作探索工具的环境，否则允许他们在面试中使用互联网会有所帮助。如果他们需要使用互联网来回答技术评估的每一部分，那与看他们在每一部分中挣扎相比，你会得到同样多的信息。对所有相关人员来说，这也会舒服些。

将面试分为职业生涯目标、技术专长和性格匹配等问题类别会在整个面试过程中产生一种逻辑流。这也有助于在面试时记笔记。我觉得在这个过程中，在对候选人的这些印象和感受还记忆犹新时，将候选人的评价记录为笔记是有必要的。时间过得越久，面试的细微差异就越多开始淡化，留下的只有少数经得起时间考验的片段。

为保持面试过程的流畅，我建议使用一个简单的评分系统，这样可以快速记下关于候选人的笔记和反馈。如果你要保持面试的结构化，也可以根据问题的流程来组织你的记录文档。当你和面试小组的其他成员一起回顾经历时，做一些粗略的笔记是至关重要的。图 11.1 显示了如何组织面试评估文档以便在面试过程中快速访问。

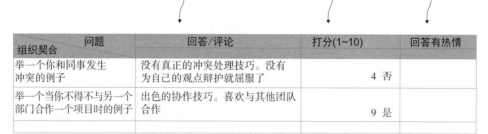

图 11.1　用于快速记录的结构化面试文档

11.4.4　评估候选人

一旦完成对候选人的面试，每个小组应该在面试的当天召集会议。这很重要，因为同样记忆会消退，要立刻开始回忆面试中的一些关键时刻。在整个面试过程中，细节发生在那些微小的瞬间里。辉煌或挫折的闪光点、围绕某个特定问题的肢体语言，以及对某个特定话题讨论背后的兴奋，这些事情在当时看起来都很小，但可以为候选人增加更全面的印象。面试结束后，尽快碰头并讨论候选人的面试是非常重要的，我怎么强调都不为过。

面试小组聚在一起时，参与者同时表达他们是否想雇用候选人。简单地竖起大拇指或其他方法都可以，没必要在参与者如何展示他们的选择上过于复杂。关键是每个人都必须投赞成票或反对票，没有人可以犹豫不决。我个人的哲学是，如果我持观望态度，那么出于谨慎，一开始就拒绝。要强制任何试图站在中间的人投赞成票或反对票，不然他们很快会随意修改投票结果。

既然每个人都致力于这样或那样，那么选择一个团队成员，讨论为什么这样投票。要求要有具体实例，不要让人们简单地答复对某个人"有感觉"，因为这不会给其他小组成员任何有实际价值的信息，从而改变他们的观点。

这并不是说直觉不重要，本能通常是基于先前经验的潜意识模式识别。这是决策中极其重要的一部分，但它不可能是全部。努力思考，试着把影响本能的因素概念化，这样就可以和小组的其他人分享和交流。一旦第一个人完成了分享，以顺时针方向移动到下一个人，继续下去，直到每个人都讨论了他们为什么这样投票。

至此，小组成员就能了解每个同事对面试的看法。也许他们看到了你没有看到的东西。或者，他们可能根据自己的特定背景提出了不同的问题，引发了令人感兴趣的回答。要使人们有机会让他们的决定受到这种反馈的影响。当听到反馈时，试着将来自其他小组成员的候选人的优点和缺点与想填补的职位联系起来。此时，每个小组成员都应该有机会改变他们的投票。一旦每个人都更新了他们的投票(如有必要)，流程应该回到招聘经理那里，进行后续的任意问题跟进或对话。

这个流程使小组成员能够提出他们的观点，为整个团队提供更好的反馈，但最终招聘决策仍然掌握在招聘经理手中。他可能希望对任何聘用达成完全共识，或者可能只是将面试小组成员的反馈作为决策过程的输入。但请不要搞错，招聘过程不是由委员会完成的，招聘经理是最终的决策者。

11.4.5 面试的候选人数量

在一个完美的世界里，你会面试候选人，直到找到最佳候选人，即那个满足所有选项并得到团队同意的人。当以这种方式招聘时，有时可以避免将候选人相互比较的整个过程。每个候选人都会面临你的系列要求，要么他们满足要求而给你留下深刻印象，要么他们达不到要求而很快就被放弃。遗憾的是，并不是所有人都生活在一个完美的世界里。

招聘与预算挂钩，不同的组织有不同的预算周期。一些组织有一个非官方的时间窗口，规定新职位的申请在被并入另一个财务预算之前可以保留多长时间。这些策略似乎已过时，但我假设你没有权力在公司层面影响这一点，只能在这些范围内运作。问题就变成你什么时候停止面试候选人？

数学家们试图为此提出算法。其中有一个叫做最优停止问题，有时也称为秘书问题(更多细节请参阅 P.R. Freeman 于 1983 年在 *International Statistics Review* 上发表的 The Secretary Problem and Its Extensions: A Review 一文)。在我看来，最优停止问题不能直接用于招聘，但我们可以借此产生一个稍有不同的策略。

在面试过程的开始，要决定在进入所谓"停止模式"之前将要面试多少候选人。如果你不录用候选人，在人才库耗尽之前，将继续面试 X 个候选人。在本例中，将使用 6 作为停止模式数字。

你面试的第一个候选人如果令你惊喜，就录用并停下面试。如果觉得不合适，就面试第二个候选人。要是惊喜就录用；否则就继续第三个。重复这个过程，直到你到达停止模式数字。

当达到这个数字时，从面试过的 6 个候选人中决定哪一个是最佳候选人。现在已经达到了候选人的停止模式数字，依然没有适合的，继续面试新的候选人。

选取第一个比初始停止模式批次的最佳候选人更好的候选人。图 11.2 进一步说明了这一点。

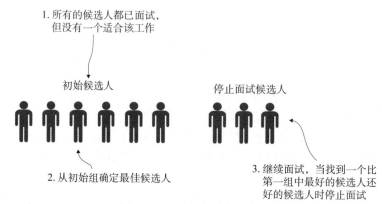

图 11.2　修正的招聘停止实践

这一策略显然有一些注意事项。万一你的停止模式批次的所有候选人都很糟糕怎么办？这种情况下，你需要考虑重启筛选过程，但这是有可能发生的。这个过程不是一个严格的规则，而是建立一个系统，以确保你不会因为招聘过程中缺乏进展而失去招聘名额。

团队是构建 DevOps 文化的重要组成部分。招聘是一项持续的努力。人们离开并得到提升，他们成长并变得对其他事情产生兴趣。不管今天谁在你的团队里，总有一天他们会不在。招聘是永远不会结束的事情，它只是会暂停。有一个招聘流程和理念可以让招聘过程变得更顺利，这样每个人都有一个现成的手册来完成团队可能面临的最大决策之一。

11.5　小结

- 文化的不同组成部分会影响组织的整体文化。
- 改变我们使用语言进行交流的方式可以提高我们的效率，并且有助于文化价值观和规范的传播。
- 可以通过语言和仪式来改变一种文化，并且利用这些变化来加强文化规范。
- 必须在团队成员中建立一种新的思维，这样他们才能对组织中的其他角色感同身受。
- 结构化面试，这样每个候选人都会遇到相同的问题集合。这将能够更准确地比较候选人。
- 招聘时要考虑到公司文化和组织的契合度。

第 12 章

过多标尺

本章内容
- 设定团队目标
- 为团队建立工作接收系统
- 应对计划外工作
- 确定工作事项

组织力量的核心基于这样一种理念，即一群人聚在一起去完成一项作为个人不可能完成的任务。组织需要有能力引导一群人朝着一个统一的目标前进，会采用优先级来做到这一点。如果没有一系列按优先排序的目标，围绕其将人员、技能和纪律结合在一起，实现摩天大楼的建造这样宏伟的组织目标将难如登天。

但是很多团队往往不是围绕总体目标，而是关注于总体目标中团队自己的特定局部目标，并且这一局部目标优先于全局的团队目标。随着局部目标变得越来越具象，你评估它们的方法也变得越来越具体。不久，你就有一堆不同的方法来衡量众多团队的绩效，那意味着许多激励行为会有损于整体目标。这就是"过多标尺"反模式。

目标设定以及优先级的排序过程在 DevOps 文化中极其重要，因为它们为将精力投入那些传统上被忽视的工作中奠定了基础。你可以一个季度发布 30 个功能，却找不到时间给服务器打补丁；究其原因，是其中一个任务被优先考虑，而另一个没有。确定优先级意味着对一项任务说是的同时对另一项任务说不。时间总是有限的，因此只是说某些事情重要还不够。在某个时间点，你不得不说有些事情比其他事情更重要。这可能很难，也可能会痛苦，但事实上，你不做选择就是在含蓄地做出选择。

然而，优先级从何而来？它来自你基于团队、部门和组织的目标和目的为自己设定的目标和目的。即便你有一个待办事项(升级程序所使用的 OpenSSL 库)，如果你没有对它进行优先级排序，这个待办事项就永远都不会被完成。之所以没有为其排定优先级，可能是因为它并非你所衡量的目标或目的的一部分。相反，你让其他的事项挤到了你的意识前方；基于任务被包装和呈现的方式，你认为某项任务比其他任务更重要。本章旨在观察这一过程并迫使你去评估一项任务的客观重要性。

12.1 目标层级

目标通常是分层的，从上层的一组目标流向下一层的目标。组织会有一套年度目标，包括收入增长、新产品推出、客户留存等。了解组织目标对于创建下一层级(即部门)目标的优先级是必要的。

每个部门都需要一套可以支撑组织目标的目标，以此类推，直至个人。个人的目标受到部门目标的影响，而部门目标又受到组织目标的影响。图 12.1 描述了这种关系，指出了目标的级联本质。

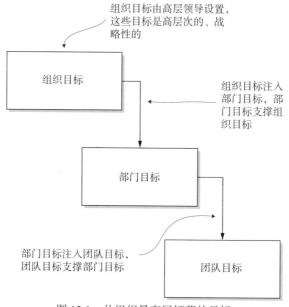

图 12.1　从组织最高层倾落的目标

对许多人来说，了解自己的目标以及这些目标是如何融入更大的组织目标的是影响工作满意度的要素之一。如果你的工作被搁置在一个孤岛上，没有人去欣赏，也没有人关心你为什么做这件事，你就会与组织的其他成员脱节。你会感到，每个人都在朝着全公司会议上被谈论的目标前进，而只有你站在一旁，在思考自己为什么要做正在做的事情以及这件事有无意义。理解组织的目标并把你的工作和其中一个目标联系起来可以在很大程度上帮助你对抗这种感觉。

> **目标和OKR**
>
> 我要展示的目标结构使用了一种被称为目标和关键结果(OKR)的目标设定技术。它不是关于设定目标，而是关于理解目标如何在整个组织中流动。如果设定了一个顶层的公司目标，除非有支撑团队调整他们的目标与之匹配，否则该项公司目标无法被实现。有关这些目标是如何设定的超出了本书的范围，但如果你对目标设定技术和OKR特别感兴趣，我强烈推荐Christina R. Wodtke的*Radical Focus*(Cucina Media，2015)和John Doerr的*Measure What Matters*(Portfolio，2018)。

12.1.1 组织目标

除非你是公司高管团队的一员，否则组织的优先事项基本上是你无法控制的。因为高管团队距离完成任务的战术细节还很远，所以组织目标在本质上是高层级和战略性的。

将战术性的工程特定的工作直接映射到这些更高层级的目标上会很困难，这需要一些创造性思维。通常，这项工作是由高级技术领导团队为你完成的，因为他们将部门目标映射到组织目标。组织目标的一些例子如下所示。

- 减少15%的运营开支；
- 实现20%的用户年增长率；
- 增加10%的现有客户消费。

站在技术的角度将工作映射到上述这些目标可能不是非常直观，因为你的工作通常不是与目标直接相关。对于第一个减少运营开支的目标，你也许能够通过减少基础设施中使用的服务器数量而减少平台的运营支出；也许可以找到一些容易实现的快速自动化来帮助其他部门完成他们的任务。实现用户的逐年增长可以通过实现一些用户想要的关键功能来支持，但是你未必有运气将这些功能加入工作队列。新功能被交给产品团队，产品团队再去找销售团队，销售团队再拿这些新功能去吸引犹豫不决的潜在客户。这对于增加现有客户消费是同样的。

关键在于，当你开始考虑组织目标时，就开始以不同的角度看待你的工作。以组织目标的视角可以帮助你从团队的待办事项列表中快速筛选。但这只是目标的层次之一，你的部门很可能会有一组具体的目标，这些目标是领导层想要的，它们重点关注并优先考虑那些你应该在做的事情。

12.1.2 部门目标

部门目标由领导团队基于工程背景设立，会更接近于你眼下的日常工作，应该可以直接匹配到你的团队目标甚至你的个人目标。

根据在组织中的级别，你可能会参与制定部门目标。如果是，你应该考虑部门目标如何融入更大的组织目标中。如前所述，并非所有的技术工作都是直接通向组织目标的。但是，能够将通往组织目标的道路链接起来对于了解工作是如何维系在一起仍然会有价值。这种工作的维系感是团队成员工作满意度的一个关键因素。表 12.1 显示了如何定义部门目标并映射到组织目标。

表 12.1　部门目标映射到组织目标

部门目标	组织目标
发行 2.0 版销售软件	实现 20%的用户年增长率
重新架构数据管道处理	增加 10%的现有客户消费
提高计费流程性能	减少 15%的运营开支

如果团队知道自己的工作非常重要并且会对组织外的人产生影响，那这会是一个巨大的团队激励因素。

12.1.3　团队目标

团队目标的重点是部门内部各个团队要做的事情。就像是部门目标与组织目标相联系一样，团队目标也应该与部门目标相对应。这应该比直接映射到组织目标更容易，因为部门的目标应该是以技术的视角创建的。事实上，当你看团队目标时，它们就像是部门目标的不同版本，但比部门目标更加具体。

团队目标更多的是部门目标的战术版本。团队目标提供了实现部门目标的具体方法。"提高计费性能"是在部门层面设定的战略目标，它并没有提出任何类似于如何实现它的计划。团队目标有助于提供部门如何执行以提高计费性能的大致思路。

这一目标可能也并非仅靠单一团队的努力，也许会划分到多个团队。开发团队会关注代码中已知运行较慢的部分，而运维团队会专注于对现有的硬件进行调优，以挤出更多的性能。表 12.2 给出了几个团队目标如何映射到部门和组织目标的例子。

表 12.2　多个团队专注于同一个部门目标

团队	团队目标	部门目标	组织目标
开发团队#1	重写计算计费模块	提高计费流程性能	减少 15%的运营开支
开发团队#2	将计费迁移到基于队列的多线程处理过程	提高计费流程性能	减少 15%的运营开支
运营团队	优化计费数据库服务器以匹配工作负载类型	提高计费流程性能	减少 15%的运营开支

随着团队目标的制定，可以看到个体贡献者不仅清楚地知道要做什么，同时也明白它是如何匹配到更大的组织目标。现在你们都朝着同一个方向行进。

12.1.4 获取目标

如果你不是领导团队的一员，那可能会对组织和团队的目标感到困惑。贵公司可能没有围绕目标设定和规划进行强有力的沟通。不过，我向你保证，每个公司都对组织目标有所了解。

组织目标会经常变化和调整，但有高层人员知道他们希望公司关注什么。这些信息只是被束之高阁，无法渗透到整个组织。解决这个问题最简单的方法就是直接问。

询问目标似乎过于简单，但它能够奏效的原因很直接：目标是任何管理团队的核心任务之一。要求管理者为你或你的团队确定目标是一个合理的要求。即使你的直接领导不知道，他们也肯定不会用"我不知道，我也不打算知道"来回应，那是完全不合理的。如果你得到了那样的回复，用较为温和的提示性话语应该足以使你的直接领导有所行动。如果你的公司有任何的反馈机制可以上升到高层领导团队，让他们知道公司的目标和目的没有被传达到组织的个体贡献者将是非常宝贵的。

你们中的一些人可能会认为自己的老板永远不会给自己关于目标的答案。对此我会说，可以去问别人的老板。组织目标的美妙之处就在于，它们对整个公司来说都是通用的。我认为没有谁需要冒着被解雇的风险去确定最重要的工作目标。

本质上，这就是你在寻求目标时所要做的事情。你希望了解你能够为公司继续工作的最重要的任务。如果你极度畏惧你的老板，那也可以向其他管理者咨询这个问题，来理解你的工作如何与组织的更大目标相联系。理解你的工作如何触及、影响和帮助其他团队的过程将为你提供大量来自其他管理者的额外背景信息。

如果仍然有困难，可以考虑和你的文化领袖联系。正如第11章所述，文化领袖通常在整个组织中关系良好，并且受到尊重。他们可以帮助你理解你的工作是如何支持组织的更大目标。

有了正确定义的目标，你就可以开始带着批判性来审视你和你的团队被指派去做的事情，并且对你的时间是如何使用的拥有更清晰地觉察。

12.2 对自己工作的觉察

你对自己的时间会有无数的需求，需要做的工作总是比团队能够完成的更多。为避免被多方拉扯，你需要能够捍卫自己对当前工作的选择，目标和优先事项是你借以防护的盾牌。任何进入你的团队工作队列的任务或事项都必须先穿透这面盾牌来引起你当前的注意。当你对目标和与这些目标相关的任务拥有清晰的认识时，你的盾牌是最坚固的。

意识到自己要做什么根植于一种允诺必达的理念：你向同事和老板做出允诺，你的部门向组织做出允诺，依次向上。对于个人来说，允诺是信誉的货币。当有人允诺某事时，你立即对那个人的可信度进行计算。当他们说他们会做的时候，他们是否会频繁交付？或者这个人或部门总是容易低估完成一项任务所需的时间？这种可信度在很大程度上取决于你如何管理你所做出允诺的数量以及它们对彼此的影响。一旦做出允诺，就需要兑现或是重新谈判。当你明白了这一点，就可以开始对重要的工作说是，对不重要的工作说不。

12.2.1 优先级、紧迫性和重要性

很多人混淆了重要性和优先级。优先事项优先于其他事情。但是，既然优先事项优于所有其他事项，怎么可能会有多个优先事项呢？这很难解释通，尤其是在个人贡献者被要求承担多项任务且所有这些任务都被视为优先事项时。

然而我的观点是，一个人在特定的时间里只能有一个优先事项。这并不意味着你的待办事项列表中没有其他重要的事项，但只有其中的一项是最重要的。如果你有一个重要的董事会议，但就在会议开始前，你发现一个亲人卷入了一场可怕的事故，你会兼顾多个优先事项吗？不，你必须做出选择，其中一个比另一个更重要。

如果只能有一个优先事项，你仍然需要有一个机制能够对其他工作进行分类。即将进行的工作还有另外两个指标：紧迫性和重要性。

紧迫性定义了任务在多长时间内必须被执行。它可能有一个外部截止日期或者可能作为另一个被卡住或被阻塞流程的输入。重要性与任务的意义或价值有关，一项使开发人员的工作流程更轻松的工作可能会被认为不如一项影响成千上万客户的特性变更重要。两项工作可能都不紧急，但一个比另一个更重要。

定义 任务的重要性是它对组织的相对价值或意义，而任务的紧迫性与任务需要完成的时限有关。紧迫性需要一个客观的截止日期，而不只是请求者的偏好。

重要的是，需要认识到紧迫性和重要性都会受到观察视角的影响。请求者将根据一项任务与他们需要执行的其他工作的关系判断任务的重要性。请求的实现者可能没有相同的背景信息，对请求的看法也不同。这也是理解你的团队、部门和组织的目标很重要的另一个原因。这些目标提供了一个客观看待这些要求的视角。

当给你的任务是优先事项时，它应该成为你一旦有时间进行工作时的默认首

选。你应该审视所有其他的允诺,因为它们与这一优先事项相关。当你看任何其他时间的允诺时,这些允诺都应该通过优先级的角度来检查。如果新的允诺会影响你的优先事项,你的选择有推迟新的工作、尝试将新的工作提升为你的优先事项或者重新协商现有优先事项的截止日期。可从以下几点进行考虑。

- 这个新的允诺会影响你按时交付优先事项的能力吗?
- 这个新的允诺有可能成为你的新优先事项吗?
- 这个新的允诺是否足够重要,以至于你需要重新协商当前优先事项的最后允诺期限?

这些问题将帮助你评估是否能接受这个新的时间允诺,而无论其是一个会议、一个新项目甚至只是一个新的小任务。如果任务不会影响你对优先事项的时间允诺,接受新的允诺是可以的。如果会影响你实现优先允诺的能力,那必须评估这个新任务的相对重要性和紧迫性。它会重要到成为你的新优先事项吗?这可能是一个你想要和你的经理或主管一起做出的决定。

有可能(也很常见)一个新的、意想不到的事项出现了,它的重要性对你来说足以成为你的新优先事项。和你的经理一起评估并做出决定:要是它没有重要到成为新的优先事项,或许对你来说它的重要性足够让你重新协商你现有优先事项的最后期限。再说一次,你要和你的经理进行谈话。

但是在对话中,要理解这将额外增加多长时间来交付优先事项。如果你不知道延迟多久,就无法决定是否推迟一个优先事项。如果你完全无法衡量延迟,那要确保告诉你的经理。延迟的不确定性会影响是否接受新时间允诺的决定。如果这些选项中的任何一个都不可行,你应该拒绝新的时间允诺。

对你们中的一些人来说,拒绝工作的想法听起来可能很陌生。但事实是,你和你的团队已经在拒绝工作了。不同的是,告诉请求者你会做,但始终优先考虑其他活动。如果你查看任何一个工作队列,会发现大量已被搁置许久的工作请求,并且事实上它们从未有被优先处理的机会。

这类工作不仅充当了注意力窃贼的角色,而且忽视它对于请求者来说也极不专业。请求工作的人对于这张工单最终完成时他们将做什么可能抱有一些希望、梦想或计划。但是如果这张工单完全没有被优先考虑的可能性,你就剥夺了请求者为现实情况做适当规划的可能。他们带着一种错误的信念在等着你,认为他们期望的工作很快就会被完成。他们本可以调整计划或者为他们的任务争取更多的高层支持。

专业提示　拒绝一项任务比接受任务但从不去做更为专业。

12.2.2　艾森豪威尔决策矩阵

在前一节中,我讨论了一种评估机制,用于决定任务是否应该被接受,它是艾森豪威尔矩阵的非正式版本。艾森豪威尔决策矩阵是美国第 34 任总统 Dwight Eisenhower 使用的工具。艾森豪威尔以精明的决策者而闻名，他经常使用这一工具。

该工具将任务按照紧急、不紧急、重要、不重要的排列组合分派到一个四象限决策矩阵中，以确定每一项任务的最佳处理方法。图 12.2 展示了艾森豪威尔决策矩阵。y 轴表示不重要或重要；x 轴表示紧急或不紧急。矩阵中的 4 个框被标记为做(do)、推迟(defer)、委托(delegate)和删除(delete)。

图 12.2　艾森豪威尔决策矩阵可用于评估新收到的工作

每来一项任务，可以根据紧迫性和重要性对其进行分类。一项任务要么是紧急的，要么是不紧急的；要么是重要的，要么是不重要的。根据这种分类，可以将任务放入这一决策矩阵中并知道如何处理它。

我稍微修改了每个框的内容，以说明你可能对所做的任务没有完全的决策权。如果你是个体贡献者，那需要与你的直接主管或经理澄清这些行为。决策矩阵的目标是帮助你决定应该做什么和不应该做什么。

12.2.3　如何拒绝允诺

拒绝新的允诺可能很困难，却是必要的。允诺是信誉的货币。当接受允诺时，你是在拿你的组织信誉做抵押。对你无法实现的新允诺说不是一种保持你可信度的方法。有时，请求允诺不是以请求而是以需求的形式出现。但到目前为止你所做完的工作让你能理直气壮地对新的允诺说不不仅是可能的,而且是完全合理的。你的目标和优先事项是保护新允诺的盾牌。

如果你的工作与目标一致,并且你的优先事项已经设定,那么可以通过艾森豪威尔矩阵来看新的允诺是否应该被执行。如果确实需要执行,可以针对前面讨论的以下 3 个优先问题来判断。

- 这个新的允诺会影响你按时交付优先事项的能力吗?
- 这个新的允诺有可能成为你的新优先事项吗?
- 这个新的允诺是否足够重要,以至于你需要重新协商当前优先事项的最后允诺期限?

有了这些问题的答案,拒绝新的允诺就很简单。你澄清之所以无法接受新的允诺,是因为它影响了你当前的优先事项。如果允诺与你的目标一致(注意,这很重要),那可以把它推迟到以后进行。与请求者协商(如果必要,与你的经理协商),就任务可能被安排的时间达成一致。

如果你是个体贡献者,我强烈建议你现在不要允诺一个可交付的日期。记住,你的允诺是你的信用,而优先事项由你的经理而非你来设定。你可以允诺将请求提交给你的经理进行优先排序。

> **专业提示** 除非你完全可以控制工作的优先顺序,否则永远不要做出你无法控制的允诺。这不仅对请求者很重要,对你个人在组织中的声誉也很重要。

当请求者坚持要求你接受允诺时,记住拒绝工作是对此前允诺的尊重,不要违背允诺。如果请求者继续坚持,那么建议他们去找你的经理。

可以说一些简单而温和的话,例如"我很乐意帮忙,但我有之前的允诺要履行。如果你想讨论优先顺序或因为这件事情更重要需要申请特例,你应该和我的经理 Sandra 谈一谈。她设定我工作的优先级以及安排其他任务"。这种简单的拒绝时间允诺的方式是无可争议的,因为你不设置优先级,设置优先级的人是你的经理。请记住,你已经做出了允诺。你永远不应该因为接受新允诺而违反旧允诺感到难过或有压力。

作为经理来评估工作

如果你是一个团队的经理,因为你制定优先级,所以会有一个稍微不同的世界观。但这个过程和个体贡献者的没有太大不同。

可以将任务委派给其他团队成员,也许他们正在做的事情没有这个突然出现的新允诺那么紧急和重要(或者对他们的优先事项影响较小)。

关键是要和你的团队成员公开透明地确定优先事项,并且指出该事项的到期时间。如果团队成员不清楚他们的优先事项,他们无疑会把时间花在不太重要的任务上。

你的经理可能没有你那样的工作优先意识。如果你的经理要求你承担允诺，不管会有什么影响，一定要澄清原优先事项的新到期日。这个日期必须重新协商。

你必须清楚，接受新的允诺与你按时交付原优先事项的能力相冲突。你还应该确认并验证优先事项没有改变。有时，一个经理可能会认为，因为他们已经告诉你做任务 A 而不是任务 B，所以这就意味着优先级的重新排序。你应该每次都核实这是否会改变你的优先事项。

你会惊讶地发现，一个领导者往往没有意识到自己在要求不可能的事情。迫使领导者在相互竞争成为你的优先事项的多个任务中做出选择可能会让他们重新评估新的允诺。始终确保你清楚地了解自己当前的优先事项。还要记住，你只能有一个优先事项。要迫使你的经理为你选择唯一的一个优先事项。在电子邮件中重申新商定的优先事项会有所帮助，以便提醒和澄清每个人的新期望。

以下是员工 Brian 试图与他的经理 Sandra 重新协商优先事项的沟通示例。

Brian："嗨，Sandra。Joanne 刚刚让我为招聘团队处理这张工单，以解决招聘页面的一些 SEO 问题。但你让我为计费项目做计算模块。我无法在完成搜索引擎优化工作的同时，在周四交付计算模块的更改。"

Sandra："嗯。搜索引擎优化是相当重要的事情，因为招聘在背后推动了我们赞助的这次会议。继续做 SEO 页面的工作吧。"

Brian："好的，但是我不能在周四之前交付计算模块。因为 SEO 工作大概要花费我一个星期的时间，所以我可以从周四起的两个星期后交付计算模块。那样可以吗？"

Sandra："哦，不。我们在那之前就需要这个计算，以确定用户验收测试的交付日期。"

Brian："好吧。那哪个是我的优先事项？计费工作还是 SEO 工作？"

Sandra："肯定是计费工作。"

Brian："好的。这意味着我将在计费模块之后处理 SEO。但这可能意味着 SEO 工作不会在招聘活动之前完成。"

Sandra："嗯，计费工作与我们的部门目标密切相关，因此你最好坚持下去。因为招聘活动从来都不是我们目标或优先考虑的一部分，所以如果有什么事要受影响，那就应该是这个。也许我可以找别人接手 SEO 的工作。"

Brian："好的，听起来不错。我会发一封简短的电子邮件总结我们的决定。谢谢！"

这段对话展示了了解目标、优先事项、任务的紧迫性和重要性以及团队正在执行的工作可以如何帮助做出要做什么的决策。有时，一切并非那么简单。总有一天，你的注意力必须立即转移到你的新任务上。但你如何管理和控制这项工作将有助于减轻你对它的无力感。

12.3 组织团队工作

你和你的团队需要有一种方法来跟踪当前正在进行的以及之前已允诺的工作。这里不准备介绍具体的技术方案，而你的组织很可能已经有了此类工具。

如果你的组织已经有一个被广泛接受的工具，但你的团队没有使用它，那么就采用其他人都在使用的工具。接受广泛使用的工具会减少摩擦；它已经被批准，并且会使得与其他团队的互操作性和协作变得更加容易。有肯定比没有强。

你可能没有技术解决方案，而是选择纸和笔，那也可以。唯一的要求是所有重要的工作都必须在某个地方被捕获，并且对团队可见。工作不能是人们头脑中短暂的想法。不管你使用哪种解决方案，我都将其称为工作队列系统。

定义 工作队列系统是帮助记录团队当前工作的工具或实践。每一项工作都被称为一个工作项，并且通过工单系统、便签或者其他物理或数字的形式来表现。这使得团队成员能够清晰地看到团队重要的和正在进行的工作。

本节剩余部分将讨论如何看待你面前所有工作的技巧。我将把你当作一个个体来讲述这些步骤。如果你是一名经理，这些技巧同样适用于你的整个团队，而不只是你自己。

12.3.1 对工作进行时间分割

如果列出要做的事情，你很快会发现自己被大量的任务淹没。你的工作总是会比你能完成的工作多。从整体上来看这份清单是处理灾难的良药。人类大脑在任何时候都无法关注那么多变量，一份拥有 50 个待办事项的清单会让你立即陷入分析瘫痪的状态，阻止你在事情上取得任何进展。

你需要做的第一件事是对工作进行时间分割。时间片是一种经常用于较小工作迭代的技术。可以坐下来，以 30 分钟为单位做一些事情，在一个 30 分钟后给自己一些时间伸展身体，喝点水休息一下，然后再进入下一个 30 分钟。

我将采用时间切片的思想并在此基础上进行扩展。当面对众多工作项时，最好选择一个时间片，在此期间你只关注这些工作项的一个子集。我称这些时间片为迭代。在敏捷方法论的 Scrum 方法中，这被称为冲刺。

定义 迭代或冲刺是有时间盒限制的周期，在这个时间范围内，个人或团队允诺可以交付定义好的一系列工作。

许多公司没有采用敏捷方法，而是选择以将项目分成连续阶段的方式工作，每个阶段都将其输出作为下一阶段的输入，这种工作方式被称为瀑布模型。两种模式都支持时间片的方式。

举个例子，假设你正在进行两周的迭代，即已允诺在两周内会完成分配给你的工作。在现实世界中，你需要思考你自己的迭代长度。最好保持相对较短的迭代，以便于能够在添加或删除工作项的同时，不至于放弃大量依赖的任务。你还可以考虑根据项目相关活动的节奏来选择迭代长度。

你每三周开一次状态会吗？也许与此保持一致的三周迭代更合理。也许你的公司更加敏捷，那样一周的迭代会更合理一些。

采用迭代的主要好处是，它允许你忽略当前没有处理的其他工作项。这是关键，因为你的工作队列系统中其他工作的混乱不仅会分散注意力，还会让那些有大量未完成工作时就不知所措的人感到焦虑。你知道你不能一次完成所有的事情，因此最好在能做的事情上建立一个类似激光的焦点。

12.3.2 填充迭代

现在你已经定义了时间片，可以开始考虑在时间片中填充计划交付的工作项。你所允诺的工作项总数取决于诸多因素：团队中工作项的数量、工作项的复杂性，以及任何交给团队的临时工作。临时工作通常是不可预测的，会迫使你重新评估当前迭代中的工作项。这类工作被称为计划外工作，将在12.4节详细讨论。

定义 计划外工作是打断你当前一系列任务的新工作，它们将迫使你中断先前安排好的工作。计划外的工作可能会要求你立即转向新的任务或在短期内完成，这会危及之前的允诺。例如，前一次冲刺中一个被标记为紧急且需要立即修复的bug。

如下事项可能会影响可交付工作项的数量。
- 团队中处理工作项的人数；
- 工作项的复杂性；
- 团队承受的计划外工作量。

团队中的工作人数将对你应允诺的工作项数量的最大值产生极大影响。在两周的迭代中，我的经验是每个人不超过 4 个工作项。这个数字因团队而异，取决于团队的生产力。在最初的几个月里，要跟踪在每次迭代中你允诺了多少工作项以及在这段时间内完成了多少。以此作为输入来调整和细化每次迭代中切实可行能够允诺的工作项数量。

需要考虑工作项的复杂性。可以在迭代中将一个工作项计为多个工作项，这允许你将任务的复杂性考虑在内。例如，如果有一个自动化数据库恢复的任务，你知道该过程极其复杂，那么可以将它算成 4 个任务，而不是仅 1 个，这样在迭代中留给其他工单的空间就会减少。

如果有一个工作项无法放入单一迭代，请尝试将其拆分为较小的子任务并为这些较小的子任务排期。例如，你有一张工单，上面写着"将所有服务器打补丁到最新版本"，并且这是一项手动任务，可能无法在一次迭代中完成。可以将此任务分解成更小的子任务，如"给网络服务器打补丁"和"给数据库服务器打补丁"。然后在多个迭代中安排这些类型的任务，直到完成。

计划外的工作对每个人来说都是不幸的现实。你需要考虑到团队可能遇到的计划外工作，因为当这些任务出现时，它们直接跳到工作队列顶部的情况并不罕见。你应该应用本章前面提到的一些技术来不断努力消除计划外的工作。与此同时，应该密切关注收到的计划外工作的数量，这样就可以跟踪和了解它的来源。

目标是在可交付日期之前完成迭代中所允诺的所有任务。如果因为不可预见的情况而没有达成，也没有关系。你总是会遇到计划外工作，这种工作可能会被优先考虑。有时一项任务看起来很容易，但很快就会膨胀到比你在一次迭代中能够完成的都要大得多。要持续努力提高自己做出允诺的准确性，并且持续地努力减少计划外的工作。

一旦规划了迭代，你就有了两堆不同的工作。第一堆是迭代计划的工作，你已经允诺在下一次迭代中完成。第二堆是你已经接受的工作项集合，但还没有安排工作的完成时间，我将该类工作称为待办事项列表，这是从敏捷社区借用的一个术语。

定义 待办事项列表是已经被个人或团队作为一项考虑中的工作而接受的工作项集合，但是否或何时完成该工作的决定还没有做出。

对于许多团队来说，待办事项列表会是一种精神陷阱。看到没完没了的工作项会让人感觉没有任何进展。因此，团队尽可能地专注于当前迭代的工作至关重要。可以出于为下一次迭代做规划的目的检查待办事项列表，但待办事项本身应该在当前工作视图中隐藏。团队应该专注于本次迭代已经允诺的工作。

迭代队列还有一个额外的好处，那就是每个人都可以看到它，你的工作队列系统会以物理或数字方式展示工作。这让你和你的团队正在开展的工作变得透明。

12.4 计划外工作

偶尔会有同事不请自来，找你帮忙。为了努力成为一个好同事，你同意帮助他们。看似无害的 30 秒任务很快就会演变成一张误解和混乱的网，最终消耗的时间远远超过你的想象。

一旦干扰造成的震荡平稳下来，你就会意识到一整天的计划已经完全被破坏。

你成了计划外工作的受害者。计划外工作会腐蚀你的时间和注意力，迫使你转换话题和注意力到一个全新的任务上。

计划外工作造成的问题是多方面的。首先，你的注意力会立即从你正在进行的任务上移开。不管你面对的新任务有多大或有多小，被迫从一个任务切换到另一个任务都会造成一些不利后果。再回到你之前的工作状态并不会很快或很容易。这种中断被称为上下文切换，对工程师处于工作中的心流状态会造成极大的干扰。

上下文切换以及延伸的计划外工作在认知层面非常昂贵，因为一个人回到他们此前处理中的任务过程需要花费大量的时间。如果你曾经深度投入一个问题，然后离开，你就知道再回到原来的工作节奏有多难。工程师可能需要 15~30 分钟才能回到计划外工作干扰之前的精神状态。

想象这样的一个环境：工程师正在处理问题，并且每天都被打断一次。在一周工作 5 天的情况下，每周至少会损失 75 分钟的生产力。在一个由 4 名工程师组成的团队中，这几乎是每周有 5 个小时被损失。你永远无法消除计划外工作，但控制它是极其重要的。

12.4.1 控制计划外工作

控制计划外工作需要如下几个大体步骤。
(1) 评估即将到来的工作。
(2) 记下工作的来源。
(3) 确定工作是否真的紧急。如果是，就去做；如果不是，就推迟。
(4) 在完成重点工作后，评估待办工作的更多细节并决定何时开展。

在可以控制计划外工作之前，必须先要了解环境中存在的计划外工作的类型及其来源。首先，我要说的是那种更易于维持的计划外工作：隔壁到访。

1. 来自同事的计划外工作

你的同事是办公室里最常见的计划外工作形式之一。如果不小心，他们的问题可能会变成你的问题，而且完全无视摆在你面前的工作。人们这样做并不是因为粗鲁，而是在这个超连接的世界里，人们习惯于快速访问资源、信息以及其他人。

出于某种原因，许多人已经接受了这个非正式的社会契约：你总是需要随时待命。但这种心态只会让你在一天的大部分时间里效率低下。处理人类计划外工作的最好方法是全神贯注做事，让自己变得不那么容易接近。关掉你的电子邮件，停止聊天，戴上耳机，试着深入一项任务。

关闭聊天和电子邮件的想法可能会让你有点紧张，你害怕错过重要的沟通或紧急聊天，而这需要你立即采取行动。聊天和电子邮件之所以存在并被依赖，是因为它们很容易，但它们不是沟通的完美方式。

设定期望值是减少同事打扰的另一种方法。你在一天中为任何对你的时间有非紧急需求的人设置开放的时间段。在你的日程表上留出时间，让大家知道你更喜欢在每周一、周三、周五上午10点到中午12点之间召开临时会议，让人知道打断你的最佳时间。关键是坚持在那几个小时中接受被打扰。如果人们在非紧急事件时间之外来访，要委婉地拒绝，告诉他们你的开放时间，并且建议他们那时再来或者在你的日历上安排一次约会。

在真正的紧急情况下，人们会用尽各种沟通方法，包括但不限于电话和实际的案头拜访。紧迫性和重要性很少同时出现。

> 事情有两种，即紧急的和重要的。重要的事情很少是紧急的，而紧急的事情很少是重要的。
>
> ——Dwight D. Eisenhower

如果在你的工作环境中关闭聊天和电子邮件是不可接受的，可以尝试打开外出自动回复并将聊天状态消息设置为离开。在这些信息里，可以提供在真正紧急情况下联系你的替代方法。我猜想大多数人会意识到打断你并非那么必要，完全可以等你再次变得空闲时再来找你。

在较小的办公室里，聊天和电子邮件可能会被完全跳过，人们会直接来到你的办公桌前。解决来到办公桌的计划外工作的最好方法是对来访者诚实。当人们在你的办公桌前停下来时，他们通常会用"嘿，Kaleed。你有时间吗"这样的问题来打破沉默。这时诚实地说"不"就是最好的回答，让他们知道你在深入研究一个问题，会在30或60分钟内再去找他们。

你会惊讶于这种方法奏效的程度。请记住，他们是在请求你的时间，这意味着除非是真正的紧急情况，否则你是可以设置条件的。有时中断是必要的，只是你需要为上下文的切换付出代价。但是如果能够在一周内消除一半的计划外工作，则会返还给你大量的时间。

然而，这种回应方式的关键是要兑现你的允诺。如果你说要跟进，一定要跟进。如果你不这样做，下次他们试图打断你时可能不会乐意等待以后解决问题。

为什么有人打断我们

打断你的人通常都有一个好的出发点，而不是想无理取闹。他们只是利用技术的便利性或者彼此的接近尽快解决他们的需求，这都是非常潜意识的行为。

想一想你有多少次为了一个相对不紧急并且不重要的问题给某人发即时消息。那条信息能等吗？或者那条信息可以是一封电子邮件吗，而不用强迫某人转移对当前任务的注意力？

人类彼此之间之所以相互产生计划外的工作，是因为他们专注于尽快完成自己的任务。请求者可能试图通过从你那里获得一条重要的信息来避免他们自己的上下文切换。

2. 来自系统的计划外工作

当你工作时，有时系统本身会为你产生计划外工作。这种系统的计划外工作可能像系统宕机那样复杂，也可能像需要进行少量实时调查的事件那样普通。

无论哪种情况，系统的计划外工作都很难被忽视。了解系统计划外工作的来源非常重要。如果你必须频繁切换上下文来处理自动报警或系统消息，这可能会对整体工作效率造成持续性的困扰。

处理系统计划外工作首先要对来源进行分类。所有与自动化系统有关的计划外工作都可按以下几个维度进行分类。

- 是什么系统引起的告警？(例如，是用户引起的行为、系统监控还是日志聚合工具引起的告警？)
- 是什么服务或系统出现问题？
- 是什么时候发现了问题？

随着时间的推移，你会看到许多你希望报告的其他数据，但在当前阶段你仅需要收集最少数据。你希望通过提问和回答这些问题来生成更多有关告警分类的信息，并且尝试解决计划外工作背后的潜在问题。有了这些要点，你就可以开始了解计划外工作的模式。

- 计划外工作是否来自一个系统的特定时间段？
- 某一个系统是否比其他系统产生更多的计划外工作？
- 一天中是否有一段时间会产生更多的计划外工作？

第 6 章就警报疲劳提供了许多的提示和建议，并且第 3 章也提供了一些创建指标的方法。一旦你确定了计划外工作的模式，就可以把精力集中在最突出的干扰者身上。

这也是另一个应用帕累托原理的机会。这种情况下，意味着系统 80%的计划外工作是由 20%的系统造成的。发现这 20%计划外工作的源头可以让你节约大量的生产力。

3. 处理或推迟

不管你的工作是由人驱动还是由系统驱动，你坚持完成任务的能力将取决于你能以多快的速度确定你需要立即处理计划外工作还是可以推迟它。根据情况，推迟的时间范围可能是几个小时，也可能是几天。但其中的关键是要避免陷入理解新任务的困境，这将迫使你从当前的任务切换上下文。

快速评估任务是否需要你立即关注。如果不是，把任务推迟到之后的时间，将你的注意力放在手头的任务上。一旦到了休息时间，你就可以更仔细地检查这一任务，理解它的影响和重要性。

一次随意的案头拜访通常会变成一个超出一次简单谈话所能处理的请求。各种来源的更大量的工作将涌向你的团队。下一节将介绍如何管理那些可以并已经推迟的工作。

12.4.2 处理计划外工作

处理计划外的工作将是一项持续的努力和战斗。如果你和其他人以及计算机一起工作，摆脱这种类型的任务并不容易。在前一节中，我说过你应该查看在一个迭代周期中会收到多少计划外工作。

首先要确定的是计划外工作的紧迫性。有时，经过最基本的检查，你就可以确定一项工作并不像看起来那么紧急。对于不紧急的工作，可以将工作请求放在待办事项列表中，以便在下一个迭代中考虑。

在有些情况下，一项工作可能不那么紧急，但还是有一定的时间敏感性。此时，你只要保证将其放入下一个迭代中。这可让请求者安心：任务很快就会被处理。与此同时，它让你保持之前的允诺。

但这并非每次都能奏效，有时你会遇到非常紧急的工作。运气好的话，你为计划外工作预留的缓冲足以应对这些工作，而不至于影响已经做出的允诺。但是，如果这项计划外工作需要相当大的工作量呢？你必须遵从对工作和允诺事项保持清醒的原则。这意味着你需要重新协商一些允诺。

如果人们依赖于你的工作并可能因为你未能兑现允诺而被阻塞，你需要调整你的允诺。我建议你总是从提出计划外工作的人开始。如果他们是你队列中其他工作项的请求者，进行允诺的置换是有意义的。你列出他们在迭代中拥有的其他工作项并询问他们想要移除哪个。这可迫使提出计划外工作的人考虑他们请求的优先级。

但是计划外工作的请求者在当前迭代中可能没有其他工作项。现在你被迫去影响一个与这个新工作项无关的人。如果你知道某些工作项可以延迟，那么可以联系这些工作项的请求者，尝试协商一个新的允诺日期。如果时间进度有冗余，这可能是一件容易的事情。如果没有，则情况可能需要升级。

有时，没有人心甘情愿地重新安排他们的工作。如果是这样，可以将请求者聚集在一起，让他们每个人为自己的请求描述业务场景。通过一个业务场景，所有相关方都有了所需的上下文来评估这些相互竞争的任务。以下是需要重点关注的领域：

- 这个请求为何重要？它是否可以帮助达成某个既定目标？
- 请求延迟的影响是什么？
- 这项请求的其他利益相关方有谁(例如还有谁会受到请求延迟的影响)？

提出这 3 个问题后，你应该能够根据请求的重要性和对业务的影响度来协商将某人的流程延迟。这听起来像是一个非常正式的过程，但它通常可以在不到 10 分钟内完成。受影响的工作项应该是下一迭代的首选。

> **注意** 你可能会考虑推迟自己维护、打补丁、安全和重新架构等方面的工作。要控制贬低此类工作的冲动。作为一名技术专家，你需要保护自己处理这些任务的时间。如果你提议重新安排这一工作，请确保它在接下来的迭代中被优先考虑。

管理计划外工作的关键是能够识别并判断其来源。计划外的工作是否来自对团队的重复性人工操作请求？也许可以将其自动化。也许测试环境需要更多的关注和投入？不管什么原因，你需要能够识别计划外的工作，以便随后可以进行检查。

可以通过多种方式来实现这一点，这取决于你用来实现工作队列系统的方式。许多软件解决方案都有标签或标记，可以应用于工作项以进行报告。以下是几个可选的软件：

- Jira Software(www.atlassian.com/software/jira)
- Trello(https://trello.com)
- Microsoft Planner(https://products.office.com/en-us/business/task-management-software)
- monday.com(https://monday.com/)
- Asana(https://asana.com/)
- BMC Helix ITSM(此前的 Remedy,www.bmc.com/it-solutions/remedy-itsm.html)

如果你使用的是基于纸张的工作队列系统，那可能需要创建一个单独的日志或电子表格来跟踪这些信息。Microsoft Excel 或 Google Sheets 是这方面的完美解决方案，有许多功能可以帮助你轻松生成特定领域的报告。

无论你采用什么方法，确保它是可以报告的，这样你就可以识别计划外工作的来源。这将是你减少计划外工作的主要洞见。

你很容易把困难的工作和最耗时的工作混为一谈。你可能有一些不常发生但极其繁重的计划外工作。试着将这些当作易于执行的工作，这样就不会感到痛苦，并且可以快速地处理。如果考虑到你的团队有 3～4 人每周要处理多次计划外工作，这数量将相当可观。能够报告计划外工作的来源可以让你客观地了解这些工作来自哪里。

> **这和敏捷或看板有什么不同**
> 如果你在一家实践敏捷方法论的公司工作过，我的描述可能听起来很熟悉。这个过程大量借鉴了看板的工作方式。我并没有刻意地把这个过程称为敏捷或看板，因为在一些组织里，这两个术语可能都有很多的包袱。此外，实施敏捷充满了规则和仪式，而非仅需要掌握正在进行的工作。如果你对看板感兴趣，我强烈推荐阅读Dominica DeGrandis的*Making Work Visible*(IT Revolution，2017)。

拥有一个可靠的方法来处理工作对于 DevOps 环境是至关重要的。DevOps 的关键之一是预留时间给自动化、永久修复和以前被忽视的内部工具。能够对你的工作进行优先排序并捍卫优先排序过程是一项必备技能。

迭代是一种可靠的方法，它会尽可能多地排除多余的任务并将注意力放在任务的一小部分上。一旦你计划好你的工作，识别计划外工作会变得很容易。当计划外的工作来到你或你的团队面前时，你需要对它的紧迫性保持客观。这是真正紧急的事情还是重要的事情？重要的任务会在你的下一迭代中被优先处理。对你允诺的工作有一个坚定的把控可以让你有选择地接受或拒绝新的工作。

12.5 小结

- 目标贯穿整个组织。
- 需要对工作进行分类和优先排序，以确保完成正确的任务。
- 紧迫性和重要性是划分工作的两个类别。
- 工作需要组织，以觉察待办事项和进行中的事项。
- 计划外的工作具有破坏性，需要识别、跟踪并尽可能减少。

结　　语

祝贺你，你已经到达了这个叫做 DevOps 的疯狂旅程的终点，或者至少是本书的终点。但现在你必须回到你的组织并将之付诸实践。此时，最常见的问题是"我从哪里开始"。我的建议是从最容易的地方开始。

请记住，DevOps 文化不是从 A 到 B 的既定路径。一些组织所面临的挑战与其他组织所面临的会不同。有些公司甚至没有我在本书中讨论过的所有问题。我非常谨慎地不把任何一条路称为唯一的路，因为每个公司都不一样，有着不同的问题。

在 DevOps 运动中，有一点似乎是普遍真理：要发挥 DevOps 的作用，你需要做的并不只是一件事。你将需要在多个领域做出多个改变，以便于让团队更加紧密地合作，解决共同的问题，朝着一组共同的目标努力。从最容易的地方，即从用你自己的个人努力可以实现最大价值的地方开始。例如，开始组织学习暨午餐会来帮助培养和促进知识转移可能是最容易的地方；也许可以在事件发生后开始建立事后剖析过程，促进对话，帮助团队更彻底地探索失败的本质。

人们很容易一头扎进峰会及科技博客文章所吹捧的工具和工作流中。我恳求你抵制住这种冲动——不是因为工具不重要，而是因为它们不如本书中概述的软技能更重要。当你的公司在组织中发展了这些软技能，你将会有更好的准备来询问在技术选择方面面临的困难，以及与将要使用它的团队成员进行公开、诚实的对话。

最后，我建议你在组织之外找一个社区来探讨 DevOps。meetup.com 网站是一个很好的地方，可以找到志同道合的人来分享负担、烦恼和胜利，这就像是尝试向着一种新的工作和互动方式飞跃。能够与他人会面并了解他们的方法能救你于水火。你会很快发现组织具有相似的人格类型，获得的知识可以被广泛应用。

如果你所在的地区没有 DevOps 群，那就创建一个。如果你对 DevOps 感兴趣，我可以保证 20 英里半径内还有其他人也感兴趣。可以从坚持不懈地见面开始，即使只是为了交流和交谈。如果事情开始好转，可以开始与社区成员一起创建更结构化的会议。你也会惊讶于竟有如此多诸如 Datadog、PagerDuty、GitHub 的公司会派人去你的 Meetup 小组做讲座。好好利用这些机会。

祝愿你的 DevOps 之旅好运！